智能制造领域高素质技术技能型人才培养方案教材
高等职业教育机电一体化及电气自动化技术专业教材

液压与气动技术
（第5版）

主　编　邹建华
副主编　张祥平　罗　亚
　　　　桂　毅　梁玉玥
主　审　蔡　菊

华中科技大学出版社
http://press.hust.edu.cn
中国·武汉

内容简介

本书在内容上以液压为主、气动为辅,将液压与气动融为一体,主要介绍液压与气动技术的基础知识、元件、回路、系统以及系统的安装、使用和维修。

全书共分12个模块,包括认识液压传动,液压传动基础知识,液压泵和液压马达,液压缸,液压控制阀,液压辅助元件,液压基本回路,典型液压系统,液压伺服控制简介,液压系统的安装、使用和维护,气压传动,以及液压与气动实训指导等内容。

图书在版编目(CIP)数据

液压与气动技术/邹建华主编. —5版. —武汉:华中科技大学出版社,2017.7(2023.7重印)
ISBN 978-7-5680-3208-7

Ⅰ.①液… Ⅱ.①邹… Ⅲ.①液压传动-高等职业教育-教材 ②气压传动-高等职业教育-教材 Ⅳ.①TH137 ②TH138

中国版本图书馆 CIP 数据核字(2017)第 181680 号

液压与气动技术(第5版) 邹建华 主编
Yeya yu Qidong jishu

策划编辑:	张　毅
责任编辑:	张　毅
封面设计:	孢　子
责任监印:	朱　玢
出版发行:	华中科技大学出版社(中国•武汉)　电话:(027)81321913
	武汉市东湖新技术开发区华工科技园　邮编:430223
录　　排:	武汉正风文化发展有限公司
印　　刷:	武汉市首壹印务有限公司
开　　本:	787mm×1092mm　1/16
印　　张:	16
字　　数:	398千字
版　　次:	2023年7月第5版第5次印刷
定　　价:	48.00元

本书若有印装质量问题,请向出版社营销中心调换
全国免费服务热线:400-6679-118　竭诚为您服务
版权所有　侵权必究

前言 QIANYAN

"液压与气动技术"课程是机械类和电气类各专业的专业必修课程之一。如何让学生能在较短的时间内能掌握液压与气动技术的相关知识，形成液压与气动操作的安全意识和职业道德意识，具备相应的液压与气动操作技能，是本教材编写的出发点和落脚点。为此，我们根据教育部《关于"十二五"职业教育教材建设的若干意见》和机制类和电气类的相关专业教学标准要求，结合作者近几年来该门课程教学实践，对《液压与气动技术(第4版)》进行了修订，编写了《液压与气动技术(第5版)》教材。

《液压与气动技术(第5版)》教材主要对以下几个方面进行了修订：第一，删除了有关液压元件设计和液压系统设计部分，相应的增加了液压与气动实训指导，并单独形成一个模块，考虑到各学校的实验实训设备大同小异，只是厂家不同而已，所以实训项目是实训设备上都能进行的经典项目，这样更加便于课堂教学和实训教学；第二，对思考与练习作了较大的修改，增加了诸如选择题、填空题之类的题目，对复习和教师出题都会带来一定的便利。除此之外，对原教材在使用过程中发现的错误也做了相应更正。

本书由邹建华担任主编，由张祥平、罗亚、桂毅、梁玉玥担任副主编，其中，模块1～模块8及附录由邹建华编写，模块9、模块10由罗亚和梁玉玥编写，模块11由张祥平编写，模块12由邹建华和桂毅编写。全书由邹建华统稿和定稿。

在修订过程中，得到了使用本教材学校的大力支持，特别是各任课教师对本次修订提出了许多宝贵的意见和建议，在此，对这些学校和教师一并表示感谢。

由于编者水平有限，书中难免还存在错误和不妥之处，殷切希望广大读者批评指正。

目录 MULU

模块1　认识液压传动 ··· 1
　1.1　液压传动系统的工作原理与图形符号 ·· 2
　1.2　液压传动的特点与应用 ··· 6
模块2　液压传动基础知识 ·· 8
　2.1　液压油 ·· 9
　2.2　液体静力学 ·· 14
　2.3　液体动力学 ·· 18
　2.4　液体流动时的压力损失 ·· 24
　2.5　液体流经小孔及缝隙的流量 ·· 27
　2.6　液压冲击与气穴现象 ·· 30
模块3　液压泵和液压马达 ··· 35
　3.1　液压泵和液压马达概述 ·· 36
　3.2　齿轮泵 ··· 41
　3.3　叶片泵 ··· 45
　3.4　柱塞泵 ··· 51
　3.5　液压泵的选用 ··· 54
　3.6　液压马达 ·· 55
　3.7　液压泵和液压马达的常见故障及排除方法 ·· 57
模块4　液压缸 ··· 61
　4.1　液压缸的类型与推力及速度计算 ·· 62
　4.2　液压缸的典型结构和组成 ··· 67
　4.3　液压缸的常见故障及排除方法 ··· 71
模块5　液压控制阀 ·· 75
　5.1　液压控制阀的类型 ··· 76
　5.2　方向控制阀 ·· 77
　5.3　压力控制阀 ·· 86
　5.4　流量控制阀 ·· 93
　5.5　其他液压控制阀 ·· 97
模块6　液压辅助元件 ·· 106
　6.1　蓄能器 ··· 107
　6.2　过滤器 ··· 108
　6.3　油箱 ·· 112
　6.4　流量计、压力表及压力表开关 ··· 114

6.5	油管和管接头	115
6.6	密封装置	118

模块7　液压基本回路　123

7.1	方向控制回路	124
7.2	速度控制回路	125
7.3	压力控制回路	133
7.4	多缸工作控制回路	138

模块8　典型液压系统　144

8.1	组合机床动力滑台液压系统	145
8.2	液压压力机液压系统	148
8.3	数控车床液压系统	151
8.4	汽车起重机液压系统	153

模块9*　液压伺服控制简介　158

9.1	液压伺服系统的工作原理	159
9.2	液压伺服系统的应用	160

模块10　液压系统的安装、使用和维护　165

10.1	液压系统的安装与调试	166
10.2	液压系统的使用与维护	168

模块11　气压传动　174

11.1	气压传动概述	175
11.2	气压传动元件	178
11.3	气压传动回路及运用实例	192

模块12　液压与气动实训指导　203

12.1	液压与气动实训学生守则和操作规程	204
12.2	液压元件拆装实训	205
12.3	液压基本回路实训	213
12.4	气动基本回路实训	229

附录　常用液压及气动元件图形符号　245

参考文献　250

模块 1
认识液压传动

◀ **学习目标**

（1）认识液压传动装置的工作原理及组成。
（2）根据国家标准所规定的液压图形符号绘制系统图。
（3）了解液压传动的特点。

液压传动是指以液体为工作介质，利用密封系统中的受压液体来传递运动和动力的一种传动方式。这种传动方式通过动力元件（泵）将原动机的机械能转换为油液的压力能，然后通过管道、控制元件，借助执行元件（油缸或油马达）将油液的压力能转换为机械能，驱动负载实现直线或回转运动。

1.1 液压传动系统的工作原理与图形符号

一、液压千斤顶的组成与工作原理

图 1.1 所示的液压千斤顶就是一个简单的液压传动装置,下面以液压千斤顶为例来说明其工作原理。

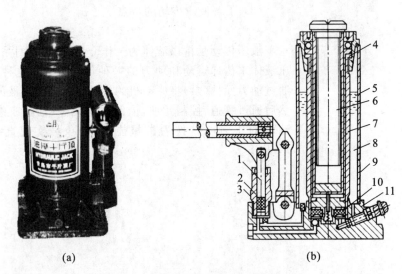

图 1.1 液压千斤顶

(a) 外形图;(b) 结构图

1—小柱塞;2—小油缸;3—密封圈;4—顶帽;5—液压油;6—调节螺杆;
7—大柱塞;8—大油缸;9—外壳;10—密封圈;11—底座

为了便于说明,将图 1.1(b)简化为图 1.2(a),图 1.2(a)所示为液压千斤顶的原理示意图。大油缸 9 和大柱塞 8 组成举升液压缸,杠杆手柄 1、小油缸 2、小柱塞 3、单向阀 4 和单向阀 7 组成手动液压泵。如果提起手柄使小活塞向上移动,小柱塞下端油腔容积将增大,形成局部真空,这时单向阀 4 打开,通过吸油管道 5 从油箱 12 中吸油;用力压下手柄,小柱塞 3 下移,小柱塞下腔压力升高,单向阀 4 关闭,单向阀 7 打开,下腔的油液经管道 6 输入大油缸 9 的下腔,迫使大柱塞 8 向上移动,顶起重物。再次提起手柄吸油时,举升缸下腔的压力油将倒流入手动泵内,但此时单向阀 7 自动关闭,使油液不能倒流,从而保证重物不会自行下落。不断地往复扳动手柄,就能不断地把油液压入举升缸下腔,使重物逐渐地升起。如果打开截止阀 11,举升缸下腔的油液通过吸油管道 10、截止阀 11 流回油箱,大柱塞 8 在重物和自重的作用下向下移动,回到原始位置。

如果将图 1.2(a)再简化为图 1.2(b)所示的密封连通器,可以更清楚地分析液压千斤顶两柱塞之间的力比例关系、运动关系和功率关系。

1. 力比例关系

当大柱塞上有重物负载 W 时,只有小柱塞上作用一个主动力 F_1 才能使密闭连通器保持力的平衡。此时大柱塞下腔的油液产生的压力为 W/A_2,小柱塞下腔产生的压力为 F_1/A_1。根据

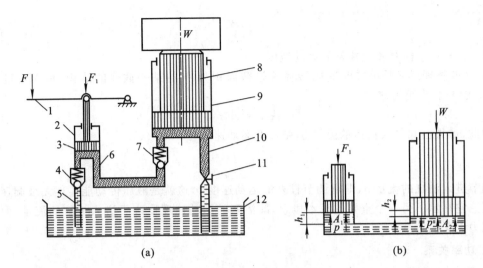

图 1.2 液压千斤顶工作原理图
(a) 原理示意图；(b) 密封连通器
1—杠杆手柄；2—小油缸；3—小柱塞；4、7—单向阀；5、6、10—管道；
8—大柱塞；9—大油缸；11—截止阀；12—油箱

帕斯卡"在密闭容器内，施加于静止液体上的压力将以等值同时传到液体各点"的观点，即密封连通器中的压力应该处处相等，故

$$\frac{W}{A_2}=\frac{F_1}{A_1}=p \tag{1.1}$$

或

$$W=\frac{A_2}{A_1}F_1 \tag{1.2}$$

式中：A_1——小柱塞的作用面积；
A_2——大柱塞的作用面积；
F_1——杠杆手柄作用在小柱塞上的力；
p——油液的工作压力。

由式(1.1)可知，$p=W/A_2$，即当负载 W 增大时，流体工作压力 p 也要随之增大，亦即 $F_1=pA_1$ 要随之增大；反之，负载 W 很小，流体压力就很小，F_1 也就很小。由此可知一个很重要的基本概念，即在液压传动中工作压力取决于负载，而与流入的流体多少无关。由式(1.2)可知，在液压传动中，力不但可以传递，而且通过作用面积($A_2>A_1$)的不同，力还可以放大。千斤顶所以能够以较小的推力顶起较重的负载，原因就在于此。

2. 运动关系

如果不考虑液体的可压缩性、漏损和缸体、油管的变形，则从图 1.2(b)可以看出，被小柱塞压出的油液的体积必然等于大柱塞向上升起后大油缸中油液增加的体积，即

$$A_1h_1=A_2h_2$$

或

$$\frac{h_2}{h_1}=\frac{A_1}{A_2} \tag{1.3}$$

式中：h_1——小柱塞的位移；
h_2——大柱塞的位移。

将 $A_1h_1=A_2h_2$ 两端同除以活塞移动的时间 t，可得

$$A_1\frac{h_1}{t}=A_2\frac{h_2}{t}$$

即
$$\frac{v_2}{v_1}=\frac{A_1}{A_2} \quad (1.4)$$

式中：v_1、v_2——小柱塞和大柱塞的运动速度。

Ah/t 的物理意义是单位时间内液体流过截面积为 A 的某一截面的体积，称为流量 q，即 $q=Av$，式(1.4)也可写成

$$A_1v_1=A_2v_2 \quad (1.5)$$

因此，如果已知进入缸体的流量 q，则柱塞运动速度为

$$v=\frac{q}{A} \quad (1.6)$$

调节进入油缸的流量 q，即可调节柱塞的运动速度 v，这就是液压传动能实现无级调速的基本原理。它揭示了另一个重要的基本概念，即活塞的运动速度取决于进入油缸的流量，而与流体的压力无关。

3. 功率关系

由式(1.2)和式(1.4)可得

$$F_1v_1=Wv_2 \quad (1.7)$$

式(1.7)左端为输入功率，右端为输出功率，这说明在不计损失的情况下输入功率等于输出功率，由式(1.7)可得出

$$P=pA_1v_1=pA_2v_2=pq \quad (1.8)$$

由式(1.8)可以看出，液压传动中的功率 P 可以用压力 p 和流量 q 的乘积表示，p 和 q 是液压传动中最基本、最重要的两个参数，它们相当于机械传动中的力和速度。它们的乘积为功率。

二、液压传动系统的组成与工作原理

图 1.3(a)所示为一驱动机床工作台的液压传动系统。该系统的工作原理是：液压泵 3 由电动机带动从油箱 1 中吸油，油液经过过滤器 2 进入液压泵 3 的吸油腔，当它从液压泵中输出进入压力油路后，经节流阀 5 至换向阀 6，流入液压缸 7 的左腔，由于液压缸的缸体固定，活塞在压力油的推动下，通过活塞杆带动工作台 8 向右运动，同时，液压缸 7 右腔的油液经换向阀 7、流回油箱。

如果将换向阀 6 扳到左边位置，使换向阀 6 处于图 1.3(b)所示位置时，则油液经换向阀 6 进入液压缸 7 的左腔，推动活塞连同工作台向左运动，同时，液压缸 7 左腔的油液经、换向阀 6 流回油箱。

工作台的移动速度是通过节流阀 5 来调节的，当节流阀的开口开大时，进入液压缸的油液量就大，工作台的移动速度就快，同时经溢流阀 4 的溢流回油箱的油液就相应的减少；当节流阀的开口减小时，工作台的移动速度将减慢，同时经溢流阀 4 溢流回油箱的油液就相应的增加。液压缸推动工作台移动时必须克服液压缸所受到的各种阻力，这些阻力由液压泵输出油液的压力来克服。根据工作时阻力的不同，要求液压泵输出的油液压力应能进行控制，这个功能是由溢流阀 4 来完成的。当油液压力对溢流阀的阀芯作用力略大于溢流阀中弹簧对阀芯的作用力时，阀芯才能移动，使阀口打开，油液经溢流阀溢流回油箱，压力不再升高，此时，泵出口处的油液压力是由溢流阀决定的。

由上面的例子可以看出，液压传动系统主要由动力元件、执行元件、控制元件、辅助元件和工作介质五个部分组成。

1. 动力元件

最常见的动力元件就是液压泵，它是将电动机输出的机械能转换成油液液压能的装置，其

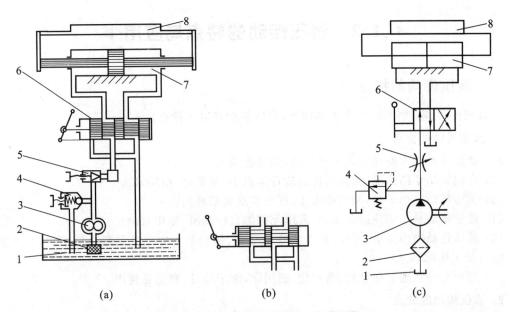

图1.3 机床工作台液压系统工作原理图
(a)液压传动系统原理图;(b)换向阀;(c)液压图形符号绘制的液压系统原理图
1—油箱;2—过滤器;3—液压泵;4—溢流阀;5—节流阀;6—换向阀;7—液压缸;8—工作台

作用是向液压传动系统提供压力油。

2. 执行元件

执行元件包括液压缸和液压马达,它是将油液的液压能转换成驱动负载运动的机械能装置。

3. 控制元件

控制元件包括各种阀类,如上例中的溢流阀、节流阀、换向阀等。这些元件的作用是控制液压传动系统中油液的压力、流量和流动方向,以保证执行元件完成预期的工作。

4. 辅助元件

辅助元件是指上述三种元件以外的其他装置,包括油箱、油管、过滤器以及各种指示器和仪表。它们的作用是提供必要的条件使液压传动系统得以正常工作和便于监测控制。

5. 工作介质

工作介质是指传动液体,通常称液压油。液压传动系统就是通过工作介质来实现运动和动力传递的。

三、液压传动系统的图形符号

在图1.3(a)中,组成液压传动系统的各个元件是用半结构图画出来的,这种画法直观性强,容易理解,但难以绘制。所以,在工程实际中,除特殊情况外,一般都用简单的图形符号来绘制液压传动系统原理图。图1.3(c)所示为采用国家标准(GB/T 786.1—2009)规定的液压图形符号来绘制的液压传动系统原理图。图中的符号只表示元件的功能,不表示元件的结构和参数。使用这些图形符号,可使液压系统图简单明了,便于绘制。

按照规定,液压元件符号均以元件静止位置或零位表示,有些液压元件无法采用功能符号表示时,仍允许采用结构原理图表示。液压图形符号参见本书附录。

1.2 液压传动的特点与应用

一、液压传动的特点

与机械传动、电气传动、气压传动相比,液压传动有以下特点。

1. 液压传动的优点

(1) 液压传动能方便地实现无级调速,调速范围大。
(2) 在同等功率的情况下,液压传动装置体积小、重量轻、结构紧凑。
(3) 液压传动工作平稳,换向冲击小,便于实现频繁换向。
(4) 液压传动易于实现过载保护,液压元件能自行润滑,使用寿命长。
(5) 液压传动操作简单、方便、易于实现自动化,特别是与电气控制联合使用时,易于实现复杂的自动工作循环。
(6) 液压元件实现了标准化、系列化、通用化,便于设计、制造和使用。

2. 液压传动的缺点

(1) 液压传动中的泄漏和液体的可压缩性使传动无法保证严格的传动比。
(2) 液压传动对油温的变化比较敏感,不宜在很高或很低的温度下工作。
(3) 液压传动有较多的能量损失(泄漏、摩擦等),故传动效率较低。
(4) 液压传动出现故障时不易查找原因。
(5) 为了减少泄漏和满足某些性能上的要求,液压元件的配合件制造精度要求较高,加工工艺较复杂。
(6) 在高压、高速、高效率和大流量的情况下,液压传动装置常常会产生较大的噪声。

二、液压传动的应用

从1795年英国制造出世界上第一台水压机算起,液压传动技术已有200多年的历史了,但液压传动技术在工业上被广泛采用和快速发展只是近几十年的事情。我国也在1961年成功制造了第一台万吨水压机,如图1.4所示。由于液压传动技术具有前述显著的优点,使其广泛应用于机床、汽车、航空航天、工程机械、矿山机械、起重运输机械、建筑机械、农业机械、冶金机械、轻工机械和智能机械等领域,如图1.5所示为液压挖掘机。

图1.4 我国制造的万吨水压机

图1.5 液压挖掘机

由于工业技术水平的不断提高,近十几年来,液压传动技术在高压、高速、大功率、节能高效、高度集成等方面取得了重大进展。当今,采用液压传动技术的程度已成为衡量一个国家工业水平的重要标志之一,如发达国家生产的工程机械、数控机床、自动生产线,90%以上都是采用的液压传动。

【模块小结】

(1) 液压传动是以液体为工作介质,利用密封系统中的受压液体来传递运动和动力的一种传动方式。

(2) 液压传动中力和速度都是可以传递的,通过活塞作用面积的改变,力可以放大或缩小,速度也可以提高或降低。

(3) 压力和流量是液压传动中两个最重要的参数,液压传动中工作压力大小取决于负载,与流量无关;活塞的运动速度取决于进入油缸的流量,与压力无关;液压传动的功率可以用压力和流量的乘积来表示。

(4) 液压传动系统由动力元件、执行元件、控制元件、辅助元件和工作介质五部分组成。

(5) 液压系统原理图是采用国家标准(GB/T 786.1—2009)规定的液压图形符号来绘制的。

【思考与练习】

一、填空题

1. 液压传动是以_____为工作介质,利用密闭系统中的_____来传递运动和动力的一种传动方式。

2. 液压传动的基本原理是_____原理,即在密闭容器内,施加于静止液体上的_____将以_____传到液体各点。

3. 在液压传动中,力不但可以_____,而且通过不同的作用面积,力可以_____。

4. 在液压传动中_____取决于负载,而与流入的_____无关。

5. 在液压传动中,活塞的运动速度取决于进入油缸的_____,而与流体的_____无关。

6. 在液压传动中,_____和_____是最基本、最重要的两个参数,它们的乘积为功率。

7. 液压传动系统由_____、_____、_____、_____和_____组成。

8. 液压系统原理图中的图形符号只表示元件的_____,不表示元件的_____。

9. 液压传动能方便的实现_____。

10. 液压传动中的_____和液体的_____使传动无法保证严格的传动比。

二、问答题

1. 什么是液压传动?液压传动的基本原理是什么?

2. 液压传动系统有哪几部分组成?各部分的主要作用是什么?

3. 液压元件在系统中是如何表示的?

4. 与其他传动方式相比较,液压传动有哪些优、缺点?

模块 2
液压传动基础知识

◀ **学习目标**

(1) 了解液压油的物理性质,掌握恩氏黏度的测量方法,学会正确选用液压油。

(2) 理解液体压力的概念及其表示方法,掌握液体静力学基本方程式的运用。

(3) 了解液体的流动状态,掌握流动液体连续性方程和伯努利方程的运用,了解流动液体动量方程。

(4) 掌握液体流动时的压力损失计算和小孔和缝隙流量的计算。

(5) 理解液压冲击和气穴现象的概念、产生原因、危害及防治措施。

2.1 液压油

液压油是液压传动系统中的传动介质,而且还对液压装置的机构、零件起着润滑、冷却和防锈的作用。液压油会直接影响液系统的工作性能。因此,必须对液压油有充分的了解,以便正确选择和合理使用。

一、液压油的物理特性

1. 密度

单位体积液体的质量称为密度,其公式为

$$\rho = \frac{m}{V} \tag{2.1}$$

式中:m——液体的质量,单位为 kg;
V——液体的体积,单位为 m^3;
ρ——液体的密度,单位为 kg/m^3。

液压油的密度随压力的增加而增大,随温度升高而减小,但一般情况下,这种变化很小,可以忽略。一般矿物油的密度为 850~950 kg/m^3,计算中,一般都设液压油的密度为 900 kg/m^3。

2. 可压缩性

液体受压力作用发生体积变化的性质称为液体的可压缩性。液体的可压缩性用体积压缩系数 k 来表示,其定义为:受压液体单位压力变化时,液体体积的相对变化量。如图 2.1 所示,假定压力为 p 时液体的体积为 V,压力增加为 $p+\Delta p$ 时,液体体积为 $V+\Delta V$。根据定义,液体的体积压缩系数为

$$k = -\frac{1}{\Delta p} \cdot \frac{\Delta V}{V} \tag{2.2}$$

式中:k——液体的体积压缩系数,单位为 m^2/N;
ΔV——液体的压力变化所引起的液体体积变化量,单位为 m^3;
Δp——液体的压力变化量,单位为 Pa。

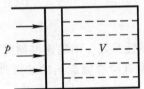
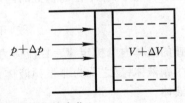

图 2.1 压力增大时液体体积的变化

压力增大时,液体体积减小;反之则增大,所以 $\Delta V/V$ 为负值。为了使 k 为正值,故在式 (2.2) 的右边加了一个负号。

液体受压时的体积 V_t 为

$$V_t = V + \Delta V = V(1 - k\Delta p) \tag{2.3}$$

常用液压油的体积压缩系数 $k = (5 \sim 7) \times 10^{-10}$ m^2/N。液体体积压缩系数的倒数称为液体的体积模量,用 K 表示,即

$$K=\frac{1}{k} \tag{2.4}$$

一般液压油的体积模量为$(1.4\sim1.9)\times10^3$ MPa，而钢的体积模量为$(2\sim2.1)\times10^5$ MPa，可见液压油的可压缩性是钢的$100\sim150$倍。在一般情况下，由于压力变化引起液体体积的变化很小，液压油的可压缩性对液压系统性能的影响不大，所以一般认为液体是不可压缩的。在压力变化较大或有动态特性要求的高压系统中，应考虑液体压缩性对系统的影响。当液压油混有空气时，其压缩性便会显著增加，使液压系统的工作恶化。所以，在设计和使用中应尽力防止空气进入油中。

3. 黏度

液体在外力作用下流动时，液体分子间的内聚力会阻碍液体分子之间的相对运动而产生一种内摩擦力，液体的这种性质称为液体的黏性。液体只有流动时才会呈现黏性，而静止的液体不呈现黏性。

黏性使液体内部各液层间的速度不等。如图 2.2 所示，在两个平行板（下平板不动，上平板动）之间充满某种液体。当上平板以速度 u_0 相对于下平板移动时，由于液体分子与固体壁间的附着力，紧贴于上平板上的液体黏附于上平板上，其速度与上平板相同。紧贴于下平板上的流体黏附于下平板上，其速度为零。中间液体则由于黏性从上到下按递减的速度向右移动。我们把这种流动看成是许多无限薄的液体层在运动，当运动较快的液体层在运动较慢的液体层上滑过时，两层间由于黏性就产生内摩擦力。

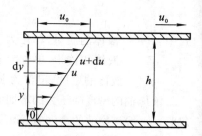

图 2.2 液体的黏性示意图

根据实际测定的数据可知，液体层间的内摩擦力 F_t 与液体层的接触面积 A 及液体的相对流速 du 成正比，而与此两液体层间的距离 dy 成反比，即

$$F_t = \mu A \frac{du}{dy} \tag{2.5}$$

式中：μ——衡量流体黏性的比例系数，称为黏性系数或绝对黏度；

$\frac{du}{dy}$——流体层间速度差异的程度，称为速度梯度。

如果以 τ 表示切应力，即单位面积上的内摩擦力，则

$$\tau = \frac{F_t}{A} = \mu \frac{du}{dy} \tag{2.6}$$

这就是牛顿的液体内摩擦定律。在流体力学中，把黏性系数 μ 不随速度梯度变化而发生变化的液体称为牛顿液体；反之称为非牛顿液体。除高黏度有特殊添加剂的油液外，一般液压油均可视为牛顿液体。

液体黏性的大小用黏度来表示。黏度大，液层之间内摩擦力就大，油液就"稠"；反之就"稀"。黏度是液体最重要的物理特征之一，是选择液压油的主要依据。

常用的黏度表示方法有三种：绝对黏度（动力黏度）、运动黏度和相对黏度。

1）绝对黏度

绝对黏度可由式（2.6）导出，即

$$\mu = \frac{\tau}{du/dy} \tag{2.7}$$

绝对黏度的物理意义是：液体在单位速度梯度下流动时，其单位面积上所产生的内摩擦力。

绝对黏度的单位为 Pa·s。绝对黏度也称为动力黏度,之所以称为动力黏度,是因为在它的量纲中有动力学的要素——力、长度和时间的缘故。

2) 运动黏度

液体的绝对黏度与其密度的比值称为液体的运动黏度,运动黏度用符号 ν 表示,即

$$\nu = \frac{\mu}{\rho} \tag{2.8}$$

国际单位制中,运动黏度的单位为 m^2/s,实际中常用 mm^2/s。

运动黏度 ν 没有什么明确的物理意义,它不能像 μ 一样直接表示流体的黏性大小,只是因为在力学分析和计算中常遇到 μ 与 ρ 的比值,为了方便起见采用 ν 表示。它之所以被称为运动黏度,是因为在它的量纲中只有运动学的要素——长度和时间的缘故。

国际标准化组织(ISO)规定,各类液压油的牌号是按液压油在一定温度下运动黏度的平均值来标定的。我国生产的液压油采用 40 ℃时的运动黏度值(mm^2/s)为其黏度等级标号,即液压油的牌号。例如,牌号为 L-HL32 的液压油,就是指这种油在 40 ℃时的运动黏度平均值为 32 mm^2/s。

3) 相对黏度

由于绝对黏度很难测量,所以就常用液体的黏性越大、通过量孔越慢的特性来测量液体的相对黏度。

相对黏度是以相对于蒸馏水的黏性的大小来表示该液体的黏性的。相对黏度又称条件黏度。由于测量的条件不同,各国采用的相对黏度单位也不同,有的用赛氏黏度,有的用雷氏黏度,我国采用恩氏黏度。

恩氏黏度由恩氏黏度计测定,其方法是:将 200 cm^3 温度为 t ℃的被测液体装入黏度计的容器,经其底部直径为 2.8 mm 的小孔流出,测出液体流尽所需的时间 t_1,再测出 200 cm^3 温度为 20 ℃的蒸馏水在同一黏度计中流尽所需时间 t_2,这两个时间的比值即为被测液体在温度 t ℃下的恩氏黏度 $°E_t$,即

$$°E_t = \frac{t_1}{t_2} \tag{2.9}$$

工业上常以 20 ℃、50 ℃和 100 ℃来作为测定恩氏黏度的标准温度,由此得来的恩氏黏度分别用 $°E_{20}$、$°E_{50}$ 和 $°E_{100}$ 来表示。

知道恩氏黏度以后,可用经验公式(2.10)、(2.11)来换算成运动黏度。

当 $1.3 \leq °E \leq 3.2$ 时,有

$$\nu = 8°E_t - \frac{8.64}{°E_t} \times 10^{-6} \, m^2/s \tag{2.10}$$

当 $°E > 3.2$ 时,有

$$\nu = 7.6°E_t - \frac{4}{°E_t} \times 10^{-6} \, m^2/s \tag{2.11}$$

4. 温度和压力对黏度的影响

1) 温度对黏度的影响

液压油黏度对温度的变化是十分敏感的,当温度升高时,其分子之间的内聚力减小,黏度就随之降低。油液黏度随温度变化的性质称为黏温特性。油液黏度的变化会直接影响液压系统的工作性能,因此,油液的黏温特性是液压油的一个重要指标。我国常用黏温图表示油液黏度随温度变化的关系,典型液压油的黏温特性曲线如图 2.3 所示。

对于一般常用的液压油,当运动黏度不超过 76 mm^2/s,温度在 30~150 ℃范围内时,可用

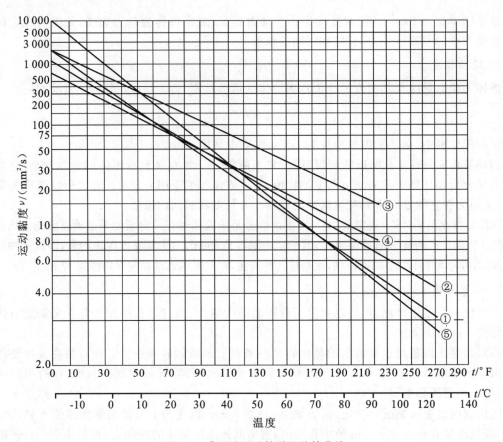

图 2.3　典型液压油的黏温特性曲线
①—矿油型普通液压油；②—矿油型高黏度指数液压油；③—水包油乳化液；④—水-乙二醇液；⑤—磷酸酯液

下述近似公式计算其温度为 t ℃时的运动黏度，即

$$\nu_t = \nu_{50}\left(\frac{50}{t}\right)^n \tag{2.12}$$

式中：ν_t——温度在 t ℃时油的运动黏度，单位为 mm^2/s；

ν_{50}——温度为 50 ℃时油的运动黏度，单位为 mm^2/s；

n——黏温指数。黏温指数 n 随油的黏度而变化，其值可参考表 2.1。

表 2.1　黏温指数 n 随黏度变化的数值

$\nu_{50}/(mm^2/s)$	2.5	6.5	9.5	12	21	30	38	45	52	60
n	1.39	1.59	1.72	1.79	1.99	2.13	2.24	2.32	2.42	2.49

2）压力对黏度的影响

液体分子间的距离随压力增加而减小，内聚力增大，其黏度也随之增大。当压力不高且变化不大时，压力对黏度的影响较小，一般可忽略不计；当压力较高（大于 10 MPa）或压力变化较大时，则需要考虑压力对黏度的影响。

二、液压传动系统对液压油的要求

液压油在液压传动系统中除传递能量外，还具有润滑、冷却的作用。因此，液压油应具备如下性能。

(1) 适宜的黏度和良好的黏温特性。一般液压系统用油的黏度范围 $\nu=11.5\sim35.3\ mm^2/s$ ($2\sim5°E_{50}$)。

(2) 润滑性能好。在液压传动机械设备中,除液压元件外,其他一些有相对滑动的零件也要用液压油来润滑,因此,液压油应具有良好的润滑性能。

(3) 良好的化学稳定性即对热、氧化、水解、相容都具有良好的稳定性。

(4) 对金属材料具有防锈性和防腐性。

(5) 抗泡沫性好,抗乳化性好。

(6) 油液纯净,含杂质量少。

(7) 对密封材料适应性好。

(8) 闪点和燃点高,流动点和凝固点低。

(9) 对人体无害,成本低。

三、液压油的选用

正确、合理地选用液压油,是保证液压设备高效率正常运转的前提。液压油的选用,实质上就是对液压油的品种和牌号的选择。液压油品种的选择,一般根据液压装置本身的使用性能和工作环境等因素确定。当品种选定后,选择液压油的牌号时,最先考虑的就是液压油的黏度。如果黏度太低,就会使泄漏增加,从而降低效率,降低润滑性,增加磨损;如果黏度太高,液体流动的阻力就会增加,磨损增大,液压泵及油的阻力增大,易产生空穴现象和噪声。因此,选择液压油时要注意以下几点。

(1) 工作环境。当液压系统工作环境温度较高时,应采用较高黏度的液压油;反之,则采用较低黏度的液压油。

(2) 工作压力。当液压系统工作压力较高时,就采用较高黏度的液压油,以防泄漏;反之,则采用较低黏度的液压油。

(3) 运动速度。当液压系统工作部件运动速度较高时,为减少功率损失,应采用较低黏度的液压油;反之,则采用较高黏度的液压油。

(4) 液压泵的类型。在液压系统中,不同的液压泵对润滑的要求不同,选择液压油应考虑液压泵的类型及其工作环境,如表2.2所示。

表 2.2　各类液压泵推荐用的液压油

液压泵的类型		油液黏度 $\nu_{40}/(mm^2/s)$		适应液压油的种类和黏度牌号
		液压系统温度 5～40 ℃	液压系统温度 40～80 ℃	
叶片泵	7 MPa 以下	30～50	40～75	L-HM32、L-HM46、L-HM68
	7 MPa 以上	50～70	55～90	L-HM46、L-HM68、L-HM100
齿轮泵		30～70	95～165	中低压时用:L-HL32、L-HL46、L-HL68、L-HL100、L-HL150
径向轴塞泵		30～50	65～240	
轴向轴塞泵		30～70	70～150	中高压时用:L-HM32、L-HM46、L-HM68、L-HM100、L-HM150

2.2 液体静力学

液体静力学是研究液体处于相对平衡状态下的力学规律及其实际应用。所谓相对平衡是指液体内部各质点间没有相对运动,至于液体本身完全可以和容器一起如同刚体一样做各种运动。

一、液体静压力及其特性

作用在液体上的力有两种类型,一种是质量力,另一种是表面力。质量力作用在液体所有质点上,它的大小与质量成正比,如重力、惯性力等。单位质量液体受到的质量力称为单位质量力,它在数值上等于加速度。表面力作用在液体的表面上,如法向力、切向力。表面力可以是其他物体(如活塞、大气层)作用在液体上的力,也可以是一部分液体作用在另一部分液体上的力。对于液体整体来说,其他物体作用在液体上的力属于外力,而液体间的作用力属于内力。单位面积上作用的表面力称为应力,它可分为法向应力和切向应力。液体处于静止状态时,液体质点间没有相对运动,不存在内摩擦力,即不呈现黏性。因此,静止液体的表面力只有法向力。液体内某点处单位面积上所受到的法向力称为该点处的静压力,即在面积 ΔA 上作用有法向力 ΔF 时,该点处的压力 p 可定义为

$$p = \lim_{\Delta A \to 0} \frac{\Delta F}{\Delta A} \tag{2.13}$$

若法向力 F 均匀地作用在面积 A 上,则压力表示为

$$p = \frac{F}{A} \tag{2.14}$$

由此可见,这里的压力就是物理学中的压强。由于液体质点间的内聚力很小,不能受拉,只能受压,所以液体的静压力有两个重要的特性。

(1) 液体静压力垂直于作用面,其方向与该面的内法线方向一致。
(2) 静止液体内任何一点所受到的各方向的静压力都相等。

二、液体静力学基本方程式

在重力作用下,静止液体的受力情况如图 2.4(a)所示,静止液体受到的力有液体的重力、液面上的压力 p_0 和容器壁面对液体的压力。如果要求液体内离液面深度为 h 的 A 点处的压力,可在液体内取出一个底面通过该点的、底面积为 ΔA 的垂直小液柱为隔离体,如图 2.4(b)所示。

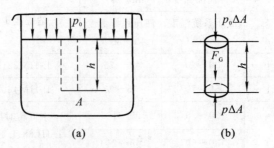

图 2.4 重力作用下的静止液体

分析这个处于平衡状态的小液柱,可得到它在垂直方向的力学平衡方程,即
$$p\Delta A = p_0 \Delta A + F_G$$
这里的 F_G 为小液柱的重量,$F_G = \rho g h \Delta A$,将其代入上式,并将等式两边同除以 ΔA,可得
$$p = p_0 + \rho g h \tag{2.15}$$
式中:g——重力加速度;
ρ——液体的密度。

式(2.15)为液体静力学基本方程式。由此可知,静止液体内任意点的压力由两部分组成,即液面外压力 p_0 和液体自重对该点的压力 $\rho g h$。静止液体内的压力随液体的深度呈线性规律分布。连通器内同一液体中,深度相同的各点压力相等,压力相等的所有点组成的面为等压面。在重力作用下静止液体的等压面是一个水平面。

三、压力的表示方法及单位

液压系统中的压力就是指压强,液体压力通常有绝对压力、相对压力(表压力)、真空度三种表示方法。

绝对压力是以绝对真空为基准零值时所测得的压力,例如,以绝对真空为基准可测得大气压力为 $1.013\ 25 \times 10^5\ \text{N/m}^2$。

在地球表面上,一切物体都受大气压力的作用,而且是自成平衡的,即大多数测压仪表在大气压下并不动作,这时它所表示的压力值为零。因此,测出的压力是高于大气压力的那部分压力,即它是相对于大气压(即以大气压为基准零值时)所测量到的一种压力,因此称它为相对压力或表压力。

当绝对压力低于大气压时,习惯上称为出现真空。因此,某点的绝对压力比大气压小的那部分数值称为该点的真空度。例如,某点的绝对压力为 $4.052 \times 10^4\ \text{Pa}$(0.4 大气压),则该点的真空度为 $0.607\ 8 \times 10^4\ \text{Pa}$(0.6 大气压)。

绝对压力、相对压力(表压力)和真空度的关系如图 2.5 所示。

由图 2.6 可知,绝对压力总是正值,表压力则可正、可负,负的表压力就是真空度,如真空度为 $4.052 \times 10^4\ \text{Pa}$(0.4 大气压),其表压力为 $-4.052 \times 10^4\ \text{Pa}$(−0.4 大气压)。

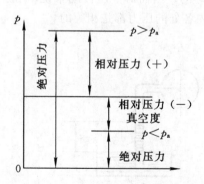

图 2.5 绝对压力、相对压力(表压力)和真空度的关系

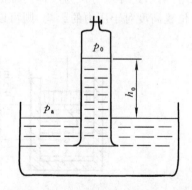

图 2.6 用液柱高表示真空度

把下端开口、上端具有阀门的玻璃管插入密度为 ρ 的液体中,如图 2.6 所示。如果在上端抽出一部分封入的空气,使管内压力低于大气压力,则在外界的大气压力 p_a 的作用下,管内液体将上升至 h_0,这时管内液面压力为 p_0,由流体静力学基本公式可知 $p_a = p_0 + \rho g h_0$。显然,$\rho g h_0$ 就是管内液面压力 p_0 不足大气压力的部分,因此,它就是管内液面上的真空度。由此可

见,真空度的大小往往可以用液柱高度 $h_0 = \dfrac{p_a - p_0}{\rho g}$ 来表示。

在理论上,当 p_0 等于零时,即管中呈绝对真空时,h_0 达到最大值,设为 $(h_{0\max})_r$,在标准大气压下,有

$$(h_{0\max})_r = \frac{p_a}{\rho g} = \frac{1.013\,25 \times 10^5}{9.806\,6\rho} = \frac{1.033 \times 10^4}{\rho}$$

水的密度 $\rho = 10^3$ kg/m³,汞的密度为 13.6×10^3 kg/m³。

所以

$$(h_{0\max})_r = \frac{1.033 \times 10^4}{\rho} = \frac{1.033 \times 10^4}{10^3}\,\text{mH}_2\text{O} = 10.33\,\text{mH}_2\text{O}$$

或

$$(h_{0\max})_r = \frac{1.033 \times 10^4}{\rho} = \frac{1.033 \times 10^4}{13.6 \times 10^3}\,\text{mHg} = 0.76\,\text{mHg} = 760\,\text{mmHg}$$

即理论上在标准大气压下的最大真空度可达 10.33 米水柱或 760 毫米汞柱。

由图 2.5 可以得到如下表达式:
(1) 绝对压力 = 大气压力 + 表压力;
(2) 表压力 = 绝对压力 − 大气压力;
(3) 真空度 = 大气压力 − 绝对压力。

压力单位为帕斯卡,简称帕,符号为 Pa,$1\,\text{Pa} = 1\,\text{N/m}^2$。由于此单位很小,工程上使用不便,因此,常采用它的倍单位兆帕,符号为 MPa,$1\,\text{MPa} = 10^6\,\text{Pa}$。

【例 2.1】 如图 2.7 所示,容器内充满油液,活塞上作用力为 10 kN,活塞的面积 $A = 10^{-2}\,\text{m}^2$,活塞下方 0.5 m 处的压力等于多少(油液的密度 $\rho = 900\,\text{kg/m}^3$)?

【解】 根据式(2.15),活塞和液面接触处的压力为

$$p_0 = F/A = 10 \times 10^3 / 10^{-2}\,\text{Pa} = 10^6\,\text{Pa}$$

所以深度为 0.5 m 处的液体的压力为

$$p = p_0 + \rho g h = (10^6 + 900 \times 9.8 \times 0.5)\,\text{Pa} = (10^6 + 4\,410)\,\text{Pa}$$
$$\approx 1.004\,4 \times 10^6\,\text{Pa} \approx 10^6\,\text{Pa} = 1\,\text{MPa}$$

由此题可以看出,液体在受压的情况下,液体自重对该点的压力 $\rho g h$ 与液面外压力相比,可以忽略不计,这样就可认为液体内部的压力是近似相等的。因而对液压传动来说,一般不考虑液体位置高度对于压力的影响,则可以认为静止液体内各处的压力都是相等的。

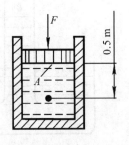
图 2.7 例 2.1 图

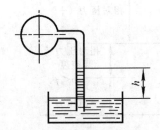
图 2.8 例 2.2 图

【例 2.2】 如图 2.8 所示,一个具有一定真空度的容器用一根管子倒置于一液面与大气相通的水槽中,液体在管中上升的高度 $h = 1$ m,设液体的密度 $\rho = 1\,000\,\text{kg/m}^3$,试求容器内的真空度。

【解】 设容器内液体表面的绝对压力为 p_0,已知水槽表面的绝对压力为大气压力 p_a,将它

们代入式 $p=p_0+\rho gh$，得 $p_a=p_0+\rho gh$，因此所求容器内的真空度为
$$p_a-p_0=\rho gh=1\ 000\times 9.8\times 1\ \text{Pa}=9\ 800\ \text{Pa}$$

四、帕斯卡原理

密封容器内的静止液体,当边界上的压力 p_0 发生变化时,例如增加 Δp,则容器内任意一点的压力将增加同一数值 Δp。也就是说,在密封容器内施加于静止液体任一点的压力将以等值同时传到液体各点。这就是帕斯卡原理或静压传递原理。

根据帕斯卡原理和静压力的特性,液压传动不仅可以进行力的传递,而且还能将力放大和改变力的方向。图 2.9 所示的是应用帕斯卡原理推导压力与负载关系的实例。图中垂直液压缸(负载缸)的截面积为 A_1,水平液压缸截面积为 A_2,两个活塞上的外作用力分别为 F_1、F_2,则缸内压力分别为 $p_1=\dfrac{F_1}{A_1}$、$p_2=\dfrac{F_2}{A_2}$。由于两缸充满液体且互相连接,根据帕斯卡原理,有 $p_1=p_2$。因此有
$$F_2=\dfrac{A_2}{A_1}F_1 \tag{2.16}$$

如果垂直液压缸的活塞上没有负载,即 $F_1=0$,则当略去活塞重量及其他阻力时,不论怎样推动水平液压缸的活塞也不能在液体中形成压力。这说明液压系统中的压力是由外界负载决定的,这是液压传动的一个基本概念。

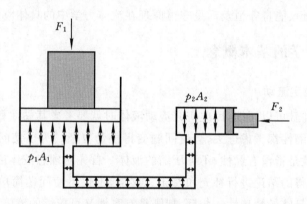

图 2.9　静压传递原理应用实例

五、液体静压力对固体壁面的作用力

在液压传动中,略去液体自重产生的压力,液体中各点的静压力是均匀分布的,且垂直作用于受压表面。因此,当承受压力的固体壁面为平面时,液体对该平面的总作用力 F 为液体的压力 p 与受压面积 A 的乘积,其方向与该平面垂直。如压力油作用在直径为 D 的活塞上,如图 2.10(a)所示,则压力油对活塞的作用力 F 为
$$F=pA=p\dfrac{\pi D^2}{4} \tag{2.17}$$

当承受压力的固体壁面为曲面时,如图 2.10(b)、(c)所示的球面和圆锥面,压力油作用在固体壁面上某一方向的作用力 F 等于液体的静压力 p 和曲面在该方向的投影面积 A 的乘积,即
$$F=pA=p\dfrac{\pi d^2}{4} \tag{2.18}$$

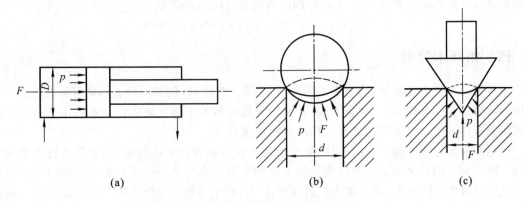

图 2.10　压力油作用在固体壁上的力

◀ 2.3　液体动力学 ▶

在液压传动系统中,液压油总是在不断地流动,因此,要研究液体流动时流速和压力的变化规律。液体的连续性方程、伯努利方程和动量方程是描述液体动力学的三个基本方程,它们是刚体力学中的质量守恒、能量守恒及动量守恒原理在流体力学中的具体应用。

一、液体动力学的基本概念

1. 理想液体与恒定流动

液体具有黏性,并且可以压缩,因此研究流动液体时就要考虑其黏性和压缩性,但研究时如果把液体的黏性和压缩性都考虑进去,会使问题变得极为复杂。为了使问题简化,引入理想液体的概念,理想液体就是指没有黏性、不可压缩的液体。首先对理想液体进行研究,然后再通过试验验证的方法对所得的结论进行补充和修正。这样,不仅可使问题简单化,而且得到的结论在实际应用中仍具有足够的精确性。相反,把既具有黏性又可压缩的液体称为实际液体。

液体流动时,如果液体中任何一点的压力、速度和密度都不随时间而变化,则这样的流动称为恒定流动(也称定常流动或稳定流动);如果在压力、速度和密度中有一个量随时间而变化,则称为非恒定流动。恒定流动与时间无关,研究比较方便,而非恒定流动则与时间有关,研究起来比稳定流动复杂得多。因此在研究液压系统的静态性能时,往往将一些非恒定流动适当简化,作为稳定流动来处理,但在研究动态性能时则不能作这样的简化。

2. 通流截面、流量和平均流速

1) 通流截面

液体在管道中流动时,其垂直于流动方向的截面称为通流截面,也称为过流断面。

2) 流量

单位时间内通过通流截面的液体的体积称为流量,用 q 表示,单位为 m^3/s,在实际使用中,常用的单位是 L/min 或 mL/s。

3) 平均流速

在实际液体流动中,由于黏性摩擦力的作用,通流截面上流速 u 的分布规律难以确定,因此引入平均流速的概念,即认为通流截面上各点的流速均为平均流速,用 v 来表示,则通过通流截面的流量就等于平均流速乘以通流截面积。用这种方法算出来的流量应该与实际流量相等,因此有

$$q = vA \tag{2.19}$$

式中:q——实际流量;

A——通流截面面积;

v——平均流速。

则平均流速为

$$v = \frac{q}{A} \tag{2.20}$$

实际工程计算中,平均流速才具有应用价值。液压缸工作时活塞的运动速度等于缸内液体的平均流速。

3. 液体的流动状态

1) 层流和紊流

19 世纪末,英国科学家雷诺(Reynolds)首先通过试验观察水在圆管内的流动情况,发现了液体有两种流动状态——层流和紊流。

试验装置如图 2.11 所示,试验时保持水箱中水位恒定和平静,然后将阀门 A 微微开启,使少量水流流经玻璃管,即玻璃管内平均流速 v 很小。这时,如将红色的水容器的阀门 B 也微微开启,使红色的水也流入玻璃管内,可以在玻璃管内看到一条细直而鲜明的红色线,而且无论红色的水放在玻璃管内的任何位置,它都能呈直线状,这说明管中水流都是安定地沿轴向运动,液体质点没有垂直于主流方向的横向运动,所以红色的水与周围的液体没有混杂。如果把阀门 A 缓慢开大,管中流量和它的平均流速 v 也将逐渐增大,直至平均流速增加至某一数值为止,这时红色线开始弯曲颤动,这说明玻璃管内液体质点不再保持安定,开始发生脉动。如果阀门 A 继续开大,脉动加剧,红色的水就会完全与周围液体混杂而不再维持流束状态。

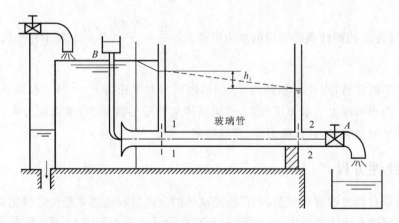

图 2.11 雷诺试验

在液体运动时,如果质点没有横向脉动,不引起液体质点混杂,而是层次分明,能够维持安定的流束状态,这种流动称为层流。

如果液体流动时质点具有脉动速度,引起流层间质点相互错杂交换,这种流动称为紊流或湍流。

2) 雷诺数

液体流动时究竟是层流还是紊流,必须用雷诺数来判别。

试验证明,液体在圆管中的流动状态不仅与管内的平均流速 v 有关,还与管径 d、液体的运动黏度 ν 有关。但是,真正决定液流状态的,却是这三个参数所组成的一个称为雷诺数 Re 的无量纲纯数,即

$$Re=\frac{vd}{\nu} \tag{2.21}$$

由式(2.21)可知,如果液流的雷诺数相同,则它的流动状态也相同。当液流的雷诺数小于临界雷诺数时,液流为层流;反之,液流大多为紊流。常见的液流管道的临界雷诺数由试验求得,如表 2.3 所示。

表 2.3 常见液流管道的临界雷诺数

管道的材料与形状	临界雷诺数	管道的材料与形状	临界雷诺数
光滑的金属圆管	2 000～2 320	带槽状的同心环状缝隙	700
橡胶软管	1 600～2 000	带槽状的偏心环状缝隙	400
光滑的同心环状缝隙	1 100	圆柱形滑阀阀口	260
光滑的偏心环状缝隙	1 000	锥状阀口	20～100

对于非圆截面的管道来说,雷诺数 Re 可用下式计算

$$Re=\frac{4vR}{\nu} \tag{2.22}$$

式中:R——通流截面的水力半径,它等于液流的有效截面积 A 和它的湿周(有效截面的周界长度)χ 之比,即

$$R=\frac{A}{\chi} \tag{2.23}$$

例如,直径为 d 的圆柱截面管道的水力半径 $R=\frac{A}{\chi}=\frac{\frac{1}{4}\pi d^2}{\pi d}=\frac{d}{4}$。将 $R=\frac{d}{4}$ 代入式(2.22),可得式(2.21)。

又如正方形的管道,边长为 b,则周长为 $4b$,因而水力半径为 $R=b/4$。水力半径的大小,对管道的通流能力影响很大。水力半径大,表明流体与管壁的接触少,通流能力强;水力半径小,表明流体与管壁的接触多,通流能力差,容易堵塞。

二、连续性方程

质量守恒是自然界的客观规律,不可压缩液体的流动过程也遵守能量守恒定律。连续性方程是质量守恒定律在流体力学中的一种表达形式。设液体在如图 2.12 所示的管道中作恒定流动,若任取的两通流截面1—1、2—2 的面积分别为 A_1 和 A_2,两截面处液体的密度和平均速度分别为 ρ_1、v_1 和 ρ_2、v_2,把由截面 1—1、2—2 和两截面之间的内管壁围成的空间作为控制体,根据质量守恒定律,在单位时间内流入这个控制体的液体应该等于流出这个控制体的液体,或者说流过通流截面 1—1 的液体质量应该与流过通流截面 2—2 的液体质量相等,即

$$\rho_1 v_1 A_1 = \rho_2 v_2 A_2$$

当忽略液体的可压缩性时，$\rho_1 = \rho_2$，则得

$$v_1 A_1 = v_2 A_2 \qquad (2.24)$$

由于两通流截面 1—1、2—2 是任意取的，所以上式可写成

$$q = vA = 常数 \qquad (2.25)$$

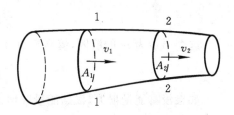

图 2.12　液流的连续性原理

这就是液流的连续性方程。它说明液体在管道中流动时，流过各个截面的流量是相等的，而液流的流速与通流截面的面积成反比。因此，流量一定时，管道细的地方流速高，管道粗的地方流速低。

三、伯努利方程

伯努利方程是能量守恒定律在流动液体中的表现形式。为了便于研究，先讨论理想液体的流动情况，然后再扩展到实际液体的流动情况。

1．理想液体的伯努利方程

如图 2.13 所示，在恒定流动的管道中任取一段液流为研究对象，设两截面 1—1、2—2 的中心到基准面 0—0 的高度分别为 h_1 和 h_2，通流截面上的流速为 v_1 和 v_2，压力为 p_1 和 p_2。当液体为理想液体并且做恒定流动时，质量为 m 的液体在截面 1—1 和截面 2—2 上具有以下三种能量。

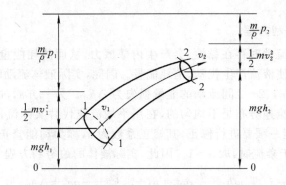

图 2.13　伯努利方程各参量关系转换图

1) 动能

由于液体以一定的速度流动，故在截面 1—1 上有动能 $\frac{1}{2}mv_1^2$，在截面 2—2 上有动能 $\frac{1}{2}mv_2^2$。

2) 势能

由于液体距地面有一定的高度，故在截面 1—1 上有势能 mgh_1，在截面 2—2 上有势能 mgh_2。

3) 压力能

由于液体具有压力，故在截面 1—1 上有压力能 $\frac{m}{\rho}p_1$，在截面 2—2 上有压力能 $\frac{m}{\rho}p_2$。

因此，质量为 m 的液体在截面 1—1 上具有的总能量为

$$\frac{m}{\rho}p_1 + mgh_1 + \frac{1}{2}mv_1^2$$

这个质量为 m 的液体,流到截面 2—2 时具有的总能量为

$$\frac{m}{\rho}p_2 + mgh_2 + \frac{1}{2}mv_2^2$$

如果没有能量损失,根据能量守恒定律,液体流经截面 1—1 和截面 2—2 时的总能量是相等的,即

$$\frac{m}{\rho}p_1 + mgh_1 + \frac{1}{2}mv_1^2 = \frac{m}{\rho}p_2 + mgh_2 + \frac{1}{2}mv_2^2$$

若等式两边同乘以 $\frac{\rho}{m}$,可得单位体积液体的能量方程,即

$$p_1 + \rho g h_1 + \frac{1}{2}\rho v_1^2 = p_2 + \rho g h_2 + \frac{1}{2}\rho v_2^2 \tag{2.26}$$

由于截面 1—1 和截面 2—2 是任取的,因此式(2.26)也可写成对管道中的任一截面,有

$$p + \rho g h + \frac{1}{2}\rho v^2 = 常数 \tag{2.27}$$

式(2.27)称为理想液体的伯努利方程,各项分别为单位体积液体的压力能、势能和动能。因此,理想液体的伯努利方程的物理意义是:在密闭的管道内作恒定流动的液体具有三种形式的能量,即压力能、势能和动能,在流动过程中,三种能量可以相互转化,但各个通流截面上三种能量的总和保持不变。

2. 实际液体的伯努利方程

实际液体在管道内流动时存在黏性,会产生内摩擦力,从而消耗能量;同时,管道局部形状和尺寸的突然变化也会使液流产生扰动,消耗能量。因此,实际液体流动时会有能量损失,设单位体积液体在两截面 1—1、2—2 间流动的能量损失为 Δp_w。另一方面,由于存在黏性,实际液体在管道通流截面上的流速分布是不均匀的,在用平均流速代替实际流速计算动能时,必然产生误差,所以方程中动能一项要进行修正,其修正系数为 α,称为动能修正系数。一般液体处于层流时取 $\alpha = 2$;液体处于紊流时,取 $\alpha = 1$。因此,实际液体的伯努利方程为

$$p_1 + \rho g h_1 + \frac{\alpha_1}{2}\rho v_1^2 = p_2 + \rho g h_2 + \frac{\alpha_2}{2}\rho v_2^2 + \Delta p_w \tag{2.28}$$

在应用伯努利方程时应该注意以下两点。

(1) 通流截面 1—1、2—2 应顺流向选取(否则 Δp_w 为负值),且应选在缓变流动的截面上。
(2) 通流截面的中心在基准面以上时,h 值为正,反之为负。

【**例 2.3**】 如图 2.14 所示,已知 $H = 10$ m,截面 1—1 面积 $A_1 = 0.02$ m²,截面 2—2 面积 $A_2 = 0.04$ m²,求孔口的出流流量以及点 2 处的表压力。(取 $\alpha = 1, \rho = 1\,000$ kg/m³,不计损失)

【**解**】 设截面 1—1、2—2 的中心位置为基准面,对截面 0—0 和截面 1—1 列伯努利方程。

在截面 0—0:$h_0 = H = 10$ m,$p_0 = p_a$(大气压),$v_0 \approx 0, \alpha_0 = 1$。

在截面 1—1:$h_1 = 0$,$p_1 = p_a$(大气压),v_1 未知,$\alpha_1 = 1$,$\Delta p_w = 0$。根据式(2.28),有

$$p_0 + \rho g h_0 + \frac{\alpha_0}{2}\rho v_0^2 = p_1 + \rho g h_1 + \frac{\alpha_1}{2}\rho v_1^2 + \Delta p_w$$

代入各参数可得

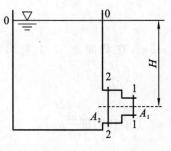

图 2.14 例 2.3 图

$$p_a + \rho \times 9.8 \times 10 = p_a + \frac{1}{2}\rho v_1^2$$

所以
$$v_1 = \sqrt{2 \times 9.8 \times 10} \text{ m/s} = 14 \text{ m/s}$$

孔口出流流量为
$$q_1 = v_1 A_1 = 14 \times 0.02 \text{ m}^3/\text{s} = 0.28 \text{ m}^3/\text{s}$$

对截面 2—2 和截面 1—1 列连续方程,有
$$v_2 A_2 = v_1 A_1$$

所以
$$v_2 = \frac{A_1}{A_2} v_1 = \frac{0.02}{0.04} \times 14 \text{ m/s} = 7 \text{ m/s}$$

再对截面 2—2 和截面 1—1 列伯努利方程。
在截面 2—2:$h_2 = 0, p_2$ 未知,$v_2 = 7$ m/s,$\alpha_2 = 1, \Delta p_w = 0$。
将截面 1—1、2—2 上的数据代入式(2.28),有
$$p_2 + \frac{1}{2}\rho v_2^2 = p_a + \frac{1}{2}\rho v_1^2$$

所以,点 2 处的表压力为
$$p_2 - p_a = \frac{1}{2}\rho v_1^2 - \frac{1}{2}\rho v_2^2 = \frac{1}{2} \times 1\,000 \times (14^2 - 7^2) \text{ Pa} = 73\,500 \text{ Pa}$$

四、动量方程

动量方程是动量定理在流体力学中的具体应用。在液压传动中,要计算液流作用在固体壁面上的力时,应用动量方程求解比较方便。

由中学物理学可知,作用在质量为 m 的物体上的力等于物体在单位时间内动量的变化量,即

$$\sum \boldsymbol{F} = \frac{m\boldsymbol{v}_2 - m\boldsymbol{v}_1}{\Delta t}$$

对于作恒定流动的液体,若忽略其可压缩性,可将 $m = \rho q \Delta t$ 代入上式,考虑以平均流速代替实际流速产生的误差,引入动量修正系数 β,则可写出恒定流动液体的动量方程,即

$$\sum \boldsymbol{F} = \rho q (\beta_2 \boldsymbol{v}_2 - \beta_1 \boldsymbol{v}_1) \tag{2.29}$$

式中:$\sum \boldsymbol{F}$——作用于控制液体上的全部外力的矢量和;
β_1、β_2——动量修正系数,紊流时 $\beta = 1$,层流时 $\beta = 1.33$;
q——通过控制体的液体流量;
ρ——液体的密度;
$\boldsymbol{v}_1$——液流流入控制体的平均流速矢量;
$\boldsymbol{v}_2$——液流流出控制体的平均流速矢量。

式(2.29)为矢量方程,使用时应根据具体情况将式中的各个矢量向指定方向投影,列出该指定方向上的动量方程。例如,在 x 指定方向的动量方程可写成

$$\sum \boldsymbol{F}_x = \rho q (\beta_2 \boldsymbol{v}_{2x} - \beta_1 \boldsymbol{v}_{1x}) \tag{2.30}$$

由于固体壁面作用在液体上的力与液体作用在固体壁面上的力大小相等、方向相反,故可求得液流对固体壁面的作用力。

【**例 2.4**】 图 2.15 所示为换向阀的局部结构,阀体上有两个通道,阀芯可在阀体上左右移动,以关闭或接通阀体的两个通道。求液流通过换向阀时对阀芯的轴向作用力。

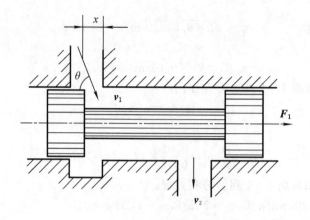

图 2.15 例 2.4 图

【**解**】 取进、出口之间的液体为研究对象,液流的初速度 v_1 在轴向的分量为 $v_1\cos\theta$,液流末速度 v_2 在轴向的分量为 0,由式(2.30)可知,这部分液体在轴向受到阀芯的作用力为

$$\sum F_x = \rho q(\beta_2 v_{2x} - \beta_1 v_{1x}) = -\rho q \beta_1 v_1 \cos\theta$$

取 $\beta_1 = 1$,可得阀芯受到液流的作用力为

$$F' = -\sum F_x = \rho q v_1 \cos\theta$$

力 F' 的方向与液流初速度 v_1 在轴向的投影方向相同,即向右。此力也称为液动力,液动力总是企图关闭阀口。

2.4 液体流动时的压力损失

实际液体具有黏性,在流动时就有阻力,为了克服阻力,就必须消耗能量,这样就有能量损失。在液压传动中,能量损失主要表现为压力损失。压力损失分为沿程压力损失和局部压力损失两类。

一、沿程压力损失

液体在等直径直管中流动时因黏性摩擦产生的压力损失,称为沿程压力损失。液体的流动状态不同,沿程压力损失也有所不同。

1. 层流时的沿程压力损失

1) 通过管道的流量

根据推导可得,当液体在等直径直管作层流流动时,通过整个通流截面的流量为

$$q = \frac{\pi d^4}{128 \mu l} \Delta p \tag{2.31}$$

式中:d——管道的直径,单位为 m;

l——管道的长度,单位为 m;

μ——在管道中流动的液体的动力黏度,单位为 Pa·s;

Δp——管道长度 l 上的压力降，$\Delta p = p_1 - p_2$，单位为 Pa；

q——通过管道的流量，单位为 m^3/s。

2）圆管道内的平均流速

根据平均流速的定义，可得

$$v = \frac{q}{A} = \frac{\frac{\pi d^4}{128\mu l}\Delta p}{\frac{\pi d^2}{4}} = \frac{d^2}{32\mu l}\Delta p \tag{2.32}$$

3）沿程压力损失

由式(2.31)可得沿程压力损失为

$$\Delta p_\lambda = \frac{128\mu l}{\pi d^4}q$$

因为 $q = \frac{\pi d^2}{4}v$，$\mu = \rho v$，$Re = \frac{vd}{\nu}$，代入上式整理后可得

$$\Delta p_\lambda = \frac{64}{\frac{vd}{\nu}} \cdot \frac{l}{d} \cdot \frac{\rho v^2}{2} = \frac{64}{Re} \cdot \frac{l}{d} \cdot \frac{\rho v^2}{2}$$

或

$$\Delta p_\lambda = \lambda \frac{l}{d} \cdot \frac{\rho v^2}{2} \tag{2.33}$$

式中：λ——沿程阻力系数。

对于圆管层流，理论上 $\lambda = \frac{64}{Re}$，考虑到实际圆管截面可能有变形，以及靠近管壁处的液层可能冷却，因而在实际计算中，对金属管取 $\lambda = \frac{75}{Re}$，对橡胶管取 $\lambda = \frac{80}{Re}$。

2. 紊流时的沿程压力损失

紊流时，计算沿程压力损失仍用式(2.33)，但式中的阻力系数 λ 除了与雷诺数 Re 有关外，还与管壁的表面粗糙度有关，即

$$\lambda = f\left(Re, \frac{\Delta}{d}\right)$$

式中：Δ——管壁的绝对粗糙度，它与管径 d 的比值 $\frac{\Delta}{d}$ 称为相对粗糙度。计算时，可查有关手册或用试验的方法确定沿程阻力系数 λ。

二、局部压力损失

液体流经管道的弯头、接头、突变截面及阀口、滤网等局部装置时，由于液流方向和流速均发生变化，因此液流会产生旋涡，并发生强烈的紊动现象，由此而造成的压力损失称为局部压力损失。

局部压力损失的计算公式为

$$\Delta p_\xi = \xi \frac{\rho v^2}{2} \tag{2.34}$$

式中：ξ——局部阻力系数，各种局部装置结构的 ξ 值可查有关手册；

v——流体的平均流速，一般情况下均指局部阻力后部的速度。

液流通过各种标准液压元件的局部损失，一般可从产品说明书中查得，但所查到的数据是

在额定流量 q_n 时的压力损失 Δp_n,实际通过流量与其不一致时,实际压力损失 Δp_v 可按下式计算

$$\Delta p_v = \left(\frac{q}{q_n}\right)^2 \Delta p_n \tag{2.35}$$

式中:q_n——阀的额定流量;
Δp_n——阀在额定流量下的压力损失;
q——通过阀的实际流量。

三、管路系统的总压力损失

整个管路系统的总压力损失等于所有沿程压力损失和所有局部压力损失的和,即

$$\begin{aligned}\sum \Delta p_W &= \sum \Delta p_\lambda + \sum \Delta p_\xi + \sum \Delta p_v \\ &= \sum \lambda \frac{l}{d} \cdot \frac{\rho v^2}{2} + \sum \xi \frac{\rho v^2}{2} + \sum \left(\frac{q}{q_n}\right)^2 \Delta p_n\end{aligned} \tag{2.36}$$

用式(2.36)计算压力损失时,要求两个相邻局部阻力区的距离应大于 10~20 倍直管内径;否则,液流经过一局部阻力区后,还未稳定下来,就又要经过另一局部阻力区,将使扰动更为严重,阻力将大大增加,实际压力损失将比按式(2.36)计算出来的值大得多。

考虑到存在着压力损失,一般液压系统中液压泵的工作压力 p_P 应比执行元件的工作压力 p_1 高 $\sum \Delta p_W$,即

$$p_P = p_1 + \sum \Delta p_W \tag{2.37}$$

【例 2.5】 图 2.16 所示的液压泵的流量 $q = 25$ L/min,吸油管内径 $d = 25$ mm,液压泵的吸油口距液面高度 $h = 0.4$ m,吸油口过滤器压力降 $\Delta p_\xi = 1.5 \times 10^4$ Pa,液压油的密度 $\rho = 900$ kg/m³,在工作温度下的运动黏度为 32×10^{-6} m²/s,求液压泵吸油口处的真空度。

【解】 (1)吸油管内油液的流速。

$$v = \frac{q}{A} = \frac{4q}{\pi d^2} = \frac{4 \times 25 \times 10^{-3}}{3.14 \times (25 \times 10^{-3})^2 \times 60} \text{ m/s} = 0.85 \text{ m/s}$$

(2)判断吸油管内油液的流动状态。

$$Re = \frac{vd}{\nu} = \frac{0.85 \times 25 \times 10^{-3}}{32 \times 10^{-6}} = 664 < 2\,320$$

油液的流动状态可判断为层流,故 $\alpha = 2$。

(3)求真空度。

取截面 1—1 为基准面,对截面 1—1、截面 2—2 列伯努利方程,即

$$p_1 + \rho g h_1 + \frac{\alpha_1}{2} \rho v_1^2 = p_2 + \rho g h_2 + \frac{\alpha_2}{2} \rho v_2^2 + \Delta p_W$$

在截面 1—1:$h_1 = 0, p_1 = p_a$(大气压),$v_1 \approx 0, \alpha_1 = 2$。
在截面 2—2:$h_2 = h = 0.4$ m,$p_2 = ?, v_2 = 0.85$ m/s,$\alpha_2 = 2$。

$$\begin{aligned}\Delta p_W &= \Delta p_\lambda + \Delta p_\xi = \lambda \frac{l}{d} \cdot \frac{\rho v_2^2}{2} + \Delta p_\xi \\ &= \left(\frac{75}{664} \times \frac{0.4}{25 \times 10^{-3}} \times \frac{900 \times 0.85^2}{2} + 1.5 \times 10^4\right) \text{Pa} \\ &= 15\,588 \text{ Pa}\end{aligned}$$

将上式各参数代入伯努利方程,可得

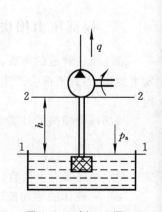

图 2.16 例 2.5 图

$$p_a = p_2 + 900 \times 9.8 \times 0.4 + 900 \times 0.85^2 + 15\,588$$

所以,吸油口处的真空度 $= p_a - p_2 = (900 \times 9.8 \times 0.4 + 900 \times 0.85^2 + 15\,588)\,\mathrm{Pa}$
$= (3\,528 + 650 + 15\,588)\,\mathrm{Pa} = (4\,178 + 15\,588)\,\mathrm{Pa}$
$= 19\,766\,\mathrm{Pa}$

2.5 液体流经小孔及缝隙的流量

在液压系统中,液流流经小孔或缝隙的现象是普遍存在的。例如,液压传动中常利用液体流经阀的小孔或缝隙来控制系统的流量和压力,液压元件的泄漏也属于缝隙流动,因此有必要研究液体流经小孔和缝隙的流量计算。

一、液体流经小孔的流量

小孔一般可以分为三种:当小孔的长径比 $l/d \leqslant 0.5$ 时,称为薄壁小孔;当 $l/d > 4$ 时,称为细长孔;当 $0.5 < l/d \leqslant 4$ 时,称为短孔。

1. 流经薄壁小孔的流量

如图 2.17 所示为液流通过薄壁小孔的情况,液流流经薄壁小孔时,因 $D \gg d$,通流截面1—1的流速较低,流过小孔时液体质点突然加速,在惯性力的作用下,流过小孔后的液流形成一个收缩截面 c—c,然后再扩散。这一收缩和扩散过程,会造成很大的能量损失,并使油液发热。

液流的收缩程度取决于雷诺数、孔口及其边缘的形状、孔口离管路侧壁的距离等因素。当管路直径 D 与小孔直径 d 的比值 $D/d \geqslant 7$ 时,收缩作用不受管路侧壁的影响,此时称为完全收缩;如果管路侧壁对收缩的程度有影响,就称为不完全收缩。

利用实际液体的伯努利方程,可导出流经薄壁小孔的流量公式为

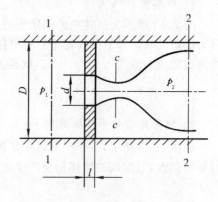

图 2.17 液体在薄壁小孔中的流动

$$q = C_q A \sqrt{\frac{2}{\rho} \Delta p} \tag{2.38}$$

式中:C_q——流量系数,当液流完全收缩时,$C_q = 0.60 \sim 0.62$,当液流不完全收缩时,$C_q = 0.70 \sim 0.80$;
A——小孔的通流截面面积,即 $A = \pi d^2/4$;
Δp——小孔的前后压差,$\Delta p = p_1 - p_2$。

2. 流经短孔和细长小孔的流量

液流流经短孔的流量仍可用式(2.38)求出,但流量系数 C_q 不同,一般取 $C_q = 0.82$。
液流流经细长小孔时,由于其黏性的作用,一般都是层流状态,所以可直接应用直管流量公式(2.31),当孔口直径为 d,截面积为 $A = \pi d^2/4$ 时,公式可写成

$$q = \frac{\pi d^4}{128 \mu l} \Delta p = \frac{d^2}{32 \mu l} \cdot \frac{\pi d^2}{4} \Delta p = \frac{d^2}{32 \mu l} A \Delta p \tag{2.39}$$

比较式(2.38)和式(2.39)容易发现,通过孔口的流量与孔口的面积、孔口前后的压力差以

及孔口形式决定的特性系数有关,由式(2.38)可知,通过薄壁小孔的流量与油液的黏度无关,因此流量受油温的影响较小,但流量与孔口前后的压力差呈非线性关系。由式(2.39)可知,油液流经细长孔的流量与小孔前后的压力差成正比,与油液的动力黏度成反比,因此流量受油温变化的影响较大。为了分析问题方便起见,可将式(2.38)和式(2.39)综合后用下式表示

$$q = KA\Delta p^m \tag{2.40}$$

式中:A——孔口截面面积,单位为 m^2;

Δp——小孔的前后压差,单位为 Pa;

m——由孔口形状决定的指数,$0.5 \leqslant m \leqslant 1$,对于薄壁小孔,$m=0.5$,对于细长孔,$m=1$;

K——孔口的形状系数,对于薄壁小孔和短孔,$K=C_q\sqrt{2/\rho}$,对于细长孔,$K=d^2/(32\mu l)$。

二、液体流经缝隙的流量

液压元件内各零件间要保持正常的相对运动,就必须有适当的间隙。间隙太小,会使零件卡死;间隙过大,会使泄漏增加,降低系统的效率。产生泄漏的原因有两个:一个是间隙两端存在压力差,称为压差流动;另一个是组成的两配合表面有相对运动,称为剪切流动。这两种运动经常会同时存在。

1. 流经平行板缝隙的流动

平行板缝隙可以由固定平行板形成,也可以由相对运动的平行板形成。

1)固定平行板缝隙

图 2.18 所示为液体在两固定平行板之间的运动状态。这种流动是由压力差引起的,因此称为压差流动。如果两固定平行板缝隙厚度为 δ,长度为 l,宽度为 b,b 和 l 一般比 δ 大得多,缝隙两端的压力差为 $\Delta p = p_1 - p_2$,则经推导可得出液体流经固定平行板缝隙的流量为

$$q = \frac{\delta^3 b}{12\mu l}\Delta p \tag{2.41}$$

2)相对运动的平行板缝隙

如图 2.19 所示,一个平板以一定速度 v 相对于另一个固定平板运动,在压差作用下,由于液体的黏性,缝隙间的液体仍会产生流动,这种流动称为剪切流动,其流量为

$$q = \frac{v}{2}b\delta \tag{2.42}$$

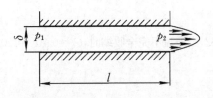
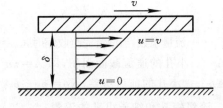

图 2.18　固定平行板缝隙间的液流　　　　图 2.19　相对运动平行板缝隙间的液流

在压差作用下,液体流经相对运动平行板缝隙的流量应为压差流动和剪切流动两种流量的叠加,即

$$q = \frac{\delta^3 b}{12\mu l}\Delta p \pm \frac{v}{2}b\delta \tag{2.43}$$

式中:压差流动与剪切流动方向相同时,q 取"+"号,压差流动与剪切流动方向相反时,q 取

"—"号。

2. 流经环形缝隙的流动

在液压元件中,液压缸的活塞与缸体之间、液压阀的阀芯与阀体之间等都存在环形缝隙。环形缝隙有同心和偏心两种情况。

1) 同心环形缝隙

图 2.20 所示为同心环形缝隙间的液体的流动情况。由于液压元件内配合间隙较小,可以将环形间的流动近似看成平行板缝隙内的流动,只要将 $b=\pi d$ 代入式(2.43)即可,即

$$q = \frac{\pi d \delta^3}{12\mu l}\Delta p \pm \frac{\pi d \delta v}{2} \qquad (2.44)$$

式中:第 1 项——压差流动的流量;
　　　第 2 项——剪切流动的流量;
　　　"+"号和"—"号的确定同式(2.43)。

2) 偏心环形缝隙

实际上,形成环形缝隙的两个圆柱表面很难完全同心,而常常带有一定的偏心量。图 2.21 所示为一个偏心环形缝隙的横截面,通过该缝隙的流量可用下式计算

$$q = \frac{\pi d \delta^3}{12\mu l}\Delta p(1+1.5\varepsilon^2) \pm \frac{\pi d \delta v}{2} \qquad (2.45)$$

式中:δ——内、外圆同心时的缝隙厚度,单位为 m;
　　　ε——相对偏心率,$\varepsilon = e/\delta$;
　　　e——偏心量,单位为 m。

当 $\varepsilon = 0$ 时,两圆柱同心;当 $\varepsilon = 1$ 时,两圆柱处于完全偏心。由式(2.45)可知,当 $v = 0$ 时,完全偏心时的流量为同心时流量的 2.5 倍。

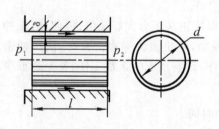

图 2.20　同心环形缝隙的液流

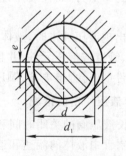

图 2.21　偏心环形缝隙

【例 2.6】　某液压缸活塞直径 $d=100$ mm,长 $l=50$ mm,活塞与自由式体内壁同心时的缝隙厚度 $\delta = 0.1$ mm,两端压力差 $\Delta p = 40 \times 10^5$ Pa,活塞移动的速度 $v = 60$ mm/min,方向与压力差方向相同。油的运动黏度 $\nu = 20$ mm²/s,密度 $\rho = 900$ kg/m³。问活塞与缸体内壁处于最大偏心时的缝隙泄漏量有多大?

【解】　同心环形缝隙的压差流量为

$$q = \frac{\pi d \delta^3}{12\mu l}\Delta p = \frac{\pi \times 100 \times 10^{-3} \times (0.1 \times 10^{-3})^3 \times 40 \times 10^5}{12 \times 20 \times 10^{-6} \times 900 \times 50 \times 10^{-3}} \text{ m}^3/\text{s}$$

$$= 1.16 \times 10^{-4} \text{ m}^3/\text{s}$$

剪切流量为

$$q' = \frac{\pi d \delta v}{2} = \frac{\pi \times 100 \times 10^{-3} \times 0.1 \times 10^{-3} \times 60 \times 10^{-3}}{2 \times 60} \text{ m}^3/\text{s}$$
$$= 1.57 \times 10^{-8} \text{ m}^3/\text{s}$$

根据式(2.45)可知,因缸体相对于活塞移动的方向与压力差相反,即压差流动与剪切流动方向相反,其剪切流量应带负号,故最大偏心缝隙的泄漏量为

$$q_{\max} = 2.5q - q'$$
$$= (2.5 \times 1.16 \times 10^{-4} - 1.57 \times 10^{-8}) \text{ m}^3/\text{s}$$
$$\approx 2.5 \times 1.16 \times 10^{-4} \text{ m}^3/\text{s}$$
$$= 2.9 \times 10^{-4} \text{ m}^3/\text{s}$$

◀ 2.6 液压冲击与气穴现象 ▶

一、液压冲击

在液压系统中,由于某种原因引起液体压力在某一瞬间急剧升高,形成很高的压力峰值,这种现象称为液压冲击。

1. 液压冲击产生的原因及危害性

在液压阀突然关闭或液压缸快速制动等情况下,液体在系统中的流动会突然受阻。这时,由于液流的惯性作用,液体就从受阻端开始,迅速将动能逐层转换为压力能,因而产生压力冲击波;此后,又将压力能逐层转化为动能,液体反向流动;然后,又再次将动能转换成压力能,如此反复地进行能量转换。由于这种压力波的迅速往复传播,能在系统内形成压力振荡。实际上,由于液体受到摩擦力,而且液体自身和管壁都有弹性,不断消耗能量,才使振荡过程逐渐衰减并趋向稳定。

系统中出现液压冲击时,液体瞬时压力峰值可以比正常压力大好几倍,因此,液压冲击会损坏密封装置、管道或液压元件,并且还会引起设备振动,产生很大噪声。有时,液压冲击还会使某些液压元件(如压力继电器、顺序阀等)产生误动作,影响系统的正常工作,甚至造成事故。

2. 减少液压冲击的措施

(1) 延长液压阀的关闭时间和运动部件的制动时间。
(2) 限制管中液体的流速和运动部件的运动速度。
(3) 在液压元件中设置缓冲装置或采用橡胶管。
(4) 在液压系统中设置蓄能器和安全阀。

二、气穴现象

1. 油液的空气分离压及饱和蒸气压

油液中一般溶解有5%~10%(体积比)的空气。在大气压下正常溶解于油液中的空气,当压力低于大气压力时,就成为过饱和状态。在一定温度下,如压力降低到某一值时,过饱和的空气将从油液中分离出来形成气泡,这一压力值称为该温度下的空气分离压。

当液压油在某一温度下的压力低于某一数值时,油液本身迅速汽化,产生大量蒸汽气泡,这时的压力称为油压油在该温度下的饱和蒸气压。

2. 气穴现象及产生的原因

在液压系统中，某处的压力低于空气分离压或饱和蒸气压而产生大量气泡的现象，称为气穴现象。一般来说，液压油的饱和蒸气压相当小，比空气分离压小得多，因此，要使液压油不产生大量气泡，液压油的压力最低不得低于液压油所在温度下的空气分离压。

在液压系统中，当液流流到节流口的喉部或其他管道狭窄位置时，其流速会大为增加。由伯努利方程可知，这时该处的压力会大为下降，如果压力降低到其工作温度的空气分离压以下，就会出现气穴现象。如果液压泵的转速过高，吸油管直径太小或过滤器堵塞，都会使泵的吸油口处的压力降低到其工作温度的空气分离压以下，从而产生气穴现象。

3. 危害及防止措施

当液压系统中出现气穴现象时，大量的气泡破坏了液流的连续性，造成流量和压力脉动，气泡随液流运动到高压区时，气泡在高压油的作用下迅速破裂，以致引起局部液压冲击，发出噪声并引起振动，当附着在金属表面上的气泡破灭时，它所产生的局部高温和高压会使金属剥蚀，这种由气穴造成的腐蚀作用称为气蚀。气蚀会使液压元件的工作性能变坏，并大大缩短其使用寿命。

为防止气穴和气蚀现象，在液压元件和液压系统设计时，对于液压泵来说，要正确设计泵的结构参数和泵的吸油管路。对于元件和系统管路，应尽量避免油道狭窄处或急剧转弯处产生低压区。另外，应合理选择液压元件的材料，增加零件表面质量等，以提高抗腐蚀能力。

除了在设计上采取相应措施外，使用中也要注意以下几个方面。
(1) 及时向液压油箱加油，使油面保持在规定的平面上。
(2) 低压区要密封可靠，确保空气不能侵入。
(3) 注意利用放气塞放气。
(4) 及时清洗及更换滤油网，避免油泵吸油腔产生过大的阻力。

【模块小结】

(1) 实际液压油是既可压缩又有黏性的，但其压缩性很小，所以一般认为液压油是不可压缩的。液压油黏性的大小用黏度来表示，黏度有绝对黏度、运动黏度和相对黏度三种表示方法。液压油的黏度随温度的上长升而减小，随温度的下降而增大。

(2) 静止液体内任意点的压力由两部分组成，即液面外压力 p_0 和液体自重对该点的压力 $\rho g h$。静止液体内的压力随液体的深度呈线性规律分布。

(3) 液体压力通常有绝对压力、相对压力(表压力)、真空度三种表示方法。绝对压力是以绝对真空为基准零值时所测得的压力，相对压力是以大气压力为基准零值时所测得的压力，真空度是某点的绝对压力比大气压力小的那部分数值。

(4) 液体有层流和紊流两种流动状态，但究竟是哪种状态，必须用雷诺数来判断。

(5) 液体在管中流动时，如假设液体是理想液体，流动是恒定流动，则液体流过各个通流截面的流量是相等的，也就是符合连续性方程。流动着的液体具有三种形式的能量，压力能、势能和动能，在流动过程中，三种能量可以互相转化，但在各个通流截面上三种能量的总和保持不变，也就是符合伯努利方程。

(6) 液体在流动中有沿程压力损失和局部压力损失两类压力损失，整个管路的系统的总的压力损失等于所有沿程压力损失和所有局部压力损失之和。

(7) 液压中的小孔可分为薄壁小孔、细长孔和短孔三种，流过的流量可用统一的小孔流量公式 $q = KA\Delta p^m$ 来表示。液压传动中的缝隙主要是环形缝隙，分为同心环形缝隙和偏心环形缝隙两种。流过环形缝隙的流量由压差流动流量和剪切流动流量两部分组成,两者方向相同时,流量相加,方向相反时,流量相减。

（8）所谓液压冲击就是指由于某种原因引起液体压力在某一瞬间急剧升高,形成很高的压力峰值的现象。所谓气穴就是指某处的压力低于空气分离压而产生大量气泡的现象,不管是液压冲击和气穴现象,对液压系统的危害都是很大的,都必须防止其产生。

【思考与练习】

一、选择题

1. 液压油的黏度随温度升高而（　　）。
   A. 增大　　　　　B. 减小　　　　　C. 不变　　　　　D. A、B、C 三种可能都有
2. 理想液体伯努利方程中没有（　　）。
   A. 动能　　　　　B. 势能　　　　　C. 热能　　　　　D. 压力能
3. 通过环形缝隙中的液流,当两圆环同心时的流量与两圆环偏心时的流量相比（　　）。
   A. 前者大　　　　B. 后者大　　　　C. 一样大　　　　D. A、B、C 三种可能都有
4. 已知某液压油在 80 ℃时的运动黏度为 $\nu_{80℃}=10\times10^{-6}$ m²/s,其在 20 ℃时的运动黏度为 $\nu_{20℃}=($　　$)\times10^{-6}$ m²/s。
   A. 10　　　　　　B. 100　　　　　　C. 8　　　　　　D. 20
5. 已知金属圆管临界雷诺数 $Re_{临界}=2300$,若管道内液体流速 $v=2$ m/s,管径 $d=30\times10^{-3}$ m,液体运动黏度 $\nu=30\times10^{-6}$ m²/s,则液体流状态为（　　）。
   A. 层流　　　　　B. 紊流　　　　　C. 潮流　　　　　D. 漂流

二、填空题

1. 实际液压油是既可_____又有_____。
2. 静止液体内任意点的压力由_____和_____两部分组成。
3. 液体的压力通常有_____、_____和_____三种表示方法。
4. 绝对压力是以_____为基准零值时所测得的压力,相对压力是以_____为基准零值所测得的压力。
5. 液体有_____和_____两种流动状态,判断的依据是_____。
6. 液体在管道中作恒定流动时,流过各个截面的_____是相等的,而液体的流速与通流截面的_____成反比。
7. 液体在管道中流动时具有三种能量形式,它们分别是_____、_____和_____。
8. 液体在管道中流动时会产生_____和_____两类压力损失。
9. 在液压传动中,把小孔分为_____、_____和_____三种形式。
10. 在液压传动中,缝隙主要是环形缝隙,它分为_____和_____两种。
11. 液压冲击时,液体瞬时_____可以比_____大好几倍。
12. 在液压系统中,如果某处的压力低于_____或_____而产生大量气泡,这种现象称为气穴现象。

三、问答题

1. 什么是液体的黏性？常用的黏度表示方法有哪三种？它们的表示符号和单位各是什么？
2. 什么是压力？什么是绝对压力、相对压力、真空度？它们之间有何关系？
3. 伯努利方程的物理意义是什么？该方程的理论式和实际式有什么区别？
4. 什么是层流？什么是紊流？如何判别液体的流动状态？

5. 管路中的压力损失有哪几种？各受哪些影响？
6. 指出小孔流量通用公式 $q=KA\Delta p^m$ 中各物理量代号的含义。
7. 什么是空穴现象？什么是液压冲击？它们产生的原因是什么？

四、计算题

1. 密闭容器内的油，其压力为 0.5 MPa 时的容积为 2 L，油液的压缩系数是 $k=6\times 10^{-6}$ cm^2/N，求压力升高到 5 MPa 时的容积是多少？其压缩率是多少？

2. 如图 2.22 所示，在两个相互连通的液压缸中，已知大缸内径 $D=100$ mm，小缸内径 $d=20$ mm，大缸活塞上放置的物体质量为 5 000 kg。试问：在小缸活塞上所加的力 F 有多大时才能使大活塞顶起重物？

3. 如图 2.23 所示，液压缸直径 $D=100$ mm，柱塞直径 $d=50$ mm，液压缸中充满油液，负载 $F=5$ kN，若不计油液自重，求在图(a)、(b)两种情况下缸内的压力。

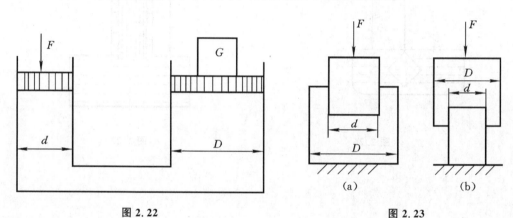

图 2.22　　　　　图 2.23

4. 油在钢管中流动，已知管道的直径为 50 mm，油的运动黏度为 $\nu=40$ mm^2/s，如果油液处于层流状态，那么可以通过的最大流量是多少？

5. 如图 2.24 所示，油管水平放置，截面 1—1、2—2 处的内径分别为 $d_1=5$ mm、$d_2=20$ mm，在管内流动的油液密度 $\rho=900$ kg/m^3，运动黏度 $\nu=20$ mm^2/s。若不计油液流动的能量损失，试解答：

(1) 截面 1—1 和截面 2—2 哪一处压力较高？为什么？

(2) 若管内通过的流量 $q=30$ L/min，求两截面的压力差 Δp。

6. 如图 2.25 所示，液压泵的流量 $q=32$ L/min，吸油管（金属）直径 d 为 20 mm，液压泵吸油口距液面高度 h 为 0.5 m，液压油运动黏度 $\nu=20\times 10^{-6}$ m^2/s，油液密度 $\rho=900$ kg/m^3，若仅考虑吸油管中的沿程损失，试求泵吸油口处的真空度。

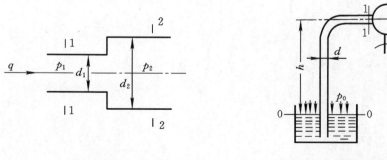

图 2.24　　　　　图 2.25

7. 如图 2.26 所示,液压泵的流量 $q=60$ L/min,吸油管直径 $d=25$ mm,管长 $l=2$ m。过滤器压力降 $\Delta p_\xi=0.1$ MPa(不计其他局部损失)。液压油的密度 $\rho=900$ kg/m³,在工作温度下的运动黏度为 $\nu=142$ mm²/s,空气分离压 $p_d=0.04$ MPa。求液压泵最大安装高度。

8. 如图 2.27 所示,柱塞受 $F=40$ N 的固定力作用而下落,缸中油液从缝隙中挤出,缸套直径 $D=20$ mm,柱塞直径 $d=19.9$ mm,油液牌号是 L-HL46($\rho=850$ kg/m³)。在 40 ℃时,当柱塞和缸孔同心时,试求下落 0.1 m 所需时间是多少?当柱塞和缸孔为全偏心时,下落 0.1 m 所需时间又是多少?

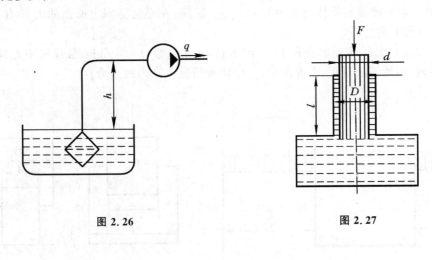

图 2.26　　　　　　　图 2.27

模块 3
液压泵和液压马达

◀ 学习目标

（1）认识液压泵和液压马达的组成。
（2）了解液压泵和液压马达的工作原理及结构特点。
（3）学会正确选用液压泵。
（4）了解液压泵和液压马达的常见故障及排除方法。
（5）掌握拆装油泵的方法及要求。

　　液压泵和液压马达都是能量转换元件。液压泵是液压系统的动力元件，它将原动机（电动机或内燃机）输出的机械能转换为工作液体的压力能，为液压系统提供具有一定压力和流量的液体。液压马达是液压系统的执行元件，它将液体的压力能转换为输出轴转动的机械能，来驱动工作机构实现旋转运动。

3.1 液压泵和液压马达概述

从原理上讲,液压泵和液压马达是可逆的,当用原动机带动其转动时为液压泵;反之,当输入压力油使其转动时为液压马达。但由于功用不同,它们的实际结构是有差别的。

一、液压泵和液压马达的工作原理

1. 液压泵的工作原理

常用的液压泵都是依靠密封容积变化的原理来进行工作的,故一般称为容积式液压泵。图3.1所示是单柱塞液压泵的工作原理图,柱塞2装在缸体3中形成一个密封容积V,柱塞2在弹簧4的作用下始终紧压在偏心轮1上。原动机驱动偏心轮1旋转使柱塞2作往复运动,使密封容积V的大小发生周期性的交替变化。当V由小变大时就形成部分真空,使油箱中油液在大气压力作用下,经吸油管顶开单向阀6进入密封容积V而实现吸油;反之,当V由大变小时,密封容积V中吸满的油液将顶开单向阀5流入系统从而实现压油。这样,液压泵就将原动机输入的机械能转换成液体的压力能,原动机驱动偏心轮不断旋转,液压泵就不断地吸油和压油。

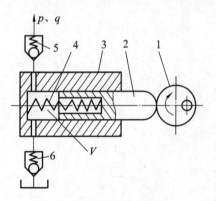

图 3.1 液压泵工作原理图
1—偏心轮;2—柱塞;3—缸体;
4—弹簧;5、6—单向阀

从上述泵的工作原理可知如下结论。

(1) 液压泵必须具有一个或若干个密封且又可以周期性变化的空间。液压泵输出流量与此空间的容积变化量和单位时间内的变化次数成正比,与其他因素无关。这是容积式液压泵的一个重要特性。

(2) 在吸油过程中,油箱内液体的绝对压力必须恒等于或大于大气压力。这是容积式液压泵能够吸入油液的外部条件。因此,为保证液压泵正常吸油,油箱必须与大气相通,或采用密闭的充压油箱。在压油过程中,油液的压力取决于油液从单向阀5压出时遇到的阻力,即泵的输出压力取决于外界负载。

(3) 必须使泵在吸油时工作腔V与油箱相通,而与压力管路不相通;在压油时使密封容积V与油液流向系统的管道相通而与油箱切断。图3.1中的单向阀5、6就是用来完成这一任务的,因此单向阀5、6又称为配流装置。配流装置是泵不可缺少的,只是不同结构形式的泵,具有不同形式的配流装置。

2. 液压马达的工作原理

从原理上讲,容积式液压马达的工作原理就是把容积式泵倒过来使用,即向马达输入液压油,输出的是转速与转矩。但是由于功用的不同,在具体结构上也是有差异的。

二、液压泵和液压马达的类型

常用液压泵和液压马达按其结构形式可分为齿轮式、叶片式和柱塞式三大类,每一类还有多种不同形式。按输出、输入流量是否可调而分为定量泵、定量马达和变量泵、变量马达两大类。

液压泵和液压马达的图形符号如图3.2所示。

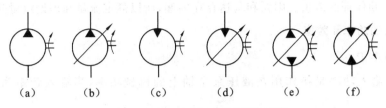

图 3.2　液压泵和液压马达的图形符号

(a) 单向定量泵；(b) 单向变量泵；(c) 单向定量马达；(d) 单向变量马达；(e) 双向变量泵；(f) 双向变量马达

三、液压泵和液压马达的工作参数

1. 压力

1）工作压力 p

液压泵的工作压力是指泵工作时输出油液的实际压力，其值取决于外负载的大小和排油管路上的压力损失，而与液压泵的流量无关；液压马达的工作压力是指输入马达的油液压力，它也是由负载决定的。

2）额定压力 p_n

液压泵(液压马达)的额定压力是指泵(马达)在正常工作条件下按试验标准规定连续运转的最高压力，超过此值就是过载。如果过载运行，则泵(马达)的效率就要下降，寿命就将降低。液压泵(液压马达)铭牌上所标定的压力就是额定压力。

2. 排量和流量

1）排量 V

液压泵(液压马达)的排量是指泵(马达)轴每转一周，由其密封油腔几何尺寸变化计算而得出的输出(输入)液体的体积。对泵来说，排量是指在没有泄漏的情况下，泵轴每转一周所排出的液体体积；对马达来说，排量是指在没有泄漏的情况下，马达轴每转一周需输入的液体体积。排量可调节的液压泵(液压马达)称为变量泵(变量马达)，排量为常数的液压泵(液压马达)称为定量泵(定量马达)。

2）理论流量 q_t

液压泵(液压马达)的理论流量是指在不考虑液压泵(马达)泄漏的情况下，单位时间内所输出(输入)的液体体积。如果泵(马达)的排量为 V，泵(马达)的转速为 n，则该泵(马达)的理论流量为

$$q_t = Vn \tag{3.1}$$

3）实际流量 q

液压泵(液压马达)的实际流量是指在某一具体工况下，单位时间内所输出(输入)的液体体积。对于液压泵来说，实际流量 q 等于理论流量 q_t 减去泄漏流量 Δq，即

$$q = q_t - \Delta q \tag{3.2}$$

对于液压马达来说，实际流量 q 等于理论流量 q_t 加上泄漏流量 Δq，即

$$q = q_t + \Delta q \tag{3.3}$$

4）额定流量 q_n

液压泵（液压马达）的额定流量是指在正常工作条件下，按试验标准规定（如在额定压力和额定转速下）必须保证的流量。因泵和马达存在内漏，所以额定流量和理论流量是不同的。

3. 液压泵的功率和效率

1）输入功率 P_i

液压泵的输入功率是指作用在液压泵主轴上的机械功率，当输入转矩为 T_i，转速为 n 时，有

$$P_i = T_i 2\pi n \tag{3.4}$$

2）输出功率 P_o

液压泵的输出功率是指液压泵实际输出液体的压力 p 与实际流量 q 的乘积，即

$$P_o = pq \tag{3.5}$$

3）效率

如果不考虑泵在能量转换过程中的能量损失，泵的理论输入功率（机械功率）应无损耗地全部变换为泵的理论输出功率（液压功率），有

$$T_t 2\pi n = p q_t = p V n$$

于是

$$T_t = \frac{pV}{2\pi} \tag{3.6}$$

式中：p——泵的工作压力；
$\quad\quad V$——泵的排量；
$\quad\quad T_t$——泵轴上的理论转矩；
$\quad\quad n$——泵轴的转速。

实际上，液压泵在能量交换过程中是有损失的，因此输出功率 P_o 小于输入功率 P_i。两者的差值即为功率损失，功率损失可分为容积损失和机械损失，与其对应的是容积效率和机械效率。

（1）容积效率 η_V。

由于液压泵存在泄漏而造成的流量上的损失，泵的实际输出流量 q 总是小于其理论流量 q_t。泵的容积效率为

$$\eta_V = \frac{q}{q_t}$$

将式（3.1）代入，得

$$\eta_V = \frac{q}{q_t} = \frac{q}{Vn} \tag{3.7}$$

（2）机械效率 η_m。

由于泵内有各种摩擦损失（如机械摩擦损失、液体摩擦损失等），泵的实际输入转矩 T_i 总是大于其理论转矩 T_t。泵的机械效率为

$$\eta_m = \frac{T_t}{T_i}$$

将式（3.6）代入，得

$$\eta_m = \frac{T_t}{T_i} = \frac{pV}{2\pi T_i} \tag{3.8}$$

（3）总效率 η。

泵的输出功率与输入功率的比值称为泵的总效率，即

$$\eta = \frac{P_o}{P_i} = \frac{pq}{T_i 2\pi n} = \frac{q}{Vn} \cdot \frac{pV}{2\pi T_i} = \eta_V \eta_m \tag{3.9}$$

式(3.9)说明,液压泵的总效率等于容积效率和机械效率的乘积。

【例 3.1】 某液压泵的输出压力 $p=10$ MPa,转速 $n=1\,450$ r/min,排量 $V=46.2$ mL/r,容积效率 $\eta_V=0.95$,总效率 $\eta=0.9$。求液压泵的输出功率和驱动泵的电动机的功率各为多少?

【解】（1）求液压泵的输出功率。
液压泵输出的实际流量为
$$q = q_t \eta_V = V n \eta_V = 46.2 \times 10^{-3} \times 1\,450 \times 0.95 \text{ L/min} = 63.64 \text{ L/min}$$
液压泵的输出功率为
$$P_o = pq = \frac{10 \times 10^6 \times 63.64 \times 10^{-3}}{60} \text{ W} = 10.6 \times 10^3 \text{ W} = 10.6 \text{ kW}$$

（2）求电动机的功率。
$$P_i = \frac{P_o}{\eta} = \frac{10.6}{0.9} \text{ kW} = 11.77 \text{ kW}$$

4. 液压马达的功率和效率

1）输入功率 P_{Mi}

液压马达的输入功率是指液压马达的液压功率,当输入压力为 p_M、流量为 q_M 时,有
$$P_{Mi} = p_M q_M \tag{3.10}$$

2）输出功率 P_{Mo}

液压马达的输出功率是指液压马达对外做功的机械功率,当马达的实际输出转矩为 T_M、马达的转速为 n_M 时,有
$$P_{Mo} = T_M 2\pi n_M \tag{3.11}$$

3）效率

如果不考虑马达在能量转换过程中的能量损失,马达的理论输入功率（液压功率）应无损耗地全部变换为马达的理论输出功率（机械功率）,有
$$p_M V_M n_M = T_{Mt}(2\pi n_M)$$
于是
$$T_{Mt} = \frac{p_M V_M}{2\pi} \tag{3.12}$$

式中：p_M——马达的输入压力;
V_M——马达的排量;
n_M——马达的实际转速;
T_{Mt}——马达的理论转矩。

（1）容积效率和转速。

由于液压马达存在泄漏而造成的流量上的损失,马达的理论流量 q_{Mt} 总是小于马达的输入流量 q_M。马达的容积效率 η_{MV} 为
$$\eta_{MV} = \frac{q_{Mt}}{q_M}$$

将式(3.1)代入,得
$$\eta_{MV} = \frac{q_{Mt}}{q_M} = \frac{V_M n_M}{q_M} \tag{3.13}$$

由式(3.13)可导出液压马达的转速公式为

$$n_M = \frac{q_M}{V_M}\eta_{MV} \tag{3.14}$$

衡量液压马达转速性能的一个重要指标是最低稳定转速,它是指液压马达在额定负载下不出现爬行(抖动或时转时停)现象的最低转速。液压马达的结构形式不同,最低稳定转速也不同。实际工作中,一般都希望最低转速越小越好,这样就可以扩大马达的变速范围。

(2)机械效率和转矩。

由于液压马达内有各种摩擦损失,液压马达的实际输出转矩 T_{Mo} 总是小于其理论转矩 T_{Mt}。马达的机械效率 η_{Mm} 为

$$\eta_{Mm} = \frac{T_{Mo}}{T_{Mt}}$$

将式(3.12)代入,得

$$\eta_{Mm} = \frac{T_{Mo}}{T_{Mt}} = \frac{T_{Mo}}{\dfrac{p_M V_M}{2\pi}} \tag{3.15}$$

或

$$T_{Mo} = \frac{p_M V_M}{2\pi}\eta_{Mm} \tag{3.16}$$

(3)总效率 η_M。

马达的输出功率与输入功率的比值称为马达的总效率,即

$$\eta_M = \frac{P_{Mo}}{P_{Mi}} = \frac{T_{Mo}(2\pi n_M)}{p_M q_M} = \frac{T_{Mo}(2\pi n_M)}{p_M q_M} \cdot \frac{V_M}{V_M}$$

$$= \frac{V_M n_M}{q_M} \cdot \frac{T_{Mo}}{\dfrac{p_M V_M}{2\pi}} = \eta_{MV}\eta_{Mm} \tag{3.17}$$

式(3.17)说明,液压马达的总效率等于容积效率和机械效率的乘积。

【例3.2】 某液压马达的进油压力 $p_M = 10$ MPa,排量 $V_M = 200$ mL/r,总效率 $\eta_M = 0.75$,机械效率 $\eta_{Mm} = 0.9$,试计算:(1)该液压马达输出的理论转矩为多少?(2)若马达的转速为 $n_M = 500$ r/min,则输入液压马达的实际流量应为多少?(3)若外负载为 200 N·m 时,该液压马达的输入功率和输出功率各为多少?

【解】 (1)液压马达的理论转矩为

$$T_{Mt} = \frac{p_M V_M}{2\pi} = \frac{10 \times 10^6 \times 200 \times 10^{-6}}{2 \times 3.14} \text{ N·m} = 318.3 \text{ N·m}$$

(2)液压马达的理论流量为

$$q_{Mt} = V_M n_M = 200 \times 10^{-3} \times 500 \text{ L/min} = 100 \text{ L/min}$$

液压马达的容积效率为

$$\eta_{MV} = \frac{\eta_M}{\eta_{Mm}} = \frac{0.75}{0.9} = 0.833$$

液压马达的实际流量为

$$q_M = \frac{q_{Mt}}{\eta_{MV}} = \frac{100}{0.833} \text{ L/min} = 120 \text{ L/min}$$

(3)液压马达的输出功率为

$$P_{Mo} = T_M 2\pi n_M = 200 \times 2 \times 3.14 \times \frac{500}{60} \text{ W} = 10\,466 \text{ W} \approx 10.47 \text{ kW}$$

液压马达的输入功率为

$$P_{Mi} = \frac{P_{Mo}}{\eta_M} = \frac{10.47}{0.75} \text{ kW} = 13.96 \text{ kW}$$

3.2 齿轮泵

齿轮泵是液压系统中广泛采用的一种液压泵,其主要优点是结构简单、制造方便、价格低廉、体积小、重量轻、自吸性能好、对油液污染不敏感、工作可靠,其主要缺点是流量和压力脉动大、噪声大、排量不可调。齿轮泵在结构上采取一定措施后,也可以达到较高的工作压力,目前高压齿轮泵的工作压力可达 14~25 MPa。齿轮泵一般做成定量泵,按结构不同,齿轮泵分为外啮合齿轮泵和内啮合齿轮泵,外啮合齿轮泵应用最广。

一、外啮合齿轮泵

1. 外啮合齿轮泵的工作原理

图 3.3(a)所示为外啮合齿轮泵的外形图,图 3.3(b)所示为外啮合齿轮泵的工作原理图。在泵的壳体内有一对外啮合齿轮,齿轮两侧有端盖盖住(图中未示出)。壳体、端盖和齿轮的各个齿间槽组成了许多密封工作腔。当齿轮按图示方向旋转时,右侧吸油腔由于相互啮合的齿轮逐渐脱开,密封工作腔容积逐渐增大,形成部分真空,油箱中的油液被吸进来,将齿间槽充满,并随着齿轮旋转,把油液带到左侧压油腔去。在压油区一侧,由于轮齿逐渐进入啮合,密封工作腔容积不断减小,油液便被挤出去。吸油区和压油区是同相互啮合轮齿以及泵体分隔开的。在齿轮泵的工作过程中,轮齿啮合点处的齿面接触线一直分隔开吸油区和压油区,起着配油作用。因此在齿轮泵中不需要设置专门的配流机构,这是齿轮泵和其他容积式泵的不同之处。

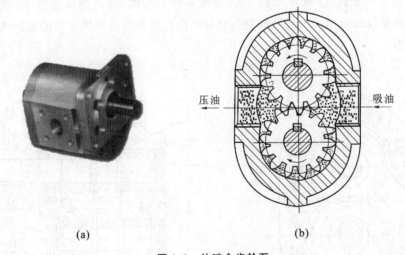

图 3.3 外啮合齿轮泵
(a)外形图;(b)工作原理图

2. 外啮合齿轮泵的排量和流量

1) 齿轮泵的排量

$$V = 6.66 zm^2 B \tag{3.18}$$

式中:z——齿轮的齿数;
　　　m——齿轮的模数;
　　　B——齿轮的宽度。

2)齿轮泵的理论流量

$$q_t = 6.66zm^2 Bn \tag{3.19}$$

式中:n——齿轮泵的转速。

3)齿轮泵的实际流量

$$q = 6.66zm^2 Bn\eta_V \tag{3.20}$$

式中:η_V——齿轮泵的容积效率。

实际上,齿轮泵的输出流量是有脉动的,式(3.20)所表示的是外啮合齿轮泵的平均流量。设q_{max}、q_{min}分别表示最大流量、最小流量,则流量脉动率δ为

$$\delta = \frac{q_{max} - q_{min}}{q} \times 100\% \tag{3.21}$$

理论研究表明,外啮合齿轮泵齿数越少,脉动率就越大,其值最高可达20%以上,内啮合齿轮泵的流量脉动率要小得多。

3. 外啮合齿轮泵的结构

1)外啮合齿轮泵的典型结构

CB-B齿轮泵是一种使用较多的中低压齿轮泵,其额定压力为2.5 MPa,排量为2.5~125 mL/r,转速为1 450 r/min,主要用于机床作动力源以及各种补油、润滑和冷却系统。CB-B齿轮泵的结构如图3.4所示,一对齿轮6装在泵体7中,由主动轴12带动回转,前端盖8与后端盖4装在泵体7的两侧,用六个螺钉9连接,并用定位销17定位,带有保持架的滚针轴承3分别装在前、后端盖中,支承主动轴12和从动轴15。泄漏到轴承的油,通过泄漏通道14流回吸油腔。由侧面泄漏的油液经卸荷槽16流回吸油腔,这样可降低泵体与端盖接合面间泄漏油的压力,以减小螺钉的拉力。

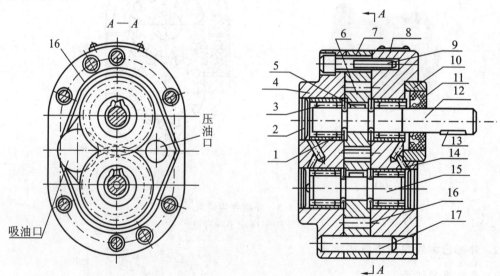

图3.4 外啮合齿轮泵结构图

1—轴承外环;2—堵头;3—滚针轴承;4—后端盖;5,13—键;6—齿轮;
7—泵体;8—前端盖;9—螺钉;10—压环;11—密封环;12—主动轴;14—泄漏通道;
15—从动轴;16—卸荷槽;17—定位销

2) 外啮合齿轮泵在结构上存在的几个问题

(1) 困油现象。

齿轮泵要能连续地供油就要求齿轮啮合的重叠系数 ε>1。即当一对齿轮尚未脱开啮合时,另一对齿轮已进入啮合,这样就出现同时有两对齿轮啮合的瞬间,在两对齿轮的齿向啮合线之间形成了一个封闭容积,一部分油液也就被困在这一封闭容积中,如图 3.5(a)所示。齿轮连续旋转时,这一封闭容积便逐渐减小,到两啮合点处于节点两侧的对称位置时,封闭容积为最小,如图 3.5(b)所示。齿轮再继续转动时,封闭容积又逐渐增大,直到图 3.5(c)所示位置时,容积又变为最大。当封闭容积减小时,被困油液受到挤压从一切可能泄漏的缝隙中挤出,从而产生很高的压力,使油液发热并使轴承上受到很大的冲击载荷。当封闭容积增大时,又会形成局部真空,使原来溶解于油液中的空气分离出来,从而产生气穴现象。这些都将使泵产生强烈的振动和噪声,这就是齿轮泵的困油现象。

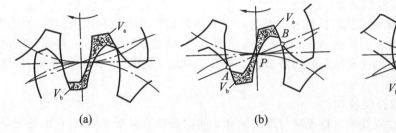

图 3.5 齿轮泵的困油现象

为了消除困油现象,一般采用在齿轮泵的端盖上开卸荷槽的方法,如图 3.6 所示。卸荷槽的位置应该使困油腔由大变小时,能通过卸荷槽与压油腔相通,而当困油腔由小变大时,能通过另一卸荷槽与吸油腔相通。两卸荷槽之间的距离 a 必须保证在任何时候都不能使压油腔和吸油腔互通。在很多齿轮泵中,两槽并不对称于齿轮中心线分布,而是向吸油腔平移一段距离,实践证明,这样布置能取得更好的卸荷效果。

(2) 径向不平衡力。

齿轮泵工作时,作用在齿轮外缘的压力是不均匀的,在压油腔和吸油腔齿轮外缘分别承受着系统的工作压力和吸油压力;在齿轮顶圆与泵体内孔的径向间隙中,可以认为,油液压力由压油腔压力逐渐下降到吸油腔压力,如图 3.7 所示。因此,齿轮和轴受到径向不平衡力的作用。工作压力越高,径向不平衡力也就越大。径向不平衡力很大时能使泵轴弯曲,导致齿顶接触泵体,产生摩擦;同时也加速轴承磨损,降低轴承使用寿命。

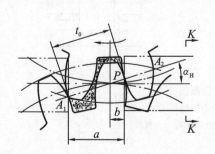

图 3.6 齿轮泵的困油卸荷槽

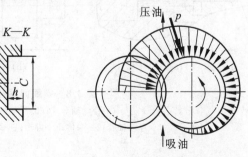

图 3.7 齿轮泵的径向不平衡力

为了减小径向不平衡力的影响,常采取缩小压油口的办法,使高压油仅作用在一个到两个齿的范围内。

(3) 泄漏。

在液压泵中,运动件间是靠微小间隙密封的,这些微小间隙从运动学上形成摩擦副,而高压腔(压油腔)的油液通过间隙向低压腔(吸油腔)泄漏是不可避免的。齿轮泵压油腔的压力油可通过三条途径泄漏到吸油腔去:一是通过齿轮啮合线处的间隙;二是通过泵体内表面和齿顶圆间的径向间隙;三是通过齿轮两端面和端盖间的间隙。在这三类间隙中,端面间隙的泄漏量最大,占总泄漏量的70%~80%。压力越高,间隙泄漏就越大。端面间隙是目前影响齿轮泵压力提高的主要原因。

3) 中高压齿轮泵端面间隙自动补偿装置

为了实现齿轮泵的高压化,提高齿轮泵的压力和容积效率,就需要从结构上来采取措施。例如,尽量减小径向不平衡力和提高轴与轴承的刚度,对泄漏量最大处的端面间隙采用自动补偿装置等。下面对端面间隙的补偿装置作简单介绍。

(1) 浮动轴套式间隙补偿装置。

图3.8(a)所示是浮动轴套式的间隙补偿装置。它利用特制的通道把泵内压油腔的压力油引到齿轮轴上的浮动轴套1的外侧A腔,产生液压作用力,使轴套紧贴齿轮3的侧面。因而可以消除间隙并可补偿齿轮侧面和轴套间的磨损量。在泵启动时,靠弹簧4来产生预紧力,保证了轴向间隙的密封。

(2) 浮动侧板式间隙补偿装置。

浮动侧板式间隙补偿装置的工作原理与浮动轴套式间隙补偿装置基本相似,它也是把泵的出口压力油引到浮动侧板5的背面,如图3.8(b)所示,使之紧贴于齿轮3的端面来补偿间隙。启动时,浮动侧板靠密封圈来产生预紧力。

(3) 挠性侧板式间隙补偿装置。

图3.8(c)所示是挠性侧板式间隙补偿装置,它同样是把泵的出口压力油引到侧板的背面后,靠侧板自身的变形来补偿端面间隙。侧板的厚度较薄,内侧面要耐磨(如烧结0.5~0.7 mm的磷青铜),这种结构采取一定措施后,易使侧板外侧面的压力分布大体上与齿轮侧面的压力分布相适应。

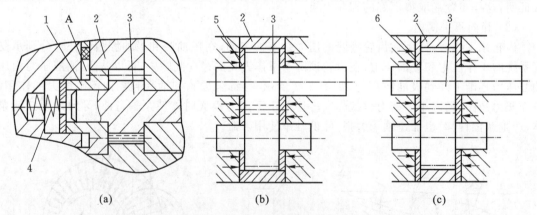

图3.8 端面间隙补偿装置示意图
(a)浮动轴套式;(b)浮动侧板式;(c)挠性侧板式
1—浮动轴套;2—泵体;3—齿轮;4—弹簧;5—浮动侧板;6—挠性侧板

二、内啮合齿轮泵简介

内啮合齿轮泵有渐开线齿轮泵和摆线齿轮泵两种,图3.9(a)所示为渐形线齿形内啮合齿轮泵结构示意图,图 3.9(b)所示为摆线齿形内啮合齿轮泵结构示意图。它们的工作原理和主要特点与外啮合齿轮泵的基本相同。在渐开线齿形的内啮合泵中,小齿轮和内齿轮之间要装一块月牙形的隔板,以便于把吸油腔和压油腔隔开,在摆线齿形的内啮合齿轮泵中,小齿轮和内齿轮只相差一个齿,因而无须设置隔板。内啮合齿轮泵中的小齿轮为主动轮。

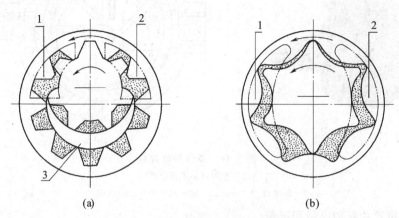

图 3.9　内啮合齿轮泵结构示意图
1—吸油腔;2—压油腔;3—月牙形隔板

3.3　叶 片 泵

叶片泵广泛应用于机床、工程机械、船舶等中低压液压系统中。其优点是结构紧凑、运动平稳、噪声小、流量脉动小、寿命较长等;其缺点是吸油特性不太好、对油液的污染比较敏感、转速不能太高等。

根据各密封工作容积在转子旋转一周吸、排油液次数的不同,叶片泵分为两类,即完成一次吸、排油液的单作用叶片泵和完成两次吸、排油液的双作用叶片泵。单作用叶片泵多为变量泵,双作用叶片泵均为定量泵。一般叶片泵工作压力为 7.0 MPa,高压叶片泵最大的工作压力可达 16.0~28.0 MPa。

一、单作用叶片泵

1. 单作用叶片泵的工作原理

图 3.10(a)所示为单作用叶片泵的外形图,图 3.10(b)所示为单作用叶片泵的工作原理图,单作用叶片泵由转子 2、定子 3、叶片 4、配油盘和端盖(图中未示)等部件组成。定子内表面是圆柱形,定子和转子间有偏心距。叶片装在转子槽中,并可在槽内滑动,当转子回转时,由于离心力的作用,使叶片紧靠在定子内壁,这样,在定子、转子、叶片和两侧配油盘间就形成若干个密封的工作空间,当转子按图示的方向回转时,在图的右部,叶片逐渐伸出,叶片间的工作空间逐渐增大,产生真空,于是通过吸油口 5 和配油盘上窗口将油吸入。在图的左部,叶片被定子内壁逐渐压进槽内,工作空间逐渐缩小,密封腔的油液经配油盘另一窗口和压油口 1 被压出从而输出到系统中去。这种叶片泵在转子每转一周,每个工作空间完成一次吸油和压油,因此称为单作用叶片泵。转子不停地旋转,泵就不断地吸油和排油。改变定子和转子的偏心量,便可改变泵的排量,这种泵就是变量泵。

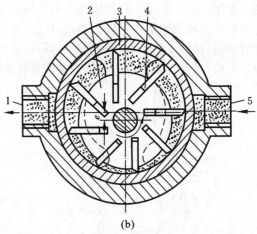

图 3.10　单作用叶片泵

(a)外形图；(b)工作原理图

1—压油口；2—转子；3—定子；4—叶片；5—吸油口

2. 单作用叶片泵的排量和流量

单作用叶片泵的排量为各工作容积在主轴旋转一周时所排出的液体的总和，如图 3.11 所示，两个叶片形成的一个工作容积 V 近似地等于扇形体积 V_1 和 V_2 之差，即

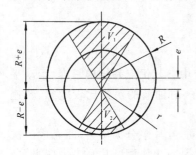

图 3.11　单作用叶片泵排量计算简图

$$V = z(V_1 - V_2) = z \cdot \frac{1}{2} B\beta [(R+e)^2 - (R-e)^2]$$
$$= 4\pi ReB \tag{3.22}$$

式中：R——定子的内径；

e——转子与定子之间的偏心矩；

B——叶片宽度；

β——相邻两个叶片间的夹角，$\beta = 2\pi/z$；

z——叶片数。

当转速为 n、泵的容积效率为 η_V 时，泵的理论流量和实际流量分别为

$$q_t = Vn = 4\pi ReBn \tag{3.23}$$

$$q = q_t \eta_V = 4\pi ReBn\eta_V \tag{3.24}$$

单作用叶片泵的流量也是有脉动的，泵内叶片数越多，流量脉动率就越小。此外，奇数叶片的泵的脉动率比偶数叶片的泵的脉动率小，所以单作用叶片泵的叶片数均为奇数，一般为 13 片或 15 片。

3. 单作用叶片泵的结构特点

单作用叶片泵的结构特点如下。

(1) 改变定子和转子之间的偏心便可改变流量。偏心反向时，吸油压油方向也相反。

(2) 转子和轴承受到不平衡的径向液压作用力，所以这种泵一般不宜用于高压。

(3) 为了减小叶片与定子间的磨损，叶片底部油槽采取在压油区通压力油、在吸油区与吸油腔相通的结构形式，因而叶片的底部与顶部所受的液压力是平衡的。叶片的向外运动主要靠离心力，根据力学分析，使叶片有一个与旋转方向相反的倾斜角，更有利于叶片在惯性力作用下向外伸出。

二、双作用叶片泵

1. 双作用叶片泵的工作原理

图 3.12(a)所示为双作用叶片泵的外形图,图 3.12(b)所示为双作用叶片泵的工作原理图。双作用叶片泵由定子 1、转子 3、叶片 4 和配油盘(图中未示)等组成。转子和定子中心重合,定子内表面近似为椭圆柱形,该椭圆形由两段长半径 R、两段短半径 r 和四段过渡曲线八个部分组成。当转子转动时,叶片在离心力和根部压力油的作用下,在转子槽内作径向移动而压向定子内表面,由叶片、定子的内表面、转子的外表面和两侧配油盘间形成若干个密封空间。图示转子在顺时针方向旋转的情况下,密封空间的容积在左上角和右下角处逐渐增大,为吸油区;在左下角和右上角处逐渐减小,为压油区。吸油区和压油区之间有一段封油区把它们隔开。这种泵的转子每转一周,每个密封空间完成吸油和压油动作各两次,故称为双作用叶片泵。泵的两个吸油区和压油区是径向对称的,作用在转子上的液压力径向平衡,所以双叶片泵又称为平衡式叶片泵。

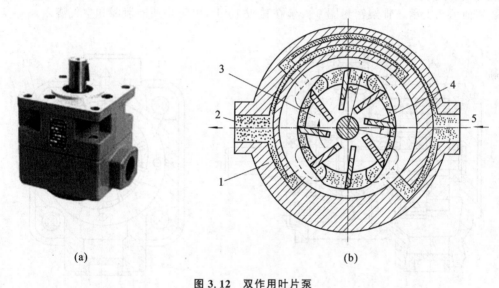

图 3.12 双作用叶片泵
(a)外形图;(b)工作原理图
1—定子;2—压油口;3—转子;4—叶片;5—吸油口

2. 双作用叶片泵的排量和流量

经推导可得出双叶片泵的排量为

$$V = 2B\left[\pi(R^2 - r^2) - \frac{R-r}{\cos\theta}bZ\right] \tag{3.25}$$

式中:R——定子大圆弧半径;
r——定子小圆弧半径;
θ——叶片的倾角;
Z——叶片数;
B——叶片宽度;
b——叶片厚度。

当转速为 n、容积效率为 η_V 时,双作用叶片泵的理论流量和实际流量分别为

$$q_t = 2B\left[\pi(R^2-r^2) - \frac{R-r}{\cos\theta}bZ\right]n \tag{3.26}$$

$$q = 2B\left[\pi(R^2-r^2) - \frac{R-r}{\cos\theta}bZ\right]n\eta_V \tag{3.27}$$

双作用叶片泵的瞬时流量有微小的脉动,当叶片数为 4 的整数倍时脉动率最小,因此,双作用叶片泵的叶片数一般为 12 片或 16 片。

3. 双作用叶片泵的典型结构

图 3.13 所示为 YB_1 叶片泵的结构,它由前泵体 7、后泵体 6、左配油盘 1、右配油盘 5、定子 4、转子 12、叶片 11 和传动轴 3 等组成。为了方便装配和使用,两个配油盘与定子、转子和叶片可组装成一个部件。两个长螺钉 13 为组件紧固螺钉,其头部作为定位销插入后泵体的定位孔内,以保证配油盘上吸、压油窗口的位置能与定子内表的过渡曲线相对应。转子上开有 12 条窄槽,叶片 11 安装在槽内,并可在槽内自由滑动。转子通过内花键与传动轴 3 相配合,传动轴由轴承 2 和轴承 8 支承。骨架密封圈 9 安装在盖板 10 上,以防止油液泄漏和空气渗入。

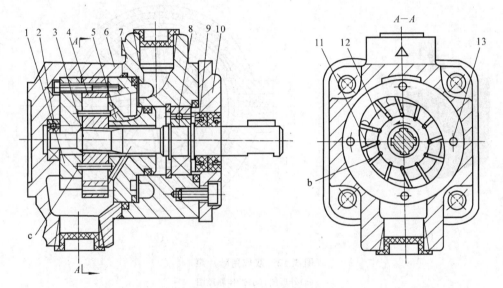

图 3.13 YB_1 叶片泵的结构

1—左配油盘;2、8—轴承;3—传动轴;4—定子;5—右配油盘;6—后泵体;7—前泵体;
9—密封圈;10—压盖;11—叶片;12—转子;13—长螺钉

1) 配油盘

在配油盘上对应叶片槽底部小孔的位置,开有一环形槽 c,如图 3.14 所示。槽内有两个小孔 d 与配油盘另一侧的压油槽 a 相通,使压力油能通过小孔进入环形槽 c,然后引入叶片根部,以保证叶片顶部和定子内表面间的可靠密封。配油盘上的上、下缺口 b 为吸油槽口,两个腰形孔为压油孔。在腰形孔端部开有三角槽,其作用是使叶片间的密封空间逐步与高压腔相连通,这样不至于产生液压冲击。配油盘 5 采用凸缘式,小直径部分伸入前泵体内,并合理布置 O 形密封圈。这样在配油盘右侧受到液压力作用时,能贴紧定子,并能使配油盘端面与前泵体相互分开时,仍能保证可靠的密封。配油盘本身的变形也有微小补偿作用。

2) 定子曲线

定子曲线是由四段圆弧和四段过渡曲线组成。过渡曲线采用等加速等减速曲线。这种曲

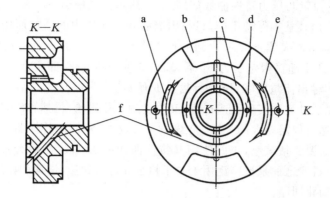

图 3.14 叶片泵配油盘

线所允许的定子半径比 R/r 比其他类型的曲线大,可使泵的结构紧凑、输油量大;而且叶片同槽中伸出和缩回的速度变化均匀,不会造成硬性冲击。

3)叶片倾角

为了减小叶片对转子槽侧面的压紧力和磨损,将叶片槽相对转子旋转方向前倾13°。

三、外反馈限压式变量叶片泵

1. 外反馈限压式变量泵的工作原理

外反馈限压式变量泵工作原理如图 3.15 所示。外反馈限压式变量泵由单作用变量泵和变量活塞 1、调压弹簧 2、调压螺钉 3 和流量调节螺钉 4 组成。当油压较低,变量活塞对定子产生的推力不能克服调压弹簧 2 的作用力时,定子被弹簧推到最左边的位置上,此时偏心量最大,泵输出流量也最大。变量活塞 1 的一端紧贴定子,另一端则通高压油。变量活塞对定子的推力随油压升高而加大,当它大于调压弹簧 2 的预紧力时,定子向右偏移,偏心距减小。所以当泵输出压力大于弹簧预紧力时,泵开始变量,随着油压升高,输出流量减小。当工作压力达到某一极限值时,定子移到最右端位置,偏心量减至最小,使泵内偏心所产生的流量全部只能用于补偿泄漏,泵的输出流量为零。此时,不管负载再怎么加大,泵的输出压力也不会再升高,所以这种泵称为限压式变量叶片泵。

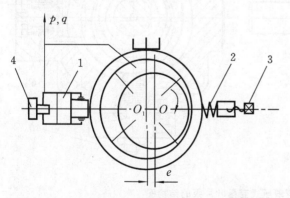

图 3.15 外反馈限压式变量叶片泵的工作原理图
1—变量活塞;2—调压弹簧;3—调压螺钉;4—流量调节螺钉

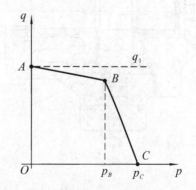

图 3.16 限压式变量叶片泵的特性曲线

限压式变量泵的流量与压力特性曲线如图 3.16 所示。图中 AB 段表示工作压力小于限定压力 p_B 时，流量最大而且基本保持不变，只是因泄漏随工作压力的增加而增加，使实际输出流量减小。p_B 表示泵输出最大流量时可达到的最高工作压力，其大小可由调压弹簧 2 来调节。图中 BC 段表示工作压力超过限定压力 p_B 后，输出流量开始变化，即流量随压力升高而自动减小，直到 C 点。这时，输出流量为零，压力为截止压力 p_C。

限压式变量叶片泵对既要实现快速行程，又要实现工作进给(慢速移动)的执行元件来说是一种合适的油源：快速行程需要大的流量，负载压力较低，正好使用特性曲线的 AB 段，工作进给时负载压力升高，需要流量减小，正好使用其特性曲线的 BC 段，因而合理调整拐点压力 p_B 是使用该泵的关键。目前这种泵被广泛用于要求执行元件有快速、慢速和保压阶段的中低压系统中，有利于节能和简化回路。

2. 外反馈限压式变量泵的典型结构

图 3.17 所示为 YBX 型限压式变量叶片泵的结构图。转子 7 固定在传动轴 2 上，传动轴 2 支承在两个滚针轴承 1 上作逆时针方向回转。转子 7 的中心是不变的，定子 6 可以上下移动。滑块 8 用来支承定子 6，并承受压力油对定子的作用力。当定子移动时，滑块随定子一起移动。为了提高定子对油压变化时反应的灵敏度，滑块支承在滚针 9 上。在限压弹簧 4 的作用下，通过弹簧座 5 将定子推向下面，紧靠在变量活塞 11 上，使定子中心和转子中心之间产生一个偏心距 e。偏心距的大小可用流量调节螺钉 10 来调节。调定螺钉 10 后，在这一工作条件下，定子的偏心量为最大，则液压泵输出流量最大。液压泵出的压力油经孔 a 引到活塞 11 的下端，使其产

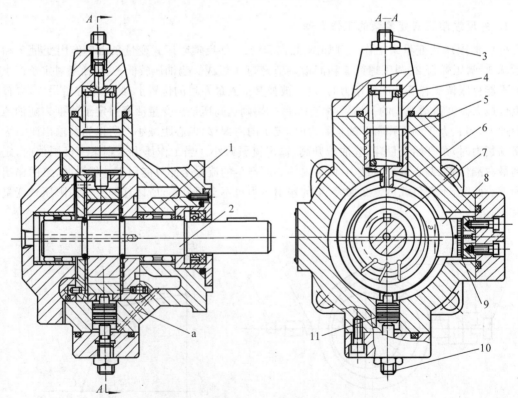

图 3.17 YBX 型限压式变量叶片泵的结构图
1—滚针轴承；2—传动轴；3—调速螺钉；4—调压弹簧；5—弹簧座；6—定子；7—转子；
8—滑块；9—滚针；10—流量调节螺钉；11—变量活塞

生一个改变仿偏心量的反馈力。通过调压螺钉3可以调节调压弹簧对定子的作用力,从而改变液压泵的限定工作压力 p_B。这种泵的叶片也不是沿转子的径向放置的,叶片槽的倾斜方向与双叶片泵叶片槽的方向相反,为后倾,倾角为24°。这是因为这种泵在吸油腔侧的叶片根部不通压力油,其叶片的伸出要靠离心力的作用,叶片后倾有利于叶片的甩出。

3.4 柱 塞 泵

柱塞泵是利用柱塞在缸体的孔中作往复运动时产生的密封工作容积变化来实现吸油与压油的。密封工件容积的零件柱塞和柱塞孔均为圆柱形,加工方便,可得到较高的配合精度,密封性能好,高压下工作仍有较高的容积效率。同时,只需改变柱塞的工作行程就能改变流量,易于实现变量。此外,柱塞泵中的主要零件均受压应力作用,材料强度性能可得到充分利用。因此,柱塞泵具有压力高、结构紧凑、效率高、流量调节方便等优点。柱塞泵的缺点是结构复杂、价格高、对油液的污染敏感。

按柱塞排列方向的不同,柱塞泵分为径向柱塞泵和轴向柱塞泵两大类。

一、径向柱塞泵

1. 径向柱塞泵的工作原理

图3.18(a)所示为径向柱塞泵的外形图,图3.18(b)所示为径向柱塞泵的工作原理图。柱塞3径向排列装在转子1上,配油衬套4和转子紧密配合,并套在配油轴上,配油轴是固定不动的。转子由原动机带动连同柱塞一起旋转。柱塞在离心力的(或在低压油)作用下抵紧定子2的内壁,当转子按图示方向回转时,由于定子和转子之间有偏心距 e,柱塞绕经上半周时向外伸出,柱塞底部的容积逐渐增大,形成部分真空,因此便经过衬套上的油孔从配油轴5上的吸油口 a 吸油;当柱塞转到下半周时,定子内壁将柱塞向里推,柱塞底部的容积逐渐减小,通过配油轴的压油口 b 把油液排出。转子转一周,每个柱塞各吸、压油一次。若改变定子和转子的偏心距 e,则泵的输出流量也改变,即为径向柱塞变量泵;若偏心距从正值变为负值,则进油口和排油口互换,即为双向径向柱塞泵。

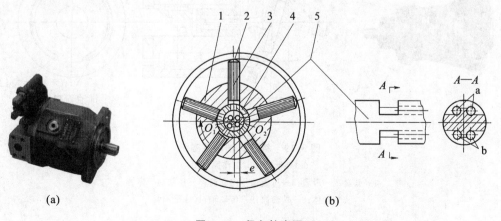

图 3.18 径向柱塞泵
(a)外形图;(b)工作原理图
1—转子;2—定子;3—柱塞;4—配油衬套;5—配油轴

2. 径向柱塞泵的排量和流量

当转子和定子之间的偏心距为 e 时,柱塞在缸体孔中的行程为 $2e$,设柱塞个数为 z,直径为 d 时,泵的排量为

$$V = \frac{\pi}{4}d^2 2ez \tag{3.28}$$

设泵的转数为 n,容积效率为 η_V,则泵的实际输出流量为

$$q = \frac{\pi}{4}d^2 2ezn\eta_V = \frac{\pi d^2}{2}ezn\eta_V \tag{3.29}$$

二、轴向柱塞泵

轴向柱塞泵是将多个柱塞配置在一个共同缸体的圆周上,并使柱塞中心线和缸体中心线平行的一种泵。轴向柱塞泵有直轴式(斜盘式)和斜轴式(摆缸式)两种形式。

1. 斜盘式轴向柱塞泵的工作原理

图 3.19(a)所示为斜盘式轴向柱塞泵的外形图,图 3.19(b)所示为斜盘式轴向柱塞泵的工作原理图。这种泵主要由柱塞 5、缸体 7、配油盘 10 和斜盘 1 等组成,柱塞沿圆周均匀分布在缸体内,斜盘轴线与缸体轴线的夹角为 γ,内套筒 4 在弹簧 6 作用下通过压板 3 而使柱塞头部的滑履 2 和斜盘靠牢;同时,外套筒 8 则使缸体 7 和配油盘 10 紧密接触,起密封作用。当缸体转动时,由于斜盘和压板的作用,迫使柱塞在缸体内做往复运动,通过配油盘的配油窗口进行吸油和压油。当缸孔自最低位置按图示方向转动时,柱塞转角在 $0 \sim \pi$ 范围内时,柱塞向左运动,柱塞端部和缸体形成的密封容积增大,通过配油盘吸油窗口进行吸油;当柱塞转角在 $\pi \sim 0$ 范围内时,柱塞被斜盘逐步压入缸体,柱塞端部容积减小,泵通过配油盘排油窗口排油。若改变斜盘倾角 γ 的大小,则泵的输出流量改变;若改变斜盘倾角 γ 的方向,则进油口和排油口互换,即为双向轴向柱塞变量泵。

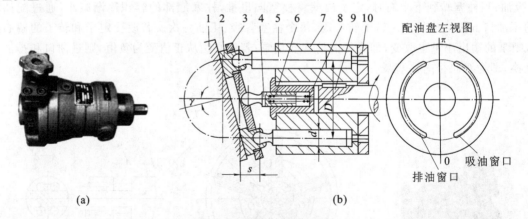

图 3.19 斜盘式轴向柱塞泵
(a)外形图;(b)工作原理图
1—斜盘;2—滑履;3—压板;4—内套筒;5—柱塞;6—弹簧;
7—缸体;8—外套筒;9—传动轴;10—配油盘

2. 斜盘式轴向柱塞泵的排量和流量

如图 3.19(b)所示,柱塞的直径为 d,柱塞分布圆直径为 D,斜盘倾角为 γ 时,柱塞的行程为 $s = D\tan\gamma$,所以当柱塞数为 z 时,轴向柱塞泵的排量为

$$V = \frac{\pi}{4} d^2 D \tan\gamma z \tag{3.30}$$

设泵的转数为 n，容积效率为 η_V，则泵的实际输出流量为

$$q = \frac{\pi}{4} d^2 D \tan\gamma z n \eta_V \tag{3.31}$$

由于柱塞在缸体孔中运动的速度不是恒速的，因而输出流量是有脉动的，当柱塞数为奇数时，脉动较小，且柱塞数多脉动也较小，因而一般常用的柱塞泵的柱塞个数为 7、9 或 11。

3. 斜盘式轴向柱塞泵的典型结构

图 3.20 所示为 SCY14-1B 型轴向柱塞泵的结构图。泵的右边为主体部分，左边为变量机构。传动轴 9 与缸体 7 用花键连接，带动缸体转动，使均匀分布于缸体上的七个柱塞 11 绕传动轴中心线作旋转运动。每个柱塞一端有一个滑履 12，由弹簧 6 通过内套 4，经钢珠 3 及压盘 2 将滑履压紧在与轴线成一定斜角的斜盘 1 上。当缸体旋转时，柱塞同时作轴线往复运动，完成吸油和压油过程。

旋转手轮 23 使丝杆 20 转动时，变量活塞 16 沿轴向移动，通过轴销 15 使斜盘 1 旋转，从而使斜盘倾角改变，达到变量的目的。

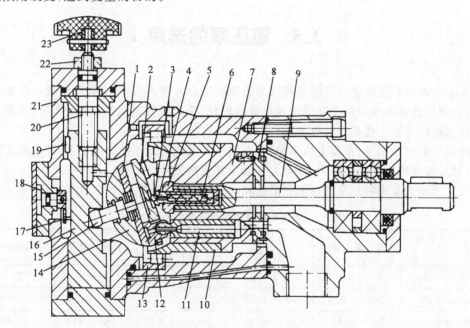

图 3.20　SCY14-1B 型轴向柱塞泵结构图

1—斜盘；2—压盘；3—钢珠；4—内套；5—外套；6—定心弹簧；7—缸体；8—配油盘；9—传动轴；
10—钢套；11—柱塞；12—滑履；13—滚珠轴承；14—变量头；15—轴销；16—变量活塞；17—销子；
18—刻度盘；19—导向键；20—丝杆；21—变量壳体；22—锁紧螺母；23—手轮

4. 斜轴式轴向柱塞泵的工作原理

图 3.21 所示为斜轴式轴向柱塞泵的结构图。缸体轴和传动轴不在一条直线上，它们之间存在一个摆角 β，柱塞 3 与传动轴 1 之间通过连杆 2 连接，当传动轴旋转时不是通过万向铰，而是通过连杆拨动缸体 4 旋转。同时强制带动柱塞在缸体内往复运动，实现吸压油。这类泵的优点是变量范围大，泵的效率高。但与斜盘式轴向柱塞泵相比，其结构较复杂，外形尺寸和重量均较大。斜轴式轴向柱塞泵的排量公式与斜盘式轴向柱塞泵的完全相同，用缸体摆角 β 代替斜盘倾角 γ 即可。

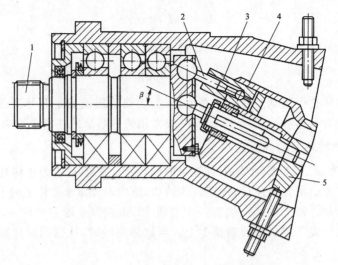

图 3.21 斜轴式轴向柱塞泵结构图
1—传动轴；2—连杆；3—柱塞；4—缸体；5—配油盘

3.5 液压泵的选用

液压泵是液压系统提供一定流量和压力的油液动力元件,它是每个液压系统不可缺少的核心元件,合理地选择液压泵对于降低液压系统的能耗、提高系统的效率、降低噪声、改善工作性能和保证系统的可靠工作都十分重要。

选择液压泵的原则是:根据主机工况、功率大小和系统对工作性能的要求,首先确定液压泵的类型,然后按系统所要求的压力、流量大小确定其规格型号。

表 3.1 所示为常用液压泵的一般性能比较,可供选择时参考。

表 3.1 液压系统中常用液压泵的性能比较

性能 \ 类型	齿轮泵	双作用叶片泵	限压式变量叶片泵	径向柱塞泵	轴向柱塞泵
工作压力/MPa	<20	6.3～21	≤7	10～20	20～35
转速/(r/min)	300～7 000	500～4 000	500～2 000	700～1 800	600～6 000
容积效率	0.7～0.95	0.8～0.95	0.8～0.9	0.85～0.95	0.9～0.98
总效率	0.6～0.85	0.75～0.85	0.7～0.85	0.55～0.92	0.85～0.95
流量泳动性	大	小	中	中	中
自吸特性	好	较差	较差	差	较差
对油的污染敏感性	不敏感	较敏感	较敏感	很敏感	很敏感
噪声	大	小	较大	大	大
寿命	较短	较长	较短	长	长
单位功率价格	低	中	较高	高	高

一般负载小、功率小的液压设备,可选用齿轮泵或双作用叶片泵;精度较高的中、小功率的液压设备,可选用双作用叶片泵;负载较大并有快速和慢速工作行程的液压设备,可选用限压式

变量叶片泵;负载大、功率大的液压设备,可选用径向柱塞泵和轴向柱塞泵;机械设备辅助装置的液压设备的液压系统,如送料、定位、夹紧、转位等装置的液压系统,可选用价格较低的齿轮泵。

3.6 液压马达

液压马达是将液体的压力能转换为旋转运动机械能的液压执行元件。液压马达与液压泵从理论上讲是可逆的,即前面讲的齿轮泵、叶片泵、柱塞泵等理论上都可以作为液压马达使用。但实际上除了个别型号的齿轮泵和柱塞泵可作为液压马达使用外,由于结构上的原因,大多数泵是不能直接作为液压马达使用的。

按照转速的不同,液压马达可分为高速和低速两大类。一般认为,额定转速高于 500 r/min 的属于高速马达,额定转速低于 500 r/min 的属于低速马达。按照排量可否调节,液压马达可分为定量马达和变量马达两大类。变量马达又可分为单向变量马达和双向变量马达。

一、齿轮式液压马达

图 3.22(a)所示为齿轮式液压马达的外形图,图 3.22(b)所示为齿轮式液压马达的工作原理图。液压油从进油口进入,作用于相互啮合的两个齿轮中的齿 1、2、3 和齿 $1'、2'、3'$ 上,C 点为啮合点,齿 $2、2'$ 两面作用力相等,由于啮合点到齿顶的距离小于全齿高,作用于齿 $3、3'$ 上的液压力大于作用于齿 $1、1'$ 上的液压力,所以轮齿按图示方向转动,将液压能转变为齿轮转动的机械能。

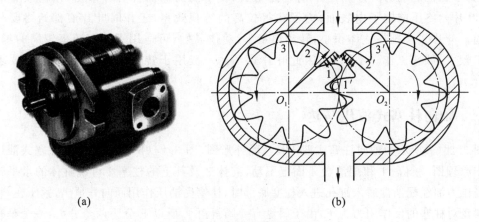

图 3.22 齿轮式液压马达
(a)外形图;(b)工作原理图

齿轮式液压马达在结构上为了适应正反转的要求,进出油口相等,具有对称性。齿轮式液压马达密封性差,容积效率较低,输入油的压力不能过高,不能产生较大的转矩,并且瞬时转速和转矩随啮合点的位置变化而变化,因此齿轮式液压马达仅适合于高速小转矩的场合,一般用于工程机械、农业机械以及对转矩均匀性要求不高的机械设备上。

二、叶片式液压马达

图 3.23(a)所示为叶片式液压马达的外形图,图 3.23(b)所示为叶片式液压马达的工作原

理图。当压力油经过配油窗口进入叶片 1、2、8(或叶片 4、5、6)之间时,叶片 2 和叶片 8 一侧作用高压油,另一侧作用低压油,同于叶片 2 伸出的面积大于叶片 8 伸出的面积,因此使转子产生逆时针转动的力矩。同时叶片 4 和叶片 6 的压力油作用面积之差也使转子产生逆时针转矩,两者之和即为液压马达产生的转矩。在供油量一定的情况下,液压马达将以确定的转速旋转。位于压油腔的叶片 1 和叶片 5 两面同时受压力油作用,受力平衡,对转子不产生转矩。

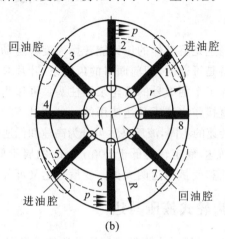

图 3.23 叶片式液压马达
(a)外形图;(b)工作原理图

叶片式液压马达在结构上为了适应正反转的要求,叶片沿转子径向放置,叶片的倾角等于零;为了保证启动时叶片与定子内表面密封,转子的两侧面开有环形槽,槽内放有燕式弹簧,使叶片始终压在定子内表面;为了获得较高的容积效率,工作时叶片底部始终要与压油腔连通。叶片式液压马达体积小,转动惯量小,动作灵敏,可适用于换向频率较高的场合,但泄漏量较大,低速工作时不稳定,因此叶片式马达一般用于转速高、转矩小和动作要求灵敏的场合。

三、轴向柱塞式液压马达

图 3.24(a)所示为轴向柱塞式液压马达的外形图,图 3.24(b)所示为轴向柱塞式液压马达的工作原理图。斜盘 1 和配油盘 4 固定不动,缸体 3 及其上的柱塞 2 可绕缸体的水平轴线旋转。当压力油经配油盘通入缸孔进入柱塞底部时,柱塞受油压作用而向外顶出,紧压在斜盘上,这时斜盘对柱塞的反作用力为 F,由于斜盘有一倾斜角 γ,所以 F 分为两个分力:一个是轴向分力 F_x,平行于柱塞轴线,并与柱塞底部油压力平衡;另一个分力是 F_y,垂直于柱塞轴线。垂直分力 F_y 对缸体产生转矩,带动马达轴转动。

设第 i 个柱塞与回转缸体垂直中心线的夹角为 α,柱塞在回转缸体上分布圆的半径为 R,则在柱塞上产生的转矩为

$$T_i = F_y h = F_x R \tan\gamma \sin\alpha \tag{3.32}$$

式中:h——F_y 与缸体轴心线的垂直距离。

液压马达产生的总转矩,应等于处在压油区内各柱塞所产生转矩的总和,即

$$T = \sum F_x R \tan\gamma \sin\alpha \tag{3.33}$$

随着 α 的变化,每个柱塞产生的转矩也发生变化,故液压马达产生的总转矩也是脉动的。

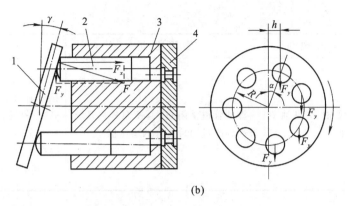

图 3.24 轴向柱塞式液压马达
(a)外形图；(b)工作原理图
1—斜盘；2—柱塞；3—缸体；4—配油盘

3.7 液压泵和液压马达的常见故障及排除方法

一、液压泵的常见故障及排除方法

液压泵的常见故障及排除方法见表 3.2。

表 3.2 液压泵的常见故障及排除方法

故障现象	故障分析	排除方法
不出油或输出油量不足,压力上不去	电动机转向不对	改变电动机转向
	吸油管或过滤器堵塞	疏通管道,清洗过滤器,换新油
	轴向间隙或径向间隙过大	检查更换有关零件
	连接处泄漏,混入空气	紧固各连接处螺钉,避免泄漏,严防空气混入
	油液黏度太高或油液温升太高	正确选用油液,控制油温
噪声大,压力波动大	吸油管堵塞,过滤器堵塞,或容量太小	清洗过滤器使吸油管通畅,正确选用过滤器
	吸油管密封处漏气或油液中有气泡	在连接部位或密封处加点油,如噪声减小,可拧紧接头处或更换密封圈,回油管口应在油面以下,与吸油管要有一定的距离
	泵与联轴器不同轴	调整同轴
	油位低	加油液
	油温低,油黏度高	把油液加热到适当的温度
	泵轴承损坏	检查泵轴承部分温升,更换泵轴承
	供油量波动	更换或修理辅助泵
	油液过脏	冲洗、换油

续表

故障现象	故障分析	排除方法
泵轴颈的油封漏油	泄油管道液阻过大,使泵体内压力升高到超过油封允许的耐压值	检查柱塞泵体上的泄油口是否用单独油管直接连通油箱。若发现把几台柱塞泵的泄油管并联在一根同直径的总管后再连通油箱,或者把柱塞泵的泄油管接到总回油管上,则应改正,最好在泵泄油口接一压力表,以检查泵体内的压力,其值应小于 0.08 MPa

二、液压马达的常见故障及排除方法

液压马达的常见故障及排除方法见表 3.3。

表 3.3　液压马达的常见故障及排除方法

故障现象	故障分析	排除方法
转速低,输出功率不足	液压泵输出油量或压力不足	检查泵并排除原因
	液压泵内部泄漏严重	查明原因和部位,采取密封措施
	液压泵外部泄漏严重	加强密封
	液压马达零件磨损严重	更换磨损的零件
	液压油黏度不合适	按要求选定黏度合适的液压油
噪声大	进油口堵塞	排除污物
	进油口漏气	拧紧接头
	油液不清洁,空气混入	加强过滤,排除空气
	安装不良	重新安装
	液压马达零件磨损严重	更换磨损的零件
泄漏	密封件损坏	更换密封件
	接合面螺钉未拧紧	拧紧螺钉
	管接头未拧紧	拧紧管接头
	配油装置发生故障	检修配油装置
	运动件间的间隙过大	重新装配或调整

【模块小结】

(1) 液压泵工作的三个必要条件是:有周期性的密封容积变化;需有配油装置;油箱中的液压油的压力大于或等于大气压力。

(2) 液压泵和液压马达的排量和理论流量,是根据密封油腔的几何尺寸和转速计算出来的理论值,而实际流量是根据实测得出的实际值。

(3) 液压泵和液压马达由于泄漏而产生的流量的损失用容积效率来表示,液压泵和液压马达由于各种摩擦产生的转矩的损失用机械效率来表示,液压泵和液压马达的总效率均为容积效率与机械效率的乘积。

(4) 常用液压泵和液压马达按其结构形式可分为齿轮式、叶片式和柱塞式三大类。其中齿轮式又分为外啮合齿轮式和内啮合齿轮式,叶片式又分为单作用叶片式和双作用叶片式,柱塞式又分为径向柱塞式和轴向柱塞式,轴向柱塞式还可分为斜盘柱塞式和斜轴柱塞式。

(5) 齿轮泵具有结构简单、制造方便、价格低廉、体积小、重量轻、自吸性能好、对油液污染不敏感、工作可靠等优点;存在的缺点是流量和压力脉动大、噪声大、排量不可调。外啮合齿轮泵结构上存在着三个问题:困油、径向力不平衡、泄漏。

(6) 叶片泵具有结构紧凑、运动平稳、噪声小、流量脉动小、寿命较长等优点,存在的缺点是吸油特性不太好,对油液的污染也比较敏感,转速不能太高。单作用叶片泵可以通过改变偏心距来实现变量,双作用变量泵不能实现变量。双作用变量泵作用在转子上的径向力平衡。

(7) 柱塞泵具有压力高、结构紧凑、效率高、流量调节方便等优点。柱塞泵的缺点是结构复杂、价格高、对油液的污染敏感。径向柱塞泵可以通过改变偏心距来实现变量,轴向柱塞泵可能通过改变倾斜角来实现变量。

(8) 由于液压马达工作条件和适应的要求与液压泵不同,所以在结构上与同类型的液压泵是有差别的。

【思考与练习】

一、选择题

1. 柱塞泵是( )。
   A. 动力元件　　　B. 执行元件　　　C. 控制元件　　　D. 辅助元件
2. 叶片式液压马达是( )。
   A. 动力元件　　　B. 执行元件　　　C. 控制元件　　　D. 辅助元件
3. 液压泵的总效率通常等于( )。
   A. 机械效率　　　B. 容积效率　　　C. 水力效率　　　D. 机械效率×容积效率
4. 解决齿轮泵困油现象的最常用方法是( )。
   A. 减少转速　　　B. 开卸荷槽　　　C. 加大吸油口　　　D. 降低液压油温度
5. 斜盘式轴向柱塞泵改变流量是靠改变( )。
   A. 转速　　　B. 油缸体摆角　　　C. 浮动环偏心距　　　D. 斜盘倾角

二、填空题

1. 液压泵是液压系统的_____元件,它将原动机输出的_____转化为工作液体的_____。
2. 液压马达是液压系统的_____元件,它将工作液体的_____转化为输出轴转动的_____。
3. 液压泵必须有一个或几个_____且又可以_____变化的空间。
4. 液压泵和液压马达的排量和理论流量是根据密封油腔的几何尺寸和转速计算出来的_____,而实际流量则是根据实测得出的_____。
5. 液压泵和液压马达的流量的损失用_____来表示,转矩上的损失用_____来表示,两者的乘积正好为_____。
6. 液压泵和液压马达按其结构形式可分为_____、_____和_____三大类。
7. 齿轮泵对油液的污染_____,而叶片泵和柱塞泵对油液的污染_____。
8. 外啮合齿轮泵结构上存在着_____、_____和_____三大问题。
9. 单作用叶片泵可以通过改变偏心距来实现_____,而双作用叶片泵不能_____。
10. 径向柱塞泵的变量方式是改变_____,而斜盘式轴向柱塞的变量方式是改变_____。

三、问答题

1. 什么是容积式液压泵？容积式液压泵必须满足什么条件？
2. 什么是泵的排量、理论流量、实际流量？
3. 什么是泵的工作压力、额定压力？
4. 什么是泵的容积效率、机械效率？
5. 如何消除齿轮泵的径向不平衡力？
6. 什么是齿轮泵的困油现象？如何解决？
7. 什么是变量泵？什么是定量泵？
8. 为什么齿轮泵只能作为低压泵使用？
9. 各种液压泵的特点如何？各适用于什么场合？
10. 试简述双作用叶片泵与限压式变量叶片泵的区别。
11. 马达的容积效率如何求？它与液压泵有何区别？

四、计算题

1. 某液压泵的输出压力为 5 MPa，排量为 10 mL/r，机械效率为 0.95，容积效率为 0.9，当转速为 1 300 r/min 时，泵的输出功率和驱动泵的电动机功率各为多少？

2. 液压泵转速为 950 r/min，排量 $V=168$ mL/r，在额定压力为 29.5 MPa 和同样转速下，测得的实际流量为 150 L/min，额定工况下的总效率为 0.87，试求：① 泵的理论流量；② 泵的容积效率和机械效率；③ 在额定工况下所需驱动电动机的功率。

3. 液压马达的排量 $V=200$ mL/r，马达入口压力为 10.5 MPa，出口压力为 0.5 MPa，总效率为 0.88，容积效率为 0.9，当输入流量为 20 L/min 时，试求马达的实际转速和马达的输出转矩。

4. 一个液压马达，工作中要求输出转矩为 52 N·m，转速为 30 r/min，马达排量为 100 mL/r，马达的机械效率为 0.9，容积效率为 0.92，出口压力为 0.2 MPa，试求马达所需的流量和压力。

5. 一个液压泵，其负载压力为 8 MPa 时，输出流量为 96 L/min，压力为 10 MPa 时，输出流量为 94 L/min，用此泵带动排量为 80 mL/min 的液压马达，当负载为 120 N·m 时，马达的机械效率为 0.94，转速为 1 100 r/min，试求此时马达的容积效率。

6. 某液压马达的进油压力为 10 MPa，排量为 200 mL/r，总效率为 0.85，机械效率为 0.9，试计算：① 该马达能输出的理论转矩；② 若马达的转速为 500 r/min，则输入马达的流量为多少？③ 若外负载为 200 N·m($n=500$ r/min)时，该马达输入功率和输出功率各为多少？

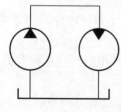

图 3.25

7. 图 3.25 所示为定量泵和定量马达系统。泵输出压力 $p_P=10$ MPa，排量 $V_P=10$ mL/r，转速 $n_P=1\,450$ r/min，机械效率 $\eta_{mP}=0.92$，容积效率 $\eta_{V_P}=0.9$，马达排量 $V_m=10$ mL/r，机械效率为 $\eta_{mm}=0.92$，容积效率 $\eta_{V_m}=0.9$，泵出口和马达进口之间压力损失为 0.5 MPa，其他损失不计，试求：① 泵的驱动功率；② 泵的输出功率；③ 马达的输出转速、转矩和功率。

模块 4
液压缸

◀ 学习目标

(1) 认识常用液压缸的组成。
(2) 了解常用液压缸的工作原理及结构特点。
(3) 了解液压缸的常见故障及排除方法。
(4) 了解液压缸的设计与计算。
(5) 掌握拆装液压缸的方法及要求。

液压缸又称为油缸,是液压系统中的一种执行元件。液压缸把液体的液压能转变为机械能,主要用于实现机构的直线往复运动或摆动。液压缸输出的通常为推力(或拉力)和直线运动速度,只有摆动式液压缸输出的才是转矩和角速度。

4.1 液压缸的类型与推力及速度计算

液压缸的种类很多。按结构特点,液压缸可分为活塞式、柱塞式和摆动式三种类型。活塞式液压缸和柱塞式液压缸能实现直线往复运动,输出推力和速度;摆动式液压缸能实现小于360°的摆动,输出转矩和角速度。液压缸按作用方式,又可分为单作用式和双作用式两种。对于单作用式液压缸来说,压力油只能输入到液压缸的一腔,使缸实现单方向运动,反方向运动则必须依靠外力(如弹簧力、自重等)来实现。对于双作用液压缸来说,压力油则可交替输入到液压缸的两腔,使缸实现正、反两个方向的往复运动。

一、活塞式液压缸

根据其使用要求不同,活塞式液压缸可分为双杆式活塞缸和单杆式活塞缸两种,其固定方式有缸体固定和活塞杆固定两种。

1. 双杆式活塞缸

活塞两端都有一根直径相等的活塞杆伸出的液压缸称为双杆式活塞缸。图 4.1 所示为缸体固定式双杆活塞缸原理图。它的进、出口布置在缸筒两端。缸的左腔进油,推动活塞向右移动,右腔回油;缸的右腔进油,推动活塞向左移动,左腔回油。当活塞有效行程为 L 时,整个工作台的运动范围为 $3L$,所以机床占地面积大,一般适用于小型设备。

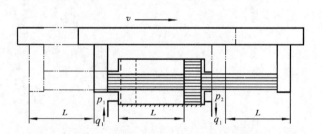

图 4.1 缸体固定式双杆活塞缸原理图

图 4.2 所示为活塞杆固定式双杆活塞缸原理图。它的进、出口布置在固定不动的空心活塞杆的两端,缸体与工作台相连。缸的左腔进油,推动缸体向左移动,右腔回油;缸的右腔进油,推动缸体向右移动,左腔回油。当活塞有效行程为 L 时,工作台的运动范围为 $2L$,所以机床占地面积小,一般适用于大中型设备。

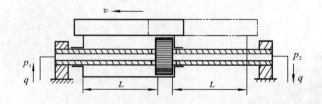

图 4.2 活塞杆固定式双杆活塞缸原理图

因为双杆活塞缸的两活塞杆的直径相等,所以当输入流量和油液压力不变时,其往返运动速度和推力相等。当活塞的直径为 D,活塞杆的直径为 d,液压缸的进、出油腔的压力分别为 p_1

和 p_2,输入流量为 q 时,双杆活塞缸的推力 F 和速度 v 分别为

$$F=A(p_1-p_2)=\frac{\pi}{4}(D^2-d^2)(p_1-p_2) \tag{4.1}$$

$$v=\frac{q}{A}=\frac{4q}{\pi(D^2-d^2)} \tag{4.2}$$

式中:A——活塞的有效工作面积。

2. 单杆式活塞缸

图 4.3 所示为单杆式活塞缸。活塞只有一端带活塞杆,单杆液压缸也有缸体固定和活塞杆固定两种形式,但它们的工作台移动范围都是活塞有效行程的 2 倍。由于液压缸两腔的有效工作面积不等,因此即使是以相同压力和相同流量的压力油向单杆式活塞缸两腔分别供油,在两个方向上的输出推力和速度也不等。

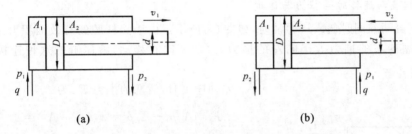

图 4.3 单杆式活塞缸

设液压缸无杆腔和有杆腔的活塞有效作用面积分别为 A_1 和 A_2,则有

$$A_1=\frac{\pi}{4}D^2 \tag{4.3}$$

$$A_2=\frac{\pi}{4}(D^2-d^2) \tag{4.4}$$

式中:D——活塞直径;

d——活塞杆直径。

1) 无杆腔进油时的推力与速度

如图 4.3(a)所示,当输入液压缸的油液流量为 q,液压缸进出油口的压力分别为 p_1 和 p_2,其活塞上所产生的推力 F_1 和速度 v_1 分别为

$$\begin{aligned}F_1&=A_1p_1-A_2p_2=\frac{\pi}{4}D^2p_1-\frac{\pi}{4}(D^2-d^2)p_2\\&=\frac{\pi}{4}D^2(p_1-p_2)+\frac{\pi}{4}d^2p_2\end{aligned} \tag{4.5}$$

$$v_1=\frac{q}{A_1}=\frac{4q}{\pi D^2} \tag{4.6}$$

2) 有杆腔进油时的拉力与速度

如图 4.3(b)所示,当输入液压缸的油液流量仍为 q,液压缸进出油口的压力分别为 p_1 和 p_2,其活塞上所产生的拉力 F_2 和速度 v_2 分别为

$$\begin{aligned}F_2&=A_2p_1-A_1p_2=\frac{\pi}{4}(D^2-d^2)p_1-\frac{\pi}{4}D^2p_2\\&=\frac{\pi}{4}D^2(p_1-p_2)-\frac{\pi}{4}d^2p_1\end{aligned} \tag{4.7}$$

$$v_2 = \frac{q}{A_2} = \frac{4q}{\pi(D^2-d^2)} \tag{4.8}$$

由式(4.5)~式(4.8)可知，由于 $A_1 > A_2$，所以 $F_1 > F_2$，$v_1 < v_2$。活塞杆伸出时，推力较大，速度较低；活塞杆缩回时，推力较小，速度较高。因此，单杆式活塞缸适用于伸出时承受工作载荷，缩回时为空载或轻载的场合。

活塞运动的速度 v_2 与 v_1 之比称为速比，用 λ_v 表示。由式(4.6)和式(4.8)可得

$$\lambda_v = \frac{v_2}{v_1} = \frac{D^2}{D^2-d^2} \tag{4.9}$$

若已知 D 和 λ_v，则可用下式求 d，有

$$d = D\sqrt{\frac{\lambda_v - 1}{\lambda_v}} \tag{4.10}$$

3) 液压缸差动连接时的推力与速度

单杆活塞缸两腔同时通入压力油时，如图4.4所示。由于无杆腔的有效面积大于有杆腔的有效面积，活塞向右的推力大于向左的推力，故活塞向右移动，液压缸的这种连接称为差动连接。

差动连接时，活塞的推力 F_3 为

$$F_3 = A_1 p_1 - A_2 p_1 = p_1(A_1 - A_2) = p_1 \frac{\pi}{4}d^2 \tag{4.11}$$

若活塞的速度为 v_3，则无杆腔的进油量为 $v_3 A_1$，有杆腔的出油量为 $v_3 A_2$，因而有下式成立

$$v_3 A_1 = q + v_3 A_2$$

所以

$$v_3 = \frac{q}{A_1 - A_2} = \frac{4q}{\pi d^2} \tag{4.12}$$

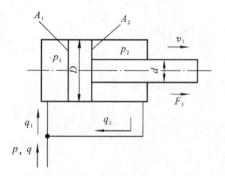

图 4.4 单杆活塞缸的差动连接

比较式(4.6)和式(4.12)可知，$v_3 > v_1$；比较式(4.5)和式(4.11)可知，$F_1 > F_3$。这说明单杆活塞缸差动连接，能使运动部件获得较高的速度和较小的推力。因此，单杆活塞缸还常用在需要实现"快进(差动连接)→工进(无杆腔进压力油)→快退(有杆腔进压力油)"工作循环的组合机床等设备的液压系统中。通常要求"快进"和"快退"的速度相等，即 $v_3 = v_2$。由式(4.8)和式(4.12)可推出 $D = \sqrt{2}d$（或 $d = 0.71D$）。

二、柱塞式液压缸

图4.5(a)所示为柱塞缸结构示意图。柱塞缸由缸筒1、柱塞2、导向套3、密封圈4和压盖5等零件组成。由于柱塞与导向套接触，而与缸体内壁不接触，因而缸体内孔不需要精加工，其工艺性好、成本低。

柱塞工作时恒受压，为了保证压杆的稳定，柱塞一般较粗、较重。水平安装时容易产生单边磨损，故柱塞适宜垂直安装使用。水平安装时，为防止柱塞因自重而下垂，常制成空心柱塞并设置支撑套和托架。

柱塞缸只能实现单向运动，它的回程需借自重力或其他外力（如弹簧力）来实现。在龙门刨床、大型拉床等大型设备的液压系统中，为了使工作台得到双向运动，柱塞缸常成对使用，如图4.5(b)所示。

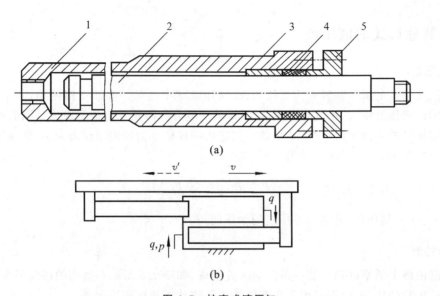

图 4.5 柱塞式液压缸
1—缸筒；2—柱塞；3—导向套；4—密封圈；5—压盖

当柱塞的直径为 d，输入液压缸的油液流量为 q，压力为 p 时，其柱塞上所产生的力 F 和速度 v 分别为

$$F = pA = p\frac{\pi}{4}d^2 \tag{4.13}$$

$$v = \frac{q}{A} = \frac{4q}{\pi d^2} \tag{4.14}$$

式中：A——柱塞的有效作用面积。

三、摆动式液压缸

摆动式液压缸也称为摆动液压马达，通入压力油时，它的主轴能做小于 360°的摆动运动。摆动式液压缸有单叶片和双叶片两种形式。单叶片摆动缸的摆动角度一般不超过 280°；双叶片摆动自由式的摆动角度不超过 150°，但可得到更大的输出转矩。

图 4.6 所示为单叶片摆动式液压缸的工作原理图。封油隔板固定在缸体上，叶片与输出轴连为一体。当两油口交替通入压力油时，叶片即带动输出轴做往复摆动。

若叶片的宽度为 b，缸的内径为 D，输出轴直径为 d，叶片数为 z，进油压力为 p，流量为 q，且不计回油腔压力，则摆动缸输出的转矩 T 和回转角速度 ω 分别为

$$T = zpb\frac{D-d}{2} \cdot \frac{D+d}{4} = \frac{zpb(D^2-d^2)}{8} \tag{4.15}$$

$$\omega = \frac{pq}{T} = \frac{8q}{zb(D^2-d^2)} \tag{4.16}$$

摆动缸常用于机床的送料装置、间隙进给机构、回转夹具、工业机器人手臂和手腕的回转装置及工程机械回转机构等液压系统中。

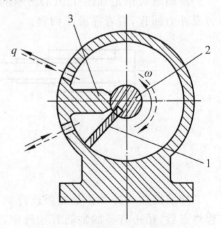

图 4.6 单叶片摆动式液压缸
1—叶片；2—输出轴；3—封轴隔板

四、其他形式的液压缸

1. 增压缸

增压缸将输入的低压油转变为高压油,供液压系统中的某一高压支路使用,其工作原理如图 4.7 所示。增压缸由大、小直径分别为 D 和 d 的复合缸筒及复合活塞组成。当低压为 p_1 的油液推动增压缸的大活塞时,大活塞推动与其连成一体的小活塞输出压力为 p_2 的高压油液,当大活塞的直径为 D,小活塞的直径为 d 时,有

$$p_2 = p_1 \frac{D^2}{d^2} = K p_1 \tag{4.17}$$

式中:$K = \dfrac{D^2}{d^2}$ ——增压比,它表示增压缸的增压能力。

2. 齿轮缸

齿轮缸由两个活塞缸和一套齿条传动装置组成,如图 4.8 所示。活塞的移动经齿轮齿条传动装置变成齿轮的传动,用于实现工作部件的往复摆动或间歇进给运动。

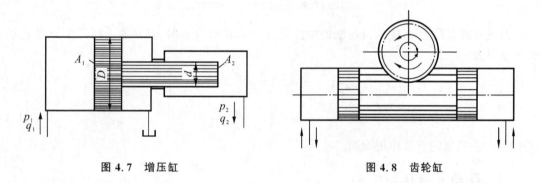

图 4.7 增压缸　　　　　　　　图 4.8 齿轮缸

3. 伸缩缸

伸缩缸由两个或多个活塞缸套装而成,前一级活塞缸的活塞杆内孔是后一级活塞缸的缸筒,伸出时可获得很长的工作行程,缩回时可保持很小的结构尺寸,伸缩缸广泛用于起重运输车辆上。

伸缩缸可以是如图 4.9(a)所示的单作用式的,也可以是如图 4.9(b)所示的双作用式的,前者靠外力回程,后者靠液压回程。

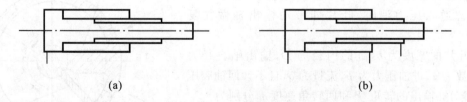

图 4.9 伸缩缸
(a)单作用式;(b)双作用式

伸缩缸的外伸动作是逐级进行的。最大直径的缸筒先以低的油液压力开始外伸,当到达行程终点后,稍小直径的缸筒开始外伸,直径最小的末级最后伸出。随着工作级数变大,外伸缸筒直径越来越小,工作油液压力随之升高,工作速度变快。当输入液压缸的油液流量为 q、压力为 p 时,各级推力 F_i 和速度 v_i 分别为

$$F_i = p\frac{\pi}{4}D_i^2 \qquad (4.18)$$

$$v_i = \frac{4q}{\pi D_i^2} \qquad (4.19)$$

式中：i——活塞缸的级数。

4.2 液压缸的典型结构和组成

一、液压缸的典型结构

图 4.10(a)所示为较常用的双作用单活塞杆液压缸的外形图，图 4.10(b)所示为其结构图。这种液压缸主要由缸底 1、缸筒 11、缸盖 15、活塞 8、活塞杆 12、导向套 13 和密封装置等组成。缸筒一端与缸底焊接，另一端与缸盖采用螺纹连接。活塞 8 与活塞杆 12 利用半环 5、挡环 4 和弹簧卡圈 3 组成半环式连接结构。活塞与缸筒的密封采用一对 Y 形聚氨酯密封圈 6，由于活塞与缸筒之间有一定的间隙，采用由尼龙 1010 制成的耐磨环(又称为支承环)9 定心导向。活塞杆 12 和活塞 8 的内孔由 O 形密封圈 10 密封。较长的导向套 13 则可保证活塞杆不偏离中心，导向套外径由 O 形密封圈 14 密封，而其内孔则由 Y 形密封圈 16 和防尘圈 19 分别防止油外漏和灰尘带入缸内。缸通过耳环与外界连接，耳环内有尼龙衬套抗磨。

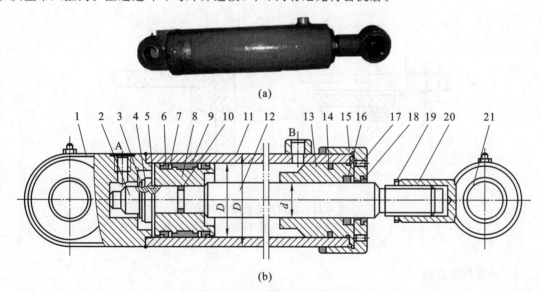

图 4.10 双作用单活塞杆液压缸
(a)外形图；(b)结构图
1—缸底；2—缓冲柱塞；3—弹簧卡圈；4—挡环；5—半环；6、10、14、16—密封圈；7—挡圈；8—活塞；9—支承环；11—缸筒；
12—活塞杆；13—导向套；15—缸盖；17—锁紧螺钉；18—防尘圈；19—锁紧螺母；20—耳环；21—耳环衬套圈

二、液压缸的组成

从前面所述的液压缸典型结构可以看到，液压缸由缸筒和缸盖、活塞和活塞杆、密封装置、各连接件等组成。此外，液压缸一般还设有缓冲装置和排气装置。

1. 缸筒和缸盖

一般来说,缸筒和缸盖的结构及连接形式与它使用的材料有关。当工作压力 $p<10$ MPa 时,一般使用铸铁制造缸筒和缸盖;当工作压力 $p<20$ MPa 时,使用无缝钢管制造缸筒和缸盖;当工作压力 $p>20$ MPa 时,使用铸钢或锻钢制造缸筒和缸盖。如图 4.11 所示为缸筒和缸盖的常见连接形式。图 4.11(a)所示为法兰式连接,其结构简单,容易加工,也容易装拆,但外形尺寸和重量都较大,常用于铸铁制的缸筒上;图 4.11(b)所示为半环式连接,它的缸筒壁部因开了环形槽而削弱了强度,为此有时要加厚缸壁,它容易加工和装拆,重量较轻,常用于无缝钢管或锻钢制的缸筒上;图 4.11(c)所示为螺纹式连接,它的缸筒端部结构复杂,加工时要求保证内外径同心,装拆要使用专用工具,它的外形尺寸和重量都较小,常用于无缝钢管或铸钢制的缸筒上;图 4.11(d)所示为拉杆式连接,其结构的通用性强,容易加工和装拆,但外形尺寸较大,且较重;图 4.11(e)所示为焊接式连接,它结构简单,尺寸小,但缸底处内径不易加工,且可能引起变形。

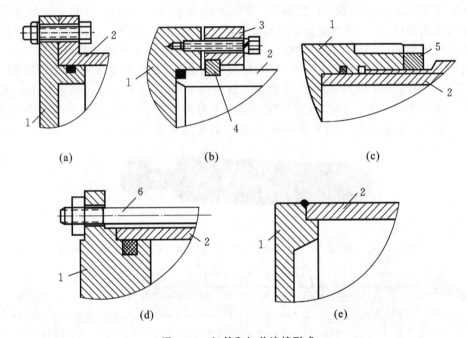

图 4.11　缸筒和缸盖连接形式
(a)法兰式连接;(b)半环式连接;(c)螺纹式连接;(d)拉杆式连接;(e)焊接式连接
1—缸盖;2—缸筒;3—压板;4—半环;5—防松螺帽;6—拉杆

2. 活塞与活塞杆

活塞一般用耐磨铸铁制造,活塞杆则不论是空心的还是实心的,几乎都用钢材制造。活塞杆在导向套内做往复运动,其外圆表面应当耐磨并有防锈能力,故活塞杆表面常常需要镀铬。

活塞与活塞杆的连接形式很多,图 4.12 所示为活塞与活塞杆常见的连接形式。图 4.12(a)所示为整体式连接,图 4.12(b)所示为焊接式连接,这两种连接结构简单,轴向尺寸小,但损坏后需整体更换。图 4.12(c)所示为锥销式连接,这种方式加工容易,装配简单,但承载力小,且需要必要的防止脱落的措施。图 4.12(d)、(e)所示为螺纹式连接,这种方式结构简单,装拆方便,但一般需要有螺母防松装置。图 4.12(f)、(g)所示为半环式连接,这种方式承载能力强,但结构较为复杂。活塞与活塞杆,在轻载情况下一般采用螺纹式连接,也可采用锥销式连接;高压和振动较大时多用半环式连接。对于活塞和活塞杆比值 D/d 较小、行程较短或尺寸不大的液压缸,其活塞与活塞杆可采用整体式或焊接式连接。

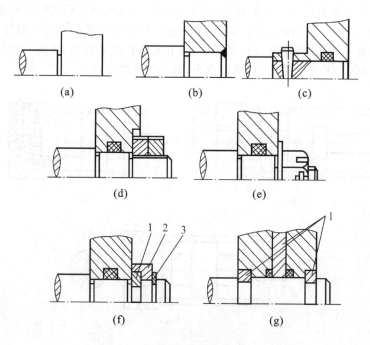

图 4.12　活塞与活塞杆的连接形式
(a) 整体式连接;(b) 焊接式连接;(c) 锥销式连接;(d)、(e) 螺纹式连接;(f)、(g) 半环式连接
1—半环;2—套环;3—弹性挡圈

3. 密封装置

液压缸中的压力油可能通过固定部件的连接处和相对运动部件的配合处泄漏。泄漏会使液压缸的容积效率降低、油液发热,外泄漏还会污染工作环境。严重泄漏会影响到液压缸的工作性能,甚至使液压缸不能正常工作。因此,在液压缸中必须有密封装置来防止和减少泄漏。另外,为了防止空气和污染物侵入液压缸,也必须设置密封装置。

根据两个需要密封的耦合面间有无相对运动,密封可分为动密封和静密封两大类。液压缸的密封主要指活塞、活塞杆处的动密封和缸盖等处的静密封。常用的密封方法有间隙密封填充和密封圈密封。密封装置的内容详见液压辅助元件部分。

4. 缓冲装置

液压缸一般都设置有缓冲装置,特别是大型、高速或要求高的液压缸,为了防止活塞在行程终点与缸盖相互撞击,引起噪声、冲击,都必须设置缓冲装置。

缓冲装置的工作原理是,利用活塞或缸筒在其走向行程终端时封住活塞和缸盖之间的部分油液,强迫它从小孔或细缝中挤出,以产生很大的阻力,使工作部件受到制动,逐渐减慢运动速度,达到避免活塞和缸盖相互撞击的目的。

液压缸中常见的缓冲装置如图 4.13 所示。

图 4.13(a)所示为间隙式缓冲装置,当活塞上的凸台进入与其相配的缸盖上的凹孔时,孔中的液压油只能通过环形间隙 δ 排出,使回油腔中压力升高而形成缓冲压力,从而使活塞减缓了移动速度。这种缓冲装置结构简单,但缓冲压力不可调节,且实现减速所需行程较长,适用于移动部件惯性不大,移动速度不太高的场合。

图 4.13(b)所示为可调节流缓冲装置。它不但有凸台和凹孔等结构,而且在缸盖中还装有节流阀和单向阀,由于节流阀是可调的,因此可根据负载情况调整节流阀口的大小,改变缓冲压力的大小。这种缓冲装置的适用范围较广,但仍不能解决速度减低后缓冲作用减弱的缺点。

图4.13(c)所示为可变节流缓冲装置,它在活塞凸台上开有横截面为三角形的轴向斜槽,随着活塞凸台逐渐进入凹孔中,节流口自动变小,其节流面积越来越小,解决了在行程最后阶段缓冲作用过弱的问题,其缓冲作用均匀,冲击力小,制动位置精度高。

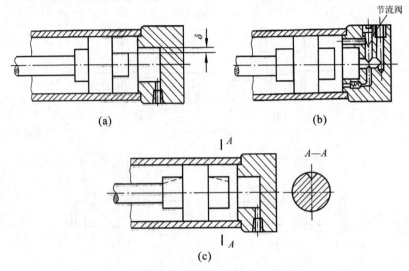

图 4.13 液压缸的缓冲装置
(a)间隙式缓冲装置;(b)可调节流缓冲装置;(c)可变节流缓冲装置

5. 排气装置

液压缸在安装过程或长时间停放重新工作时,液压缸里和管道系统中会渗入空气,为了防止执行元件出现爬行、噪声和发热等不正常现象,需把缸中和系统中的空气排出。

对于要求不高的液压缸往往不设专门的排气装置,而是将油口布置在缸筒两端的最高处,这样也能使空气随油液排往油箱,再从油面逸出。对于速度稳定性要求较高的液压缸或大型液压缸,常在液压缸两侧的最高位置处(该处往往是空气聚集的地方)设置专门的排气装置,如排气塞或排气阀。

图 4.14 所示为排气塞结构图。在松开排气塞螺钉后,液压缸全行程空载往返若干次,气体就能从油液中排出。然后再拧紧排气塞螺钉,液压缸便可正常工作。

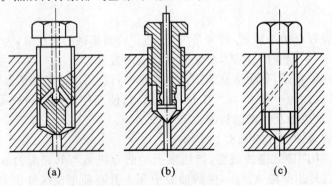

图 4.14 排气塞结构图
(a)结构图 1;(b)结构图 2;(c)结构图 3

4.3 液压缸的常见故障及排除方法

液压缸的常见故障及其排除方法见表 4.4。

表 4.4 液压缸的常见故障及排除方法

故障现象	故障分析	排除方法
推力不足或工作速度下降甚至停止	液压缸和活塞配合间隙太大或密封圈损坏,造成高低压腔互通	修理或更换不符合精度要求的零件,重新装配、调整或更换密封件
	由于工作时经常用工作行程的某一段,造成液压缸缸筒内径直线性不良(局部腰鼓形),造成高低压腔互通	镗磨修复液压缸缸筒,单配活塞
	液压缸端盖油封压得太紧或活塞杆弯曲,使摩擦或阻力增加	放松油封,以不漏油为限,校直活塞杆
	漏油过多	寻找泄漏部位,紧固各接合面
	油温太高,液压油黏度减小,靠间隙密封或密封质量差的液压缸两端高低压腔互通,运行速度逐渐减慢甚至停止	分析发热原因,设法散热降温,如密封间隙过大,则单配或增装密封环
冲击	靠间隙密封的活塞和缸筒配合间隙太大,节流阀失去节流作用	按规定调整活塞和缸筒的间隙,减少泄漏现象
	端头缓冲的单向阀失灵,缓冲不起作用	修正研配单向阀与阀座
爬行	空气侵入	增设排气装置,如无排气装置,可启动液压系统以最大行程使工作部件快速运动,强迫排出空气
	液压缸端盖的密封圈压得太紧或太松	调整密封圈,保证活塞杆来回用手平稳地拉动而无泄漏
	活塞杆与活塞不同轴	校正同轴度
	活塞杆全长或局部弯曲	校直活塞杆
	液压缸的安装位置偏移	检查液压缸与导轨的平行性并校正
	液压缸缸筒直线性不良	镗磨修复,重配活塞
	液压缸缸筒内腐蚀、拉毛	轻者修去锈蚀和毛刺,严重者必须镗磨
	双活塞两端螺母拧得太紧,使其同轴度不良	螺母不宜拧得太紧,一般用手旋紧即可,以保证活塞杆处于自然状态

【模块小结】

（1）液压缸按结构可分为活塞缸、柱塞缸和摆动缸三大类。按作用方式可分为单作用式和双作用式两种。活塞缸还可分为单杆式活塞缸和双杆式活塞缸两种，活塞缸的固定方式有缸体固定和活塞杆固定两种。

（2）双杆活塞缸的特点是双向等推力等速度。单杆活塞缸的特点是活塞杆伸出时推力较大、速度较低；活塞杆缩回时，推力较小，速度较高；差动连接时，速度最高，推力最小。单杆活塞缸可以实现"快进－工进－快退"的工作循环。

（3）柱塞缸的特点是工艺性好、成本低、单作用。柱塞缸要获得双向运动，必须成对使用。

（4）摆动缸可以实现摆动运动，增压缸能够将低压油转变成高压油，齿轮缸能将直线运动转变为旋转运动，伸缩液压缸能够实现工作时有较大行程，运输时保持较小的结构尺寸。

（5）液压缸一般由缸筒和缸盖、活塞和活塞杆、密封装置、缓冲装置和排气装置五部分组成。

【思考与练习】

一、选择题

1. 单杆活塞缸是（　　）。
   A. 动力元件　　　B. 执行元件　　　C. 控制元件　　　D. 辅助元件
2. 柱塞缸是（　　）。
   A. 单作用缸　　　B. 双作用缸　　　C. 无作用缸　　　D. 实现摆动的缸
3. 能实现差动连接的油缸是（　　）。
   A. 单杆活塞缸　　B. 双杆活塞杆　　C. 柱塞缸　　　　D. 摆动缸
4. 单杆活塞缸差动连接时（　　）。
   A. 推力大速度高　B. 推力大速度低　C. 推力小速度高　D. 推力小速度低
5. 液压缸的缓冲装置的作用是（　　）。
   A. 防止漏油　　　B. 防止撞击　　　C. 防止爬行　　　D. 防止效率下降

二、填空题

1. 液压缸按结构可分为_____、_____和_____三大类。
2. 活塞缸是_____液压缸，具有_____工作腔，伸出和缩回都可由压力油来实现。
3. 柱塞缸是_____液压缸，只有_____工作腔，压力油只能实现伸出，缩回必须依靠_____实现。
4. 双杆活塞缸的特点是双向_____和_____相等。
5. 单杆活塞缸可以有三种工作状况，它们分别是_____、_____和_____。
6. 单杆活塞缸伸出时可获得的推力_____，速度_____。
7. 单杆活塞缸差动连接时可获得的速度_____，推力_____。
8. 液压缸一般由_____、_____、_____、_____和_____五部分组成。
9. 液压缸缓冲装置的作用是防止活塞在_____和缸盖发生_____。
10. 活塞缸和柱塞缸实现的是_____，而摆动缸实现的是_____。

三、问答题

1. 简述液压缸的分类。
2. 活塞缸、柱塞缸有什么不同？各适用什么场合？
3. 什么是差动连接液压缸？有何特点？
4. 若要求差动缸正反向速度一致，液压缸的几何尺寸有何要求？

四、计算题

1. 如图 4.15 所示,三种结构形式的液压缸,直径分别为 D、d,如进入缸的流量为 q,压力为 p,试分析各缸产生的推力,速度大小以及运动的方向。

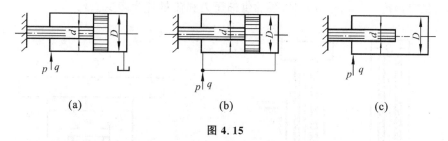

图 4.15

2. 已知单杆活塞液压缸缸筒内径 $D=100$ mm,活塞杆直径 $d=50$ mm,工作压力为 $p_1=2$ MPa,当进入液压缸的流量 $q=25$ L/min 时,回油压力 $p_2=0.5$ MPa。试求活塞往返运动时的推力和运动速度。

3. 如图 4.16 所示,两个结构完全相同的液压缸相互串联,无杆腔面积为 100 cm²,有杆腔面积为 50 cm²,缸 1 的输入压力为 1 MPa,输入流量为 15 L/min,不计损失和泄漏,试求:
(1) 缸承受相同负载时,负载值为多少,两缸运动速度为多少?
(2) 缸 2 的负载为缸 1 的一半时,两缸分别能承受多少负载?
(3) $F_1=0$ 时,缸 2 能承受多大负载?

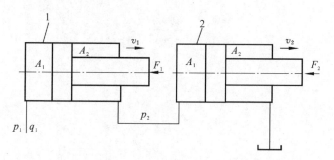

图 4.16

4. 增压缸如图 4.17 所示,设活塞直径 $D=60$ mm,活塞杆直径 $d=20$ mm。当输入压力为 $p_1=5$ MPa 时,试求输出压力 p_2 为多少?

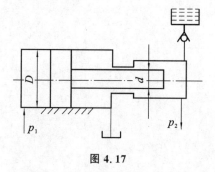

图 4.17

5. 如图 4.18 所示,两个单柱塞缸,缸内径为 D,柱塞直径为 d,其中,一个柱塞缸的缸固定,柱塞克服负载而运动,另一个柱塞固定,缸筒克服负载而运动。如果在这两个柱塞缸中输入同样流量和压力的油液,它们产生的速度和推力是否相等?为什么?

6. 如图 4.19 图所示,一个与工作台相连的柱塞缸,工作台重 980 kg,如缸筒与柱塞间的摩擦阻力为 $F_f = 1\,960$ N,$D = 100$ mm,$d = 70$ mm,$d_0 = 30$ mm,求工作台在 0.2 s 时间内从静止加速到最大稳定速度 $v = 7$ m/min 时,泵的供油压力和流量各为多少?

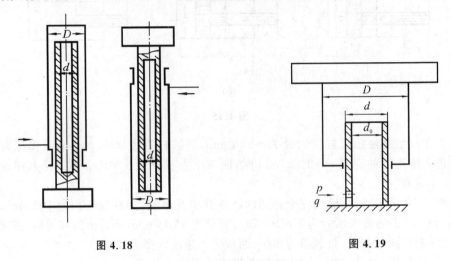

图 4.18　　　　　　图 4.19

模块 5
液压控制阀

◀ 学习目标

(1) 认识常用液压控制阀的组成。
(2) 理解液压控制阀的工作原理及各部分的结构关系。
(3) 记住各液压控制阀的图形符号。
(4) 了解液压控制阀的常见故障及排除方法。
(5) 掌握拆装液压控制阀的方法及要求。

液压系统中用来控制和调节液体流动的方向、压力高低和流量大小的液压元件称为液压控制元件,又称为液压控制阀。

液压控制阀虽然种类繁多,但是它们之间有一些基本共同点。

(1) 在结构上,所有的液压控制阀都由阀体、阀芯和驱动阀芯动作的装置(如弹簧、电磁铁)三部分组成。

(2) 所有的液压控制阀都利用阀芯和阀体的相对位移来改变通流面积,从而控制压力、流向和流速,因此,都符合小孔流量公式 $q = KA\Delta p^m$。

(3) 各种液压控制阀都可以看成一个液阻,只要有液体流过它就会产生压力降(压力损失)和温度升高现象。

5.1 液压控制阀的类型

一、按用途和特点分

按用途和工作特点,液压控制阀可分为以下三大类。
(1) 方向控制阀,包括单向阀、换向阀等。
(2) 压力控制阀,包括溢流阀、减压阀、顺序阀等。
(3) 流量控制阀,包括节流阀、调速阀等。

为了减少液压系统中元件的数目和缩短管道尺寸,有时常将两个或两个以上的阀类元件安装在一个阀体内,制成结构紧凑的独立单元,如单向顺序阀、单向节流阀等,这些阀称为组合阀。组合阀结构紧凑,使用方便。

二、按连接方式分

按液压控制阀在液压系统中的安装连接方式,液压控制阀的连接方式可分为以下几种。

1. 螺纹式(管式)连接

液压控制阀的油口为螺纹孔,可用螺纹管接头与油管同其他元件连接,并由此固定在管路上。这种连接方式虽然简单,但是刚度低,拆卸不方便,仅用于简单液压系统。

2. 板式连接

板式连接的液压控制阀各油口均布置在同一安装面上,且为光孔。它用螺钉固定在与液压控制阀各油口有对应螺纹孔的连接板上,再通过板上的孔道或与板连接的管接头和管道与其他元件连接。还可把几个液压控制阀用螺钉分别固定在一个集成块的不同侧面上,由集成块上加工出的孔道连接各液压控制阀组成回路。由于拆卸液压控制阀时不必拆卸与液压控制阀相连的其他元件,故这种连接方式应用最广泛。

3. 法兰式连接

通径大于 32 mm 的大流量液压控制阀采用法兰式连接,这种连接方式连接可靠、强度高。

4. 叠加式连接

液压控制阀的上、下面为连接结合面,各油口分别在这两个面上,且同规格液压控制阀的油口连接尺寸相同。每个液压控制阀除其自身功能外,还起油路通道的作用,液压控制阀相互叠装组成回路,不需油管连接。这种连接结构紧凑,压力损失小。

5. 插装式连接

这类液压控制阀无单独的阀体,只有由阀芯和阀套等组成的单元组件,单元组件插装于块体(可通用)的预制孔中,用连接螺纹或盖板固定,并且块内通道把各插装式液压控制阀连通组成回路。插装块体起到阀体和管路通道的作用。这是一种能灵活组装的新型连接阀。

三、按操作方式分

按液压控制阀的操作方式,液压控制阀可分为以下三种。
(1) 手动控制阀,操作方式为手把、手轮、踏板、丝杆等。

(2) 机动控制阀,操作方式为挡块或碰块、弹簧、液压、气动等。
(3) 电动控制阀,操作方式为电磁铁控制、电-液联合控制等。

5.2 方向控制阀

在液压系统中,用于改变管道内液体或气体流向的控制元件称为方向控制阀。方向控制阀分为单向阀和换向阀两类。

一、单向阀

1. 普通单向阀

普通单向阀的作用是控制油液只能按一个方向流动,反向则截止,故又称止回阀,也简称单向阀。图5.1(a)所示为普通单向阀的外形图,图5.1(b)所示为普通单向阀的结构原理图,图5.1(c)所示为普通单向阀的图形符号。由图5.1(b)可知,普通单向阀由阀体1、阀芯2、弹簧3等组成。当压力油从下端油口P_1流入时,油液在阀芯下端面上产生的压力克服弹簧3作用在阀芯上的力,使阀芯向上移动,打开阀口,并通过阀芯上的径向孔a、轴向孔b,从阀体右端油口P_2流出。当油液从右端油口P_2流入时,液压力和弹簧力方向相同,使阀芯压紧在阀座上,油液无法通过。

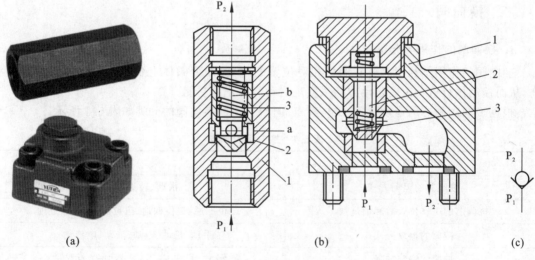

图 5.1 普通单向阀
(a)外形图;(b)结构原理图;(c)图形符号
1—阀体;2—阀芯;3—弹簧

单向阀的主要性能要求是,油液通过时压力损失小,反向截止时密封性能好。单向阀中的弹簧主要用来克服阀芯运动时的摩擦力和惯性力,为了使单向阀工作灵敏可靠,应采用刚度较小的弹簧,以免液流产生过大的压力降。一般单向阀的开启压力在0.035～0.1 MPa之间;若将弹簧换为硬弹簧,使其开启压力达到0.2～0.6 MPa,则可将其作为背压阀。

2. 液控单向阀

图5.2(a)所示为液控单向阀的外形图,图5.2(b)所示为液控单向阀的结构原理图,图

5.2(c)所示为液控单向阀的图形符号。液控单向阀由普通单向阀和液控装置两部分组成。当控制油口 K 不通入压力油时,其作用与普通单向阀的相同,当控制油口 K 通入压力油时,推动活塞 1、顶杆 2,将卸荷阀芯 3 顶开,使油口 P_1 与 P_2 连通,液流在两个方向可以自由流动。为了减小活塞 1 的移动阻力,设有一外泄油口 L。

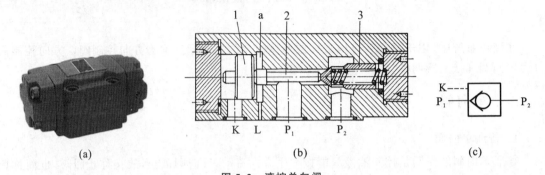

图 5.2 液控单向阀
(a)外形图;(b)结构原理图;(c)图形符号
1—活塞;2—顶杆;3—卸荷阀芯

液控单向阀具有良好的单向密封性,常用于执行元件需要长时间保压、锁紧的情况,也常用于防止立式液压缸停止运动时因自重而下滑以及速度换接回路中。这种回路中,液控单向阀也称为液压锁。

二、换向阀

1. 换向阀的作用与分类

换向阀的作用是利用阀芯和阀体相对位置的改变,改变阀体上各油口间连通或断开的状态,从而控制执行机构改变运动方向或实现启动和停止的功能。

根据换向阀阀芯的运动形式、结构特点和控制方式,换向阀的分类如表 5.1 所示。

表 5.1 换向阀的分类

分类方式	类 别
按阀芯的运动方式	滑阀、转阀、锥阀
按阀芯的工作位置数和通道数	二位三通、二位四通、三位四通、三位五通
按阀的操纵方式	手动、机动、电动、液动、电液动
按阀的安装方式	管式、板式、法兰式、叠加式、插装式

换向阀的主要性能要求是,换向动作灵敏、可靠、平稳、无冲击;能获得准确的终止位置;内部泄漏和压力损失小。

2. 换向阀的工作原理与图形符号

滑阀式换向阀是液压传动中最主要的换向阀,下面以滑阀式换向阀的工作原理及图形符号为例进行介绍。

1) 工作原理

换向阀的工作原理如图 5.3 所示,在图示位置,液压缸两腔无压力油,液压缸停止运动。当阀芯 1 左移时,阀体 2 上的油口 P 与 A 连通,油口 B 与 T 连通,压力油经油口 P、A 进入液压缸左腔,其活塞右移,右腔油液经油口 B、T 回油箱。反之,若阀芯右移,则油口 P 与 B 连通,油口 A 与 T 连通,油缸的活塞左移。

2) 图形符号

一个换向阀完整的图形符号包括工作位置数、通路数、在各个位置上油口连通关系、操作方式、复位方式和定位方式等。

换向阀图形符号的含义如下。

（1）用方框表示阀的工作位置,有几个方框就表示阀芯相对于阀体有几个工作位置,简称为"几"位。两个方框即二位,三个方框即三位。

（2）阀体上与外部连接的主油口,称为"通"。具有两个、三个、四个或五个主油口的换向阀,分别称为"二通阀"、"三通阀"、"四通阀"或"五通阀"。通常用 P 表示压力油进口,T 表示与油箱相连的回油口,A 和 B 表示与执行元件连接的工作油口,泄漏油口则用字母 L 表示。

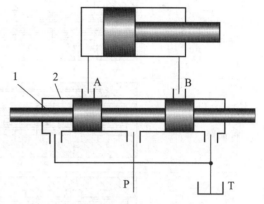

图 5.3　换向阀的工作原理
1—阀芯；2—阀体

（3）方框内的箭头表示在这一位置上两油口连通,但不表示流向,符号"⊤"和"⊥"表示通路被阀芯封闭,即该油路不通。

（4）三位阀的中间位置和二位阀靠近弹簧的方框为阀的常态位置。在哪边推阀芯,通断情况就画在哪边的方框中。在液压系统图中,换向阀与油路的连接一般应画在常态位置上。

表 5.2 列出了几种常用滑阀式换向阀的结构原理图和图形符号。

表 5.2　换向阀的结构原理图和图形符号

名　称	结构原理图	图形符号
二位二通换向阀	（图）	（图）
二位三通换向阀	（图）	（图）
二位四通换向阀	（图）	（图）

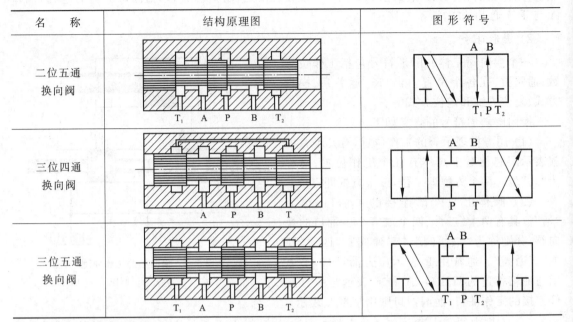

3. 换向阀的中位机能

三位换向阀的阀芯在中间位置时,各油口间有不同的连通方式,可满足不同的使用要求,这种连通方式称为换向阀的中位机能。三位四通换向阀常见的中位机能、型号、符号及其特点见表5.3。三位五通换向阀的情况与此相仿。不同的中位机能是通过改变阀芯的形状和尺寸得到的。

表5.3 三位四通换向阀的中位机能、型号、符号及其特点

型号	结构简图	中位符号	中位油口状态和特点
O			各油口全封闭,换向精度高,但有冲击,缸被锁紧,泵不卸荷,并联泵可运动
H			各油口全通,换向平稳,缸浮动,泵卸荷,其他缸不能并联使用
Y			油口P封闭,油口A、B相通,换向较平稳,泵不卸荷,并联缸可运动

续表

型号	结构简图	中位符号	中位油口状态和特点
P			油口T封闭,油口P、A、B相通,换向最平稳,双杆缸浮动,单杆缸差动,泵不卸荷,并联缸可运动
M			油口P、T相通,油口A、B封闭,换向精度高,但有冲击,缸被锁紧,泵卸荷,其他缸不能并联使用

4. 几种常用的换向阀

1) 手动换向阀

手动换向阀是用手动杠杆操纵阀芯换位的方向控制阀。手动换向阀有弹簧复位式和钢球定位式两种。图5.4(a)所示为三位四通手动换向阀的外形图,图5.4(b)所示为三位四通自动复位手动换向阀的结构原理图,图5.4(c)所示为三位四通钢球定位手动换向阀的结构原理图。从图5.4(b)可以看出,在图示位置,油口P、A、B、T互不相通;当扳动手柄使阀芯2右移时,油口P与A连通,油口B与T连通。当扳动手柄使阀芯2左移时,油口P与B连通,油口A与T连通。当松开手柄1时,阀芯2在弹簧3的作用下,恢复其原来的位置(中间位置)。如果将这个阀的阀芯右端弹簧3的部位改为图5.4(c)所示的形式,即可成为钢球定位式,当用手柄扳动阀芯移动时,阀芯右边的两个定位钢球在弹簧的作用下,可定位在左、中、右任何一个位置上。

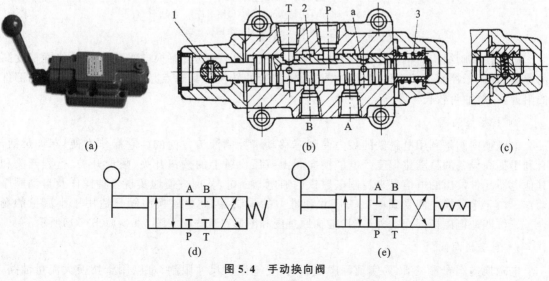

图 5.4 手动换向阀
(a)外形图;(b)、(c)结构原理图;(d)、(e)图形符号
1—手柄;2—阀芯;3—弹簧

图5.4(d)、(e)所示分别为自动复位手动换向阀和钢球定位手动换向阀的图形符号。手动换向阀结构简单、动作可靠,常用于持续时间较短且要求人工控制的场合。

2) 机动换向阀

机动换向阀又称为行程阀,它利用安装在运动部件上的挡块或凸轮,推压阀芯端部的滚轮使阀芯移动,从而使油路换向。这种阀通常为二位阀,并且用弹簧复位,它有二通、三通、四通等几种。

图5.5(a)所示为机动换向阀的外形图,图5.5(b)所示为二位三通机动换向阀的结构原理图。在图示位置,阀芯2在弹簧1的作用下处在最上端位置,这时油口P与A相通,油口B被堵死。当挡铁5压迫滚轮4使阀芯2下移到最下端位置时,油口P与B相通,油口A被堵死。图5.5(c)所示为二位三通机动换向阀的图形符号。

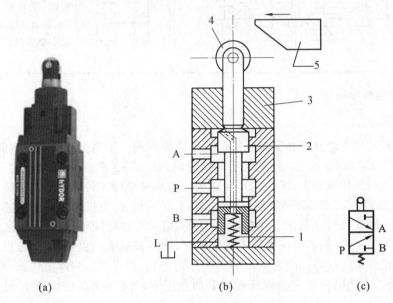

图 5.5 机动换向阀
(a)外形图;(b)结构原理图;(c)图形符号
1—弹簧;2—阀芯;3—压盖;4—滚轮;5—挡铁

机动换向阀结构简单,换向时阀口逐渐关闭或打开,故其具有换向平稳、可靠、位置精度高的优点,常用于控制运动部件的行程,或快、慢速度的转换。其缺点是,它必须安装在运动部件的附近,一般油管较长。

3) 电磁换向阀

电磁换向阀是利用电磁铁的吸力使阀芯移动来控制液流方向的。它操作方便、布局灵活,有利于提高设备的自动化程度。电磁换向阀由液压设备上的按钮开关、限位开关、行程开关和其他电器元件发出的电信号来控制电磁铁的通电与断电,从而方便地实现各种操作及自动顺序动作。由于电磁换向阀受到电磁铁尺寸和推力的限制,因此电磁换向阀只适用于小流量的场合。三位四通电磁换向阀的外形图、结构原理图和图形符号分别如图5.6(a)、(b)、(c)所示。

4) 液动换向阀

电磁换向阀布置灵活,易实现程序控制,但受电磁铁尺寸限制,难以用于切换大流量油路,当阀的通径大于10 mm时常用压力油操纵阀芯的换位。这种利用控制油路的压力油推动阀芯改变位置的阀,即为液动换向阀。

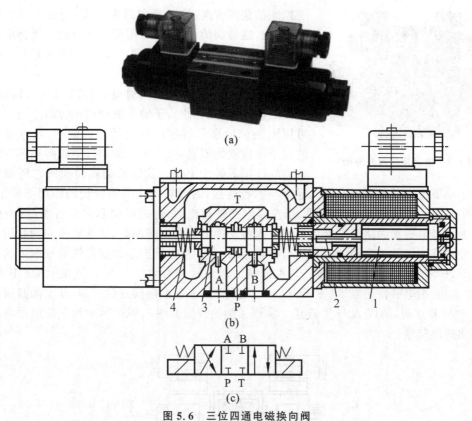

图 5.6 三位四通电磁换向阀

(a) 外形图；(b) 结构原理图；(c) 图形符号

1—衔铁；2—推杆；3—阀芯；4—弹簧

图 5.7(a)所示为三位四通液动换向阀的结构原理图。当其两端控制油口 K_1 和 K_2 均不通入压力油时，阀芯在两端弹簧的作用下处于中位（图示位置），使油口 P、A、B 和 T 互相不通。当油口 K_1 进压力油、油口 K_2 接油箱时，阀芯被推向右位，使油口 P 与 A 连通，油口 B 与 T 连通。当油口 K_2 进压力油、油口 K_1 接油箱时，阀芯被推向左位，使油口 P 与 B 连通，油口 A 与 T 连通。图 5.7(b)所示为三位四通液动换向阀的图形符号。

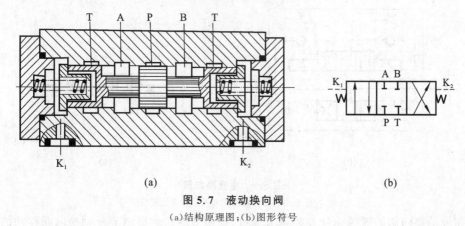

图 5.7 液动换向阀

(a) 结构原理图；(b) 图形符号

5）电液换向阀

电液换向阀是由电磁换向阀和液动换向阀组成的复合阀。电磁换向阀为先导阀，它用于改

图 5.8 电液换向阀外形图

变控制油路的方向；液动换向阀为主阀，它用于改变主油路的方向。这种阀的优点是，可用反应灵敏的小规格电磁阀方便地控制大流量的液动阀换向。图 5.8 所示为电液换向阀的外形图。

图 5.9(a)所示为三位四通电液换向阀的结构原理图，上面是电磁阀（先导阀），下面是液动阀（主阀）。其工作原理可用图 5.9(b)所示详细图形符号加以说明，当电磁换向阀的两个电磁铁均不通电（图示位置）时，电磁阀阀芯在两端弹簧力的作用下处于中位。这时液动换向阀阀芯两端的压力油经两个小节流阀及电磁换向阀的通路与油箱连通，因此它也在两端弹簧的作用下处于中位。主油路中，油口 A、B、P、T 均不相通，当左端电磁铁通电时，电磁阀阀芯移至右端，由油口 P 进入的压力油经电磁阀油路及左端单向阀进入液动换向阀的左端油腔，而液动换向阀右端的压力油则可经右节流阀及电磁阀上的通道与油箱连通，液动换向阀阀芯即在左端液压推力的作用下移至右端，即液动换向阀左位工作。其主油路的通油状态为油口 P 与 A 连通，油口 B 与 T 连通；反之，当右端电磁铁通电，电磁阀阀芯移至左端时，液动换向阀右位工作，其主油路通油状态为油口 P 与 B 连通，油口 A 与 T 连通。实现了油液换向。图 5.9(c)所示为三位四通电液换向阀的简化图形符号。

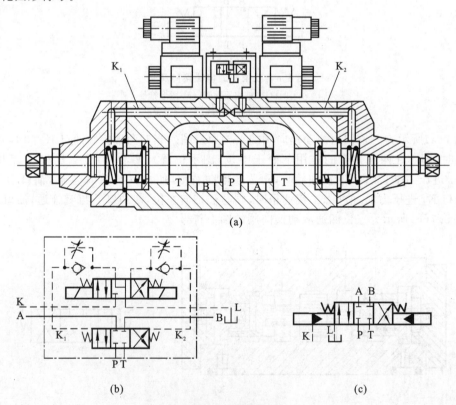

图 5.9 电液换向阀
(a)结构原理图；(b)详细图形符号；(c)简化图形符号

若在液动换向阀的两端盖处加装调节螺钉，则调节螺钉就可调节液动换向阀移动的行程和各主阀口的开度，从而改变通过主阀的流量，对执行元件起到粗略的速度调节作用。

三、方向控制阀的常见故障及排除方法

1. 单向阀的常见故障及排除方法

普通单向阀的常见故障及排除方法见表 5.4,液控单向阀的常见故障及排除方法见表 5.5。

表 5.4 普通单向阀的常见故障及排除方法

故障现象	故障分析	排除方法
发出异常声音	压力油的流量超过允许值	更换流量大的阀
	与其他元件共振	改变阀的额定压力或调试弹簧的强弱
	在卸压回路中,没有卸压装置	补充卸压装置
阀芯与阀体有严重泄漏	阀体锥面密封不好	重新研配
	阀芯或阀体拉毛	重新研配
	阀体裂纹	更换并研配阀座
不起单向阀作用	阀体孔变形,使阀芯在阀体内咬住	修研阀体孔
	阀芯配合时有毛刺,使阀芯不能正常工作	修理,去毛刺
	阀芯变形胀大,使阀芯在阀体内咬住	修研阀芯外径
结合处泄漏	螺钉或管螺纹没拧紧	拧紧螺钉或管螺纹

表 5.5 液控单向阀的常见故障及排除方法

故障现象	故障分析	排除方法
反向无法液控导通	控制压力过低	提高控制压力
	控制油管管接头泄漏	消除泄漏
	单向阀卡死	清洗
反向泄漏	单向阀全开位置上卡死	清洗、修配
	阀芯锥面与阀体锥面接触不良	检查、更换

2. 换向阀的常见故障及排除方法

换向阀的常见故障及排除方法见表 5.6。

表 5.6 换向阀的常见故障及排除方法

故障现象	故障分析	排除方法
滑阀不换向	滑阀卡死	清洗、去毛刺
	阀体变形	调节阀体安装螺钉,使压紧力均匀或修研阀体
	具有中间位置的对中弹簧折断	更换弹簧
	操作压力不够	操作压力必须大于 0.35 MPa
	电磁铁线圈烧坏或电磁铁推力不足	检查、修理、更换
	电气线路出故障	检查、消除故障
	液控换向阀控制油路无油或堵塞	检查、消除故障

续表

故障现象	故障分析	排除方法
电磁铁控制的方向阀作用时有响声	滑阀卡住或摩擦力过大	修研或调配滑阀
	电磁铁不能压到底	调整电磁铁高度
	电磁铁铁芯接触面不平或接触不良	消除污物,修正铁芯
	电磁铁磁力过大	选用电磁力适当的电磁铁
换向不灵	油液混入污物,卡住滑阀	清洗滑阀
	弹簧力太小或太大	更换合适的弹簧
	电磁铁的铁芯接触部位有污物	磨光清理
	滑阀与阀体间隙过大或过小	研配滑阀,使间隙合适
电磁铁过热或烧毁	电磁铁铁芯与滑阀轴线不同心	拆卸,重新装配
	电磁铁线圈绝缘不良	更换电磁铁
	电磁铁铁芯吸不紧	修理电磁铁
	电压不对	改正电压
	电线焊接不好	重新焊接

◀ 5.3 压力控制阀 ▶

在液压系统中,压力控制阀主要用来控制系统或回路的压力,或利用压力作为信号来控制其他元件的动作。压力控制阀是根据作用于阀芯上的液体压力和弹簧力相平衡的原理来进行工作的。压力控制阀按用途,可分为溢流阀、减压阀、顺序阀和压力继电器等。

一、溢流阀

1. 溢流阀的结构与工作原理

常用的溢流阀有直动式和先导式两种。直动式溢流阀用于低压系统,先导式溢流阀用于中、高压系统。

1) 直动式溢流阀

直动式溢流阀的压力油直接作用于阀芯。直动式溢流阀一般只能用于低压小流量的场合,因控制较高压力或较大流量时,需要装刚度较大的硬弹簧或阀芯开启的距离较大,不但手动调节困难,而且阀口开度(弹簧压缩量)略有变化便会引起较大的压力波动,压力不能稳定。系统压力较高时宜采用先导式溢流阀。图 5.10(a)所示为直动式溢流阀的外形图,图 5.10(b)所示为其图形符号。

图 5.10(c)所示为锥阀式(还有球阀式和滑阀式)直动式溢流阀的工作原理图。当进油口 P 从系统接入的油液压力不高时,锥阀芯 2 被弹簧 3 紧压在阀体 1 的孔口上,阀口关闭。当进油压升高到能克服弹簧阻力时,压力油推开锥阀芯使阀口打开,油液就由进油口 P 流入,再从回油口 T 流回油箱(溢流),进油压力也就不会继续升高。溢流阀的流量变化,阀口开度即弹簧压缩量也随之改变。但在弹簧压缩量变化甚小的情况下,可以认为,阀芯在液压力和弹簧力作用下保持平衡,溢流阀进口处的压力基本保持为定值。拧动调整螺栓 4,改变弹簧预压缩量,便可

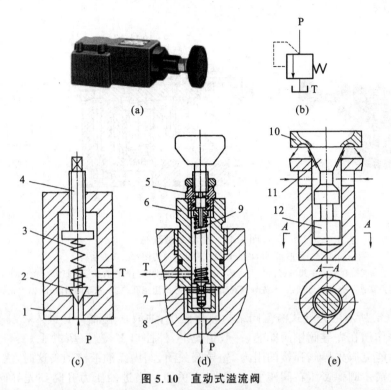

图 5.10 直动式溢流阀
(a)外形图;(b)图形符号;(c)工作原理图;(d)DBD型直动式溢流阀结构图;(e)减振阻尼活塞局部放大图
1—阀体;2—锥阀芯;3,9—弹簧;4—调整螺栓;5—螺母;6—弹簧腔;
7—阀芯;8—阀体;10—偏流盘;11—阀锥;12—阻尼活塞

调整溢流阀的溢流压力。

图 5.10(d)所示为德国力士乐公司的DBD型直动式溢流阀的结构图。图中锥阀下部为减振阻尼活塞,图 5.10(e)所示为其局部放大图。这是一种性能优异的直动式溢流阀,其静态特性曲线较为理想,接近直线,其最大调节压力为 40 MPa。这种阀的溢流特性好,通流能力也较强,既可作为安全阀又可作为溢流稳压阀使用。该阀阀芯 7 由阻尼活塞 12、阀锥 11 和偏流盘 10 三部分组成。在阻尼活塞的一侧铣有小平面,以便压力油进入并作用于底端。阻尼活塞的作用是导向和阻尼,保证阀芯开始和关闭时既不歪斜又不偏摆振动,提高了稳定性。阻尼活塞与阀锥之间有一个与阀锥对称的锥面,故阀芯开启时,流入和流出油液对两锥面稳态液的动力平衡不会产生影响。此外,在偏流盘的上侧支承着弹簧,下侧表面开有一圈环形槽,用于改变阀口开启后回油射流的方向。由动量方程可知,射流对偏流盘轴向的冲击力的方向正与弹簧力的方向相反,当溢流量及阀口开度增大时,弹簧力虽增大,但与之反向的冲击力亦增大,相互抵消,反之亦然。因此该阀能自行消除阀口开度变化对压力的影响,而且该阀所控制的压力基本不受溢流量变化的影响,锥阀和球阀式阀芯结构简单,密封性好,但阀芯和阀座的接触应力大。实际中滑阀式阀芯用得较多,但泄漏量较大。

2)先导式溢流阀

先导式溢流阀由先导阀和主阀组成,用于控制主阀芯两端的压差,主阀芯用于控制主油路的溢流。先导式溢流阀的稳压性能优于直动式溢流阀的稳压性能。但先导式溢流阀是二级阀,其灵敏度低于直动式溢流阀的灵敏度。其实先导阀就是一个小规格的直动式溢流阀。图 5.11

(a)所示为先导式溢流阀的外形图,图 5.11(b)所示为先导式溢流阀的结构原理图,图 5.11(c)所示为其图形符号。

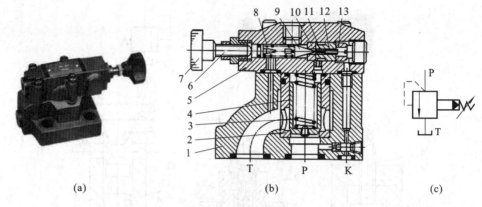

图 5.11　先导式溢流阀
(a)外形图;(b)图形符号;(c)结构原理图;(d)典型结构
1—主阀;2—主阀镶套;3—主阀弹簧;4—主阀芯;5—先导阀阀体;6—先导阀调压螺钉;7—先导阀调整手轮;
8—先导阀弹簧;9—先导阀锥阀;10—先导阀座;11—先导阀阻尼孔;12—先导阀引流孔;13—先导阀挡圈

在图 5.11(b)所示的先导式溢流阀结构原理图中,油液从进油口 P 进入,经阻尼孔 R 到达主阀弹簧腔,并作用在先导阀锥阀阀芯(一般情况下,外控口 K 是堵塞的)上。当进油压力不高时,油液压力不能克服先导阀弹簧的阻力,先导阀关闭,阀内无油液流动。这时,主阀芯因前、后腔油压相同,故被主阀弹簧压在阀座上,主阀口亦关闭。当进油压力升高到先导阀弹簧的预调压力时,先导阀打开,主阀弹簧腔的油液流过先导阀阀口,并经阀体上的通道和回油口 T 流回油箱。这时,油液流过阻尼小孔 R,产生压力损失,使主阀芯两端形成压力差,主阀芯在此压力差作用下克服弹簧阻力向上移动,使进、回油口连通,达到溢流稳压的目的。调节先导阀的调压螺钉,便能调整溢流压力。更换不同刚度的调压弹簧,便能得到不同的调压范围。

先导阀的阀体上有一个外控口 K,当用二位二通阀将此口与油箱接通时,主阀芯上端的弹簧腔压力接近于零,主阀芯在很小的压力下便可移动到上端,阀口开至最大,这时系统的油液在很低的压力下通过阀口流回油箱,实现卸荷作用。如果将外控口 K 接到另一个远程调压阀(其结构与先导阀一样)上,并使远程调压阀的压力小于先导阀的调定压力,则主阀芯上端的压力就由远程调压阀来决定,这样远程调压阀便可对系统的溢流压力实行远程调节。

2. 溢流阀的应用

溢流阀在液压系统中能起到调压溢流、安全保护、远程调压、使泵卸荷及使液压缸回油腔形成背压等多种作用。

1) 调压溢流

系统采用定量泵供油时,常在其进油路或回油路上设置节流阀或调速阀,使泵油的一部分进入液压缸工作,而多余的油则经溢流阀流回油箱,溢流阀处于其调定压力下的常开状态,调节弹簧的预压力,也就调节了系统的工作压力。在这种情况下,溢流阀的作用即为调压溢流,如图 5.12(a)所示。

2) 安全保护

系统采用变量泵供油时,系统内没有多余的油需要溢流,其工作压力由负载决定。这时与泵并联的溢流阀只有在过载时才需打开,以保障系统的安全。因此,这种系统中的溢流阀又称为安全阀,它是常闭的,如图 5.12(b)所示。

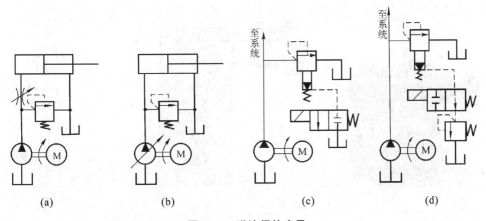

图 5.12 溢流阀的应用
(a)调压溢流;(b)安全保护;(c)使泵卸荷;(d)远程调压

3)使泵卸荷

采用先导式溢流阀调压的定量泵系统,当阀的外控口与油箱连通时,其主阀芯在进油口压力很小时即可迅速抬起,使泵卸荷,以减少能量损耗。如图 5.12(c)所示,当电磁铁通电时,溢流阀外控口通油箱,因而能使泵卸荷。

4)远程调压

当先导式溢流阀外控口(远程控制口)与调压较低的溢流阀(或远程调压阀)连通时,其主阀芯上腔的油压只要达到调压阀的调整压力,主阀芯即可抬起溢流(其先导阀不再起调压作用),即实现远程调压。如图 5.12(d)所示,当电磁阀不通电右位工作时,先导式溢流阀的外控口与低压调压阀连通,就可实现远程调压。

二、减压阀

减压阀是利用油液流过缝隙时产生压降的原理,使系统某一支油路获得比系统压力低而平稳的压力油的液压控制阀。减压阀也有直动式和先导式两种,先导式减压阀应用较多。

1. 减压阀的结构与工作原理

图 5.13(a)所示为先导式减压阀的外形图,5.13(b)所示为先导式减压阀的结构原理图。它由先导阀与主阀组成,压力油从阀的进油口(图中未示出)进入进油腔 P_1,经减压阀阀口开度 x 减压后,再从出油腔 P_2 和出油口流出。出油腔的压力油经小孔 f 进入主阀芯 5 的下端,同时经阻尼小孔 e 流入主阀芯上端,再经孔 c 和 b,作用于先导阀锥阀芯 3 上,当出油口压力较低时,先导阀关闭,主阀芯两端压力相等,主阀芯被主阀弹簧 4 压在最下端(图示位置),减压阀口开度为最大,压降为最小,减压阀不起减压作用。当出油口压力达到先导阀的调定压力时,先导阀开启,此时 P_2 腔的部分压力油经孔 e、孔 c、孔 b、先导阀口、孔 a 和泄漏口 L 流回油箱。由于阻尼孔 e 的作用,主阀芯两端产生压力差,主阀芯便在此压力差作用下克服主阀弹簧力作用上移,减压阀口开度减小,使出油口压力降至调定压力。当外界干扰(如负载变化)使出油口压力变化时,减压阀将自动调整减压阀口的开度以保持出油压力稳定。因此,它也称为定值减压阀。转动手轮 1 即可调节调压弹簧 2 的预压缩量,从而调定减压阀出油口压力。图 5.13(c)所示为直动式减压阀的图形符号,也是减压阀的一般符号,图 5.13(d)所示为先导式减压阀的图形符号。

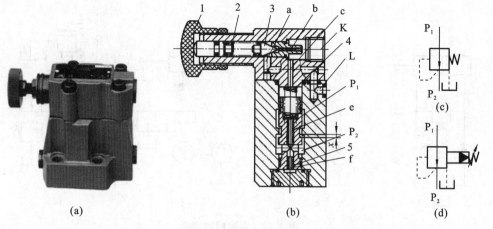

图 5.13 先导式减压阀

(a)外形图;(b)结构原理图;(c)直动式减压阀图形符号;(d)先导式减压阀图形符号

1—手轮;2—调压弹簧;3—先导阀锥阀;4—主阀弹簧;5—主阀芯

减压阀的阀口为常开型,由于阀的出油口接压力油路,其泄油口必须由单独设置的油管通往油箱,且泄油管不能插入油箱液面以下,以免造成背压,使泄油不畅,影响阀的正常工作。

与先导式溢流阀相同,先导式减压阀也有一个远控口 K,当远控口 K 接一远程调压阀,且远程调压阀的调定压力低于减压阀的调定压力时,可以实现二级减压。

2. 减压阀的应用

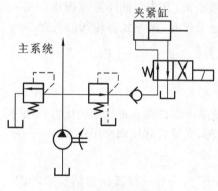

图 5.14 减压阀的应用

图 5.14 所示为夹紧机构中常用的减压回路,回路中串联一个减压阀,使夹紧缸能获得较低而又稳定的夹紧力。减压阀出口压力可以从 0.5 MPa 至溢流阀调定压力的范围内调节,当系统压力有波动时,减压阀的出口压力可稳定不变。图中单向阀的作用是当主系统压力下降到低于减压阀调定压力(如主油路中液压缸快速运动)时,防止油倒流,起到短时保压作用,使夹紧缸的夹紧力在短时间内保持不变。为了确保安全,夹紧回路常采用带定位的二位四通电磁换向阀或采用失电夹紧的二位四通电磁换向阀换向,防止在电路出现故障时松开工件出事故。

三、顺序阀

顺序阀是利用油路中压力的变化控制阀口启闭,以实现执行元件顺序动作的液压元件,其结构与溢流阀相似,也分为直动式和先导式两种,一般先导式顺序阀用于压力较高的场合。

1. 顺序阀的结构与工作原理

图 5.15(a)所示为直动式顺序阀的外形图,5.15(b)所示为直动式顺序阀的结构原理图。当进油口的油压低于弹簧 6 的调定压力时,控制活塞 3 下端油液向上的推力小,阀芯 5 处于最下端位置,阀口关闭,油液不能通过顺序阀流出。当进油口油压达到弹簧调定压力时,阀芯 5 抬起,阀口开启,压力油即可从顺序阀的出口流出,使阀后面油路工作。这种顺序阀利用其进油口进行压力控制,称为普通顺序阀(也称为内控式顺序阀),其图形符号如图 5.15(c)所示。由于阀的出油口

接压力油路,因此其上端弹簧处的泄油口必须另接一油管通油箱,这种连接方式称为外泄。

若将下阀盖 2 相对于阀体转过 90°或 180°,将螺堵 1 拆下,在该处接控制油管并通入控制油,则阀的启闭便可由外供控制油控制。这时即成为液控顺序阀,其图形符号如图 5.15(d)所示。若再将上阀盖 7 转过 180°,使泄油口处的小孔 a 与阀体上的小孔 b 连通,将泄油口用螺堵封住,并使顺序阀的出油口与油箱连通,则顺序阀就成为卸荷阀。其泄漏油可由阀的出油口流回油箱,这种连接方式称为内泄。卸荷阀的图形符号如图 5.15(e)所示。

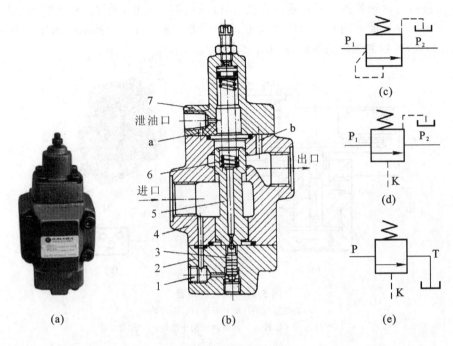

图 5.15 直动式顺序阀

(a)外形图;(b)结构原理图;(c)普通顺序阀图形符号;(d)液控顺序阀图形符号;(e)卸荷阀图形符号
1—螺堵;2—下阀盖;3—控制活塞;4—阀体;5—阀芯;6—弹簧;7—上阀盖

2. 顺序阀的应用

图 5.16 所示为机床夹具上用顺序阀实现工件先定位后夹紧的顺序动作回路。当电磁阀由通电状态断电时,压力油先进入定位缸的下腔,定位缸上腔回油,活塞向上抬起,使定位销进入工件定位孔,从而实现定位。这时压力低于顺序阀的调定压力,因而压力油不能进入夹紧缸下腔,工件不能夹紧。当定位缸活塞停止运动时,油路压力将升高至顺序阀的调定压力,顺序阀开启,压力油进入夹紧缸下腔,夹紧缸上腔回油,夹紧缸活塞抬起,将工件夹紧,从而实现了先定位后夹紧的顺序要求。当电磁阀再通电时,压力油同时进入定位缸、夹紧缸上腔,两缸下腔回油(夹紧缸经单向阀回油),使工件松开并拔出定位销。顺序阀的调整压力应高于先动作缸的最高工作压力,以保证动作顺序可靠。中压系统的调整压力一般要高达 0.5～0.8 MPa。

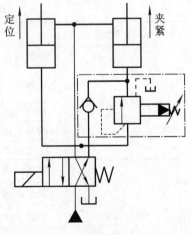

图 5.16 顺序阀的应用

四、压力继电器

压力继电器是使油液压力达到预定值时发出电信号的液-电信号转换元件。当其进油口压力达到弹簧的调定值时,压力继电器能自动接通或断开电路,使电磁铁、继电器、电动机等电气元件通电运转或断电停止工作,以实现对液压系统工作程序的控制、安全保护或动作的联动等。

图 5.17(a)所示的为常用的柱塞式压力继电器的结构原理图。当从压力继电器下端进油口通入的油液压力达到弹簧 3 的调定压力值时,推动柱塞 1 上移,通过杠杆 2 推动开关 5 动作。改变弹簧 3 的压缩量即可调节压力继电器的动作压力。图 5.17(b)所示的为压力继电器的外形图,图 5.17(c)所示的为压力继电器的图形符号。

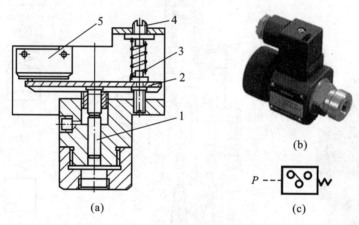

图 5.17 压力继电器
(a)结构原理图;(b)外形图;(c)图形符号
1—柱塞;2—杠杆;3—弹簧;4—调压螺钉;5—开关

五、压力控制阀的常见故障及排除方法

1. 溢流阀的常见故障及排除方法

溢流阀的常见故障及排除方法见表 5.7。

表 5.7 溢流阀的常见故障及排除方法

故障现象	故障分析	排除方法
压力波动不稳定	弹簧弯曲或变软	更换弹簧
	锥阀与阀座接触不良	卸下调整螺母,推动导杆,使其接触良好,或更换锥阀
	钢球与阀座接触不良	检查钢球圆度,更换钢球,研磨阀座
	阀芯变形或拉毛	更换或修研阀芯
	压力油不清洁,阻尼孔堵塞	疏通阻尼孔,更换清洁油液
调整无效	弹簧断裂或漏装	检查、更换或补装弹簧
	阻尼孔堵塞	疏通阻尼孔
	阀芯卡住	拆除、检查、修整阀芯
	进出油口装反	检查油源方向
	锥阀漏装	检查、补装

续表

故障现象	故障分析	排除方法
泄漏严重	锥阀或钢球与阀座接触不良	检查、更换磨损的锥阀或钢球
	阀芯与阀体配合间隙过大	检查阀芯与阀体间隙或更换阀芯
	管接头没拧紧	检查、拧紧螺钉
	密封破坏	检查并更换密封
噪声及振动	螺母松动	检查、紧固螺母
	弹簧变形、不复原	检查并更换弹簧
	阀芯配合过紧	修磨阀芯
	阀芯动作不良	检查阀芯与阀体的同轴度公差
	锥阀磨损	更换锥阀
	出油路中混入空气	排除空气
	流量超过允许值	更换阀
	与其他阀产生共振	改变阀的调整压力值

2. 减压阀的常见故障及排除方法

减压阀的常见故障及排除方法见表 5.8。

表 5.8 减压阀的常见故障及排除方法

故障现象	故障分析	排除方法
压力波动不稳定	油液中混入空气	排除油中空气
	阻尼孔堵塞	疏通阻尼孔
	阀芯与阀体内孔圆度超过规定值造成卡死	更换或修研阀芯
	弹簧弯曲或变软	更换弹簧
	钢球不圆,钢球与阀座配合不好或锥阀安装不正确	更换钢球或调整锥阀
输入压力失调	外泄漏	更换密封件,紧固螺钉
	锥阀与阀座配合不良	修研或更换锥阀
不起减压作用	泄油口不通或泄油口与回油管道相连,并有回有压力	泄油管必须与回油管分开,单回油箱
	主阀芯在全开位置卡死	修理、更换阀芯,检查油质
	阻尼孔堵塞	清理阻尼孔,过滤或换油

5.4 流量控制阀

流量控制阀是通过改变阀口通流面积来调节阀口流量,从而控制执行元件运动速度的控制元件。流量控制阀主要有节流阀、调速阀、温度补偿调速阀、溢流节流阀等,其中节流阀、调速阀应用较多。

一、流量控制阀的特性

1. 节流口的流量特性

节流口的流量与其结构有关,实际应用的节流口流量特性都介于薄壁小孔流量特性和细长孔流量特性之间,故其流量特性可用 $q=KA\Delta p^m$(见式(2.40))来描述。当 K、Δp 和 m 一定时,只要改变节流口的通流面积 A,就可调节节流口的流量 q。

2. 影响节流口流量稳定性的因素

1) 节流口的堵塞

节流口开度较小,易被油液中的杂质形成局部堵塞。这样就使节流口的面积变小,流量也就随之发生改变。

2) 温度的影响

压力油的温度影响到油液的黏度,黏度增大,流量变小;黏度减小,流量变大。

3) 压差的改变

由节流口流量特性公式可知,节流口两端压差改变,其流量也要发生变化。压差越大,流量越大;压差越小,流量越小。通过薄壁小孔的流量受压差的变化影响比细长孔的要小,因此节流口应尽量采用薄壁小孔。

3. 节流口的形式

节流口的形式很多,图 5.18 所示为常见的几种。

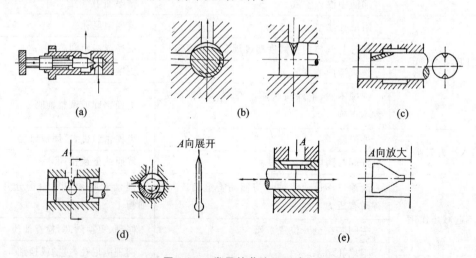

图 5.18 常见的节流口形式
(a)针阀式;(b)偏心式;(c)轴向三角槽式;(d)径向缝隙式;(e)轴向缝隙式

图 5.18(a)所示为针阀式节流口,针阀阀芯轴向移动可改变环形节流口通流截面积,从而调节其流量。其结构简单,但流量稳定性差,一般用于要求不高的场合。

图 5.18(b)所示为偏心式节流口,带有截面为三角形偏心槽的阀芯轴向移动可改变通流截面积,从而调节其流量。其阀芯受到径向不平衡力,适用于压力较低的场合。

图 5.18(c)所示为轴向三角槽式节流口,端部带有斜三角槽的阀芯轴向移动可改变通流截

面积,从而调节其流量。其结构简单,可获得较小的稳定流量,应用广泛。

图 5.18(d)所示为径向缝隙式节流口,带有狭缝的阀芯轴向移动可改变通流截面积,从而改变其流量。其流量稳定性好,但阀芯受径向不平衡力作用,结构复杂,故只适用于低压场合。

图 5.18(e)所示为轴向缝隙式节流口,带有轴向缝隙的阀芯轴向移动可改变缝隙的通流截面积,从而调节其流量。其流量稳定性较好,不易堵塞,可用于性能要求较高的场合。

二、节流阀

图 5.19(a)所示为普通节流阀的结构原理图。它的节流口为轴向三角槽式节流口。压力油从进油口 P_1 流入,经阀芯左端的轴向三角槽后由出油口 P_2 流出。阀芯 1 在弹簧力的作用下始终紧贴在推杆 2 的端部。旋转手轮 3,可使推杆沿轴向移动,改变节流口的通流截面积,从而调节通过阀的流量。

节流阀具有结构简单、制造容易、体积小、使用方便、造价低等优点,但其负载和温度的变化对流量稳定性的影响较大,因此只适用于负载和温度变化不大或速度稳定性要求不高的液压系统。图 5.19(b)所示为普通节流阀的外形图,图 5.19(c)所示为普通节流阀的图形符号。

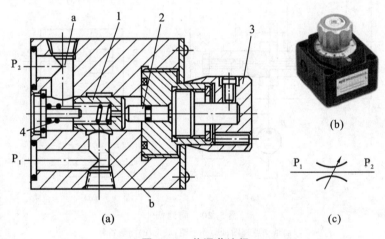

图 5.19 普通节流阀
(a)结构原理图;(b)外形图;(c)图形符号
1—阀芯;2—推杆;3—手轮;4—复位弹簧

三、调速阀

调速阀是由定差减压阀与节流阀串联而形成的组合阀。节流阀用来调节流量,定差减压阀则可自动补偿负载变化的影响,使节流阀前后的压差为定值,消除负载变化对流量的影响。

1. 调速阀的工作原理

图 5.20(a)所示为调速阀的工作原理图。图中定差减压阀 1 与节流阀 2 串联。若减压阀进口压力为 p_1,出口压力为 p_2,节流阀出口压力为 p_3,则减压阀 a 腔、b 腔油压为 p_2,c 腔油压为 p_3。若减压阀 a、b、c 腔有效工作面积分别为 A_1、A_2、A,则 $A=A_1+A_2$。节流阀出口的压力 p_3 由液压缸的负载决定。

当减压阀阀芯在其弹簧力 F_S、油液压力 p_2 和 p_3 的作用下处于某一平衡位置时,则有
$$p_2A_1+p_2A_2=p_3A+F_S$$
即
$$p_2-p_3=F_S/A$$

由于弹簧刚度较低,且工作过程中减压阀阀芯位移很小,可以认为 F_S 基本不变。故节流阀两端的压差 $\Delta p = p_2 - p_3$ 也基本保持不变。因此,当节流阀通流面积 A_T 不变时,通过它的流量 $q(q = K A_T \Delta p^m)$ 为定值。也就是说,无论负载如何变化,只要节流阀通流面积不变,液压缸的速度就会保持恒定值。例如,当负载增加,使 p_3 增大的瞬间,减压阀右腔推力增大,其阀芯左移,阀口开度 x 增大,阀口液阻减小,使 p_2 增大,p_2 与 p_3 的差值 $\Delta p = F_S / A$ 却不变。当负载减小,p_3 也减小时,减压阀芯右移,p_2 减小,差值保持不变。因此,调速阀适用于负载变化较大、速度平稳性要求较高的液压系统,例如,各类组合机床、车床、铣床等设备的液压系统常用调速阀调速。图 5.20(b)所示为调速阀的外形图,图 5.20(c)所示为调速阀的详细图形符号,图 5.20(d)所示为调速阀的简化图形符号。

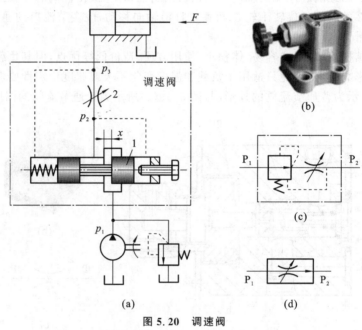

图 5.20 调速阀
(a)结构原理图;(b)外形图;(c)、(d)图形符号
1—定差减压阀;2—节流阀

2. 调速阀的流量特性曲线

图 5.21 所示为节流阀和调速阀的流量特性曲线,曲线 1 表示节流阀的流量与进出油口压差 Δp 的变化规律。根据小孔流量通用公式 $q = K A_T \Delta p^m$ 可知,节流阀的流量随压差变化而变化。曲线 2 表示调速阀的流量与进出油口压差 Δp 的变化规律。调速阀在压差大于一定值后,流量基本稳定。调速阀在压差很小时,定差减压阀阀口全开,减压阀不起作用,这时调速阀的特性与节流阀的相同。可见,要使调速阀正常工作,应保证其至少具有最小压差(一般为 0.5 MPa 左右)。

3. 温度补偿调速阀的工作原理

调速阀消除了负载变化对流量的影响,但温度变化影响依然存在。为解决温度变化对流量的影响,在对速度稳定性要求较高的系统中需采用温度补偿调速阀。温度补偿调速阀与普通调速阀在结构上基本相似,所不同的是,温度补偿调速阀在节流阀的阀芯上连接一根温度补偿杆,如图 5.22(a)所示。温度变化时,流量原本应当有变化,但由于温度补偿杆的材料为温度膨胀系数大的聚氯乙烯塑料,温度升高时长度增加,使阀口开度减小;反之则增大,故能维持流量基本不变(在 20~60 ℃范围内流量变化不超过 10%)。如图 5.22(b)所示为温度补偿调速阀的图形符号。

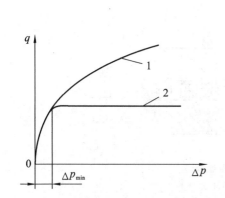

图 5.21 节流阀和调速阀的流量特性曲线

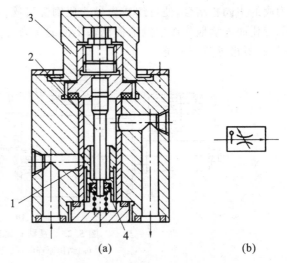

图 5.22 温度补偿调速阀
(a)结构原理图;(b)图形符号
1—节流口;2—温度补偿杆;3—调节手轮;4—节流阀芯

5.5 其他液压控制阀

随着液压技术的不断进步,在20世纪60年代、70年代初和80年代,相继出现了比例阀、插装阀和叠加阀等新型液压控制阀。与普通液压控制阀相比,它们具有许多显著的优点。这些新型液压控制阀正以较快的速度发展,并广泛应用于各类设备的液压系统中。

一、电液比例控制阀

普通液压阀只能对液流的压力、流量进行定值控制,对液流的方向进行开关控制,而当工作机构的动作要求对其液压系统的压力、流量参数进行连续控制或控制精度要求较高时,则不能满足要求。这时就需要用电液比例控制阀(简称比例阀)进行控制。大多数比例阀具有类似普通液压阀的结构特征。它与普通液压阀的主要区别在于,其阀芯的运动是采用比例电磁铁控制的,其输出的压力或流量与输入的电流成正比。所以可用改变输入电信号的方法对压力、流量进行连续控制。有的阀还兼有控制流量大小和方向的功能,这种阀在加工制造方面的要求接近于普通阀,但其性能却大为提高。比例阀的采用能使液压系统简化,所用液压元件数大为减少,且其可用计算机控制,自动化程度可明显提高。

比例阀常用直流比例电磁铁控制,电磁铁的前端都附有位移传感器(或称差动变压器)。它的作用是检测比例电磁铁的行程,并向放大器发出反馈信号。电放大器将输入信号与反馈信号进行比较,再向电磁铁发出纠正信号,以补偿误差,保证阀有准确的输出参数,因此它的输出压力和流量可以不受负载变化的影响。

比例阀分为比例压力阀、比例流量阀和比例方向阀三大类。

1. 比例压力阀

用比例电磁铁取代直动式溢流阀的手动调压装置,便成为直动式比例溢流阀,如图5.23(a)所示,图5.23(b)所示为直动式比例溢流阀的图形符号。将直动式比例溢流阀作为先导阀与普通压力阀的主阀相结合,便可组成先导式比例溢流阀、比例顺序阀和比例减压阀。这些阀能随电流的变化而连续地或按比例地控制输出油的压力。电液比例溢流阀目前多用于液压压力机、注射机、轧板机等液压系统。

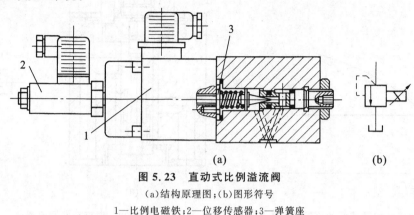

图 5.23　直动式比例溢流阀
(a)结构原理图；(b)图形符号
1—比例电磁铁；2—位移传感器；3—弹簧座

2. 比例方向阀

用比例电磁铁取代电磁换向阀中的普通电磁铁,便构成直动式比例方向阀,如图 5.24(a)所示,图 5.24(b)所示为直动式比例方向阀的图形符号。使用比例电磁铁后,阀芯不仅可以换位,而且换位的行程可以连续地或按比例地变化,因而连通油口间的通流截面也可以连续地按比例地变化,所以比例换向阀不仅能控制执行元件的运动方向,而且能控制其速度。

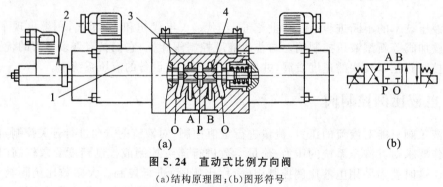

图 5.24　直动式比例方向阀
(a)结构原理图；(b)图形符号
1—比例电磁铁；2—位移传感器；3—阀体；4—阀芯

3. 比例流量阀

用比例电磁铁取代节流阀或调速阀的手动调速装置,便成为比例节流阀或比例调速阀。图 5.25(a)所示为电液比例调速阀的结构原理图,图 5.25(b)所示为电液比例调速阀的图形符号。图中的节流阀的阀芯由比例电磁铁的推杆操纵,输入的电信号不同,则电磁力不同,推杆受力不同,与阀芯左端弹簧力平衡后,便有不同的节流口开度。由于定差减压阀已保证了节流口前压差为定值,所以一定的输入电流就对应一定的输出流量,不同的输入信号变化,就对应着不同的输出流量变化。

二、插装阀

二通插装阀简称为插装阀,也称为插装式锥阀或逻辑阀。它是一种结构简单,标准化、通用化程度高,通油能力大,液阻小,密封性能和动态特性好的新型液压控制阀,目前在液压压力机、

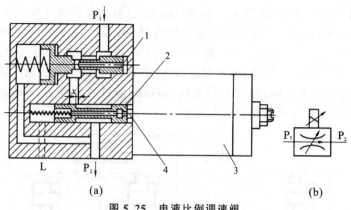

图 5.25 电液比例调速阀
(a)结构原理图;(b)图形符号
1—定差减压阀;2—节流阀阀芯;3—比例电磁铁;4—推杆

塑料成形机械、压铸机等高压大流量系统中应用很广泛。

1. 插装阀的结构与工作原理

图 5.26(a)所示为插装阀的结构原理图。它由插装块体 1、插装单元(由阀套 2、阀芯 3、弹簧 4 及密封件组成)、控制盖板 5 和先导控制阀 6 组成。插装阀的工作原理相当于一个液控单向阀。图中 A 和 B 为主油路的两个工作油口,K 为控制油口(与先导阀相接)。当油口 K 无油液压力作用时,阀芯受到的向上的油液压力大于弹簧力,阀芯开启,油口 A 与 B 相通,液流的方向视油口 A、B 的压力大小而定;反之,当油口 K 有油液压力作用时,且油口 K 的油液压力大于油口 A 和 B 的油液压力,才能保证油口 A 与 B 之间关闭。插装阀的图形符号如图 5.26(b)所示。

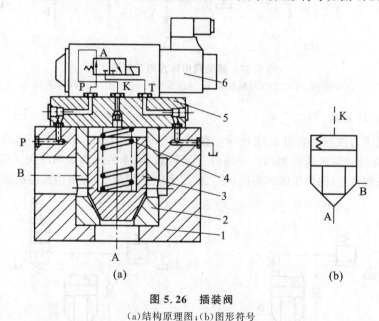

图 5.26 插装阀
(a)结构原理图;(b)图形符号
1—插装块体;2—阀套;3—阀芯;4—弹簧;5—控制盖板;6—先导控制阀

2. 插装阀的应用

1) 方向控制插装阀

插装阀可以组成各种方向阀,如图 5.27 所示。图 5.27(a)所示为单向阀,当 $p_A > p_B$ 时,阀芯关闭,油口 A 与油口 B 不通;而当 $p_A < p_B$ 时,阀芯开启,油液从油口 B 流向油口 A。图 5.27(b)所示为二位二通换向阀,当二位二通电磁阀断电时,阀芯开启,油口 A 与油口 B 接通;电磁阀通电时,阀芯关闭,油口 A 与油口 B 不通。图 5.27(c)所示为二位三通换向阀,当二位三通电磁阀断电时,油口 A 与油口 T 接通;电磁阀通电时,油口 A 与油口 P 接通。图 5.27(d)所示为二位四通换向阀,电磁阀断电时,油口 P 与油口 B 接通,油口 A 与油口 T 接通;电磁阀通电时,油口 P 与油口 A 接通,油口 B 与油口 T 接通。

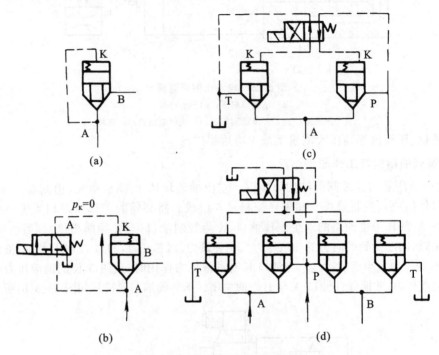

图 5.27 插装阀用作方向控制阀
(a)单向阀;(b)二位二通换向阀;(c)二位三通换向阀;(d)二位四通换向阀

2) 压力控制插装阀

插装阀组成压力控制阀如图 5.28 所示。在图 5.28(a)中,如油口 B 接油箱,则插装阀用做溢流阀,其原理与先导式溢流阀的相同。如油口 B 接负载,则插装阀用做顺序阀。在图 5.28(b)中,若二位二通电磁阀通电,则可用做卸荷阀;若二位二通电磁阀断电,即可用做溢流阀。

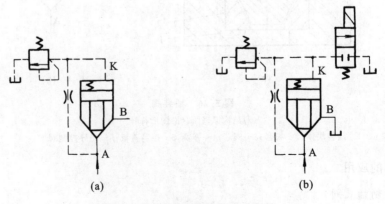

图 5.28 插装阀用作压力控制阀

3) 流量控制插装阀

在插装阀的控制盖板上增加阀芯调节器以调节阀芯的开度,即构成插装节流阀,如图 5.29(a)所示,图 5.29(b)所示为插装节流阀的图形符号。若在插装节流阀前串联一个定差减压阀,则组成插装调速阀。若用直流比例电磁铁取代节流阀的手调装置,则可组成插装电液比例节流阀。

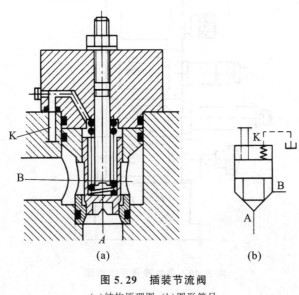

图 5.29　插装节流阀
(a)结构原理图;(b)图形符号

三、叠加阀

叠加式液压阀简称叠加阀,它是近十年来在板式阀集成化基础上发展起来的新型液压元件。这种阀既具有板式液压阀的工作功能,其阀体本身又同时具有通道体的作用,从而能用其上、下安装面呈叠加式无管连接,组成集成化液压系统。

叠加阀自成体系,每一种通径系列的叠加阀,其主油路通道和螺钉孔的大小、位置、数量都与相应通径的板式换向阀的相同。因此,同一通径系列的叠加阀可按需要叠加组合起来形成不同的系统。通常用于控制同一个执行件的各个叠加阀与板式换向阀及底板块纵向叠加组成一个子系统,其换向阀(不属于叠加阀)安装在最上面,与执行件连接的底板块放在最下面。控制液流压力、流量或单向流动的叠加阀安装在换向阀与底板块之间,其顺序应按子系统动作要求安排。由不同执行件构成的各子系统之间可以通过底板块横向叠加成为一个完整的液压系统。图 5.30 所示为叠加阀叠积示意图。

叠加阀的分类与一般液压阀的相同,同样可分为压力控制阀、流量控制阀和方向控制阀三大类。

1. 叠加式溢流阀

图 5.31 所示为叠加式溢流阀的结构原理图。叠加式溢流阀由主阀和先导阀组成,它的工作原理与一般的先导式溢流阀的相同,它利用主芯两端的压力差来移动阀芯,以改变阀口开度,油腔 e 与进油口相通,孔 c 与回油口相通,压力油作用于主阀芯 6 的右端,同时经阻尼孔 d 流入阀的左端,并经孔 a 作用于锥阀 3 上。调节弹簧 2 的预压力,便可以改变该溢流阀的调整压力。

2. 叠加式流量阀

图 5.32 所示为叠加式单向调速阀的结构原理图。当压力为 p 的油液经油口 B 进入阀体

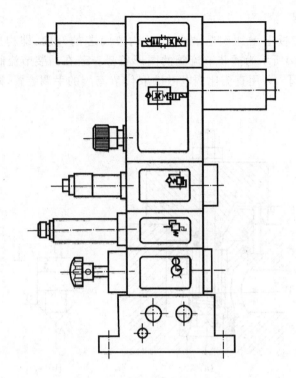

图 5.30 叠加阀叠积示意图

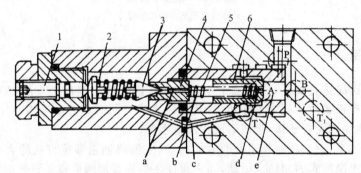

图 5.31 叠加式溢流阀结构原理图
1—调压螺钉；2—调节弹簧；3—锥阀；4—先导阀芯；5—主阀弹簧；6—主阀芯

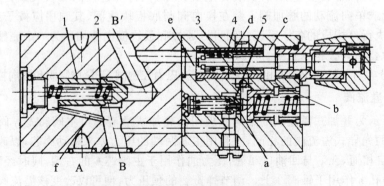

图 5.32 叠加式单向调速阀结构原理图
1—单向阀；2—弹簧；3—节流阀；4—弹簧；5—减压阀

后,经小孔 f 流至单向阀 1 左侧的弹簧腔,油液压力使阀关闭,压力油经另一孔道进入减压阀 5 (分离式阀芯),油液经控制口后,压力降为 p_1。压力为 p_1 的油液经阀芯中心小孔 a 流入阀芯左侧弹簧腔,同时作用于大阀芯左侧的环形面上,当油液经节流阀 3 的阀口流入 e 腔并经出油口 B′引出的同时,油液又经油槽 d 进入油腔 c,再经孔道 b 进入减压阀大阀芯右侧的弹簧腔。这时减压阀阀芯受到 p_1、p_2 和弹簧的作用力处于平衡,从而保证了节流阀两端压力差为常数,也就保证了通过节流阀的流量基本不变。

【模块小结】

(1) 在液压系统中,液压控制阀是用来控制系统中液流的方向、压力和流量的元件。

(2) 所有的阀在结构上都是由阀体、阀芯和驱动阀芯动作的装置三部分组成的,所有的阀都符合小孔流量公式,当有液体流过时所有的阀都会产生压力损失。

(3) 按用途不同,液压控制阀可以分为方向控制阀、压力控制阀和流量控制阀三大类。

(4) 单向阀分为普通单向阀和液控单向阀两种,普通单向阀的功能是正向导通、反向截止;而液控单向阀的功能是正向导通、反向受控导通。

(5) 换向阀的功能是利用阀芯和阀体相对位置的改变,改变阀体上各油口间连通或断开状态,从而控制执行机构改变运动方向或实现启动和停止。

(6) 根据阀芯的工作位置数换向阀可分为二位阀和三位阀,根据阀体上的通道数可分为二通阀、三通阀、四通阀和五通阀。三位阀当阀芯在中间位置时,各通口可以有不同的连通方式,它们称为中位机能。

(7) 压力控制阀按用途可分为溢流阀、减压阀、顺序阀和压力继电器等。溢流阀分为直动式和先导式两种,其功能都是稳定阀前的工作压力,直动式反应灵敏但稳压精度不高,先导式稳压精度高但反应比直动式的差。减压阀也分为直动式和先导式两种,它的功能是稳定阀后的压力。顺序阀的结构和溢流阀的相似,但它的功能是形成顺序动作,与溢流阀的不同点是,溢流阀泄漏油的方式是内泄的,而顺序阀是外泄的。

(8) 流量控制阀是通过改变阀口通流面积来调节阀口流量,从而控制执行元件运动速度的控制元件。流量控制阀主要有节流阀和调速阀两种,节流阀是流量阀的基础阀,调速阀实际上是具有压力补偿作用的节流阀。

【思考与练习】

一、选择题

1. 先导式溢流阀是(　　)。
 A. 动力元件　　B. 执行元件　　C. 控制元件　　D. 辅助元件
2. 直动式顺序阀是(　　)。
 A. 流量控制阀　B. 压力控制阀　C. 方向控制阀　D. 辅助元件
3. 中位机能是(　　)型的换向阀在中位时可实现系统卸荷。
 A. M　　　　　B. P　　　　　C. O　　　　　D. Y
4. 下列阀件中,(　　)可做背压阀。
 A. 溢流阀　　　B. 减压阀　　　C. 换向阀　　　D. 调速阀
5. 节流阀的节流孔应尽量做成(　　)式。
 A. 薄壁孔　　　B. 短孔　　　　C. 细长孔　　　D. 粗孔

二、填空题

1. 在液压系统中,液压控制阀是用来控制系统中液流的_____、_____和_____的元件。

2. 所有的阀在结构上都是由_____、_____和驱动阀芯动作的装置三部分组成的。
3. 液压控制阀按用途可分为_____控制阀、_____控制阀和_____控制阀三大类。
4. 普通单向阀和液控单向阀的不同之处在于,前者反向_____,而后者反向_____。
5. 换向阀根据阀芯的工作位置数可分为_____和_____。
6. 三位换向阀的中位机能有_____机能、_____机能、_____机能、_____机能和_____机能五种。
7. 压力控制阀按用途可分为_____、_____和_____三类。
8. 溢流阀非工作状态时,进油口和回油口是_____,泄漏油的方式是_____,推动阀芯动作的压力油来自_____。
9. 减压阀非工作状态时,进油口和回油口是_____,泄漏油的方式是_____,推动阀芯动作的压力油来自_____。
10. 正确写出图 5.33 所示元件的名称:(a)_____,(b)_____,(c)_____,(d)_____,(e)_____。

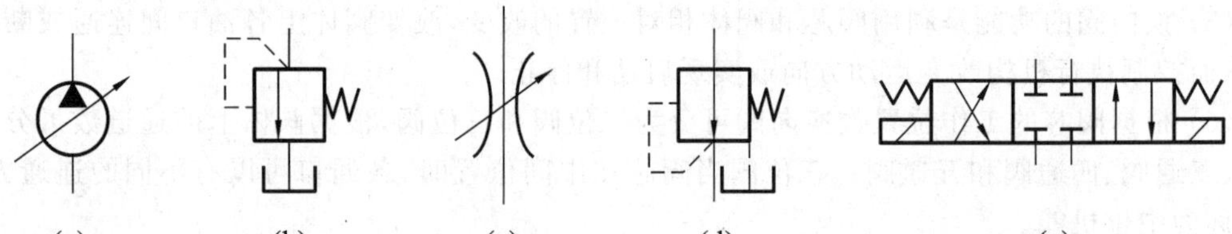

(a)　　　　(b)　　　　(c)　　　　(d)　　　　(e)

图 5.33

三、问答题

1. 普通单向阀能否作背压阀使用?背压阀的开启压力是多少?
2. 液控单向阀与普通单向阀有何区别?通常应用在什么场合?使用时应注意哪些问题?
3. 试说明电液动换向阀的组成特点及各组成部分的功用。
4. 试说明三位四通换向阀 O 型、M 型、H 型中位机能的特点和它们的应用场合。
5. 为什么直动式溢流阀适用于低压系统,而先导式溢流阀适用于中、高压系统?
6. 若先导式溢流阀主阀芯上的阻尼孔堵塞,会出现什么故障?若其先导阀锥阀座上的进油孔堵塞,又会出现什么故障?
7. 先导式溢流阀的远控口 K 是否可接油箱?若如此,会出现什么现象?远控口的控制压力可否是任意的?它与先导阀的调定压力有何关系?
8. 溢流阀、顺序阀、减压阀各有什么作用?它们在原理上和图形符号上有何异同?顺序阀能否当溢流阀用?
9. 什么是压力继电器的开启压力和闭合压力?压力继电器的返回区间如何调整?
10. 调速阀与节流阀在结构和性能上有何异同?各适用于什么场合下?
11. 试说明电液比例溢流阀和电液比例调速阀的工作原理,与一般溢流阀和调速阀相比,它们有何优点?
12. 试说明插装式锥阀的工作原理及特点。

四、计算题

1. 如图 5.34 所示,油路中各溢流阀的调定压力分别为 $p_A = 5$ MPa,$p_B = 4$ MPa,$p_C = 2$ MPa。在外负载趋于无限大时,图 5.34(a)、(b)所示油路的供油压力各为多大?
2. 如图 5.35 所示液压回路中,溢流阀的调定压力为 5 MPa,减压阀的调定压力为

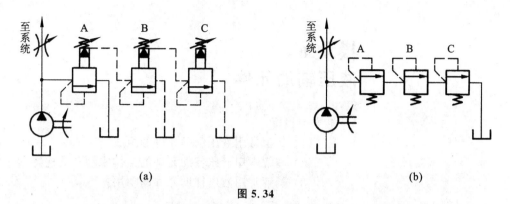

(a)   (b)

图 5.34

2.5 MPa。试分析活塞运动时和碰到挡铁后 A、B 处的压力值(主油路截止,运动时液压缸的负载为零)。

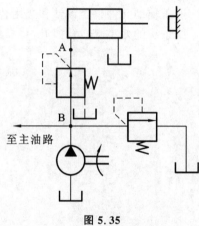

图 5.35

模块 6
液压辅助元件

◀ 学习目标

(1) 认识常用液压辅助元件的组成。
(2) 理解常用液压辅助元件的工作原理及结构特点。
(3) 了解常用液压辅助元件的功用。

液压辅助元件是液压系统的一个重要组成部分,包括测量仪器、油箱、过滤器、蓄能器、热交换器、管件、密封装置等。液压辅助元件是否设计和选用合理,在很大程度上会影响液压系统的效率、噪声、温升、可靠性。

6.1 蓄 能 器

蓄能器是液压系统中储存油液压力能的装置,即在适当的时候把系统的压力油储存起来,在需要时又释放出来供给系统,此外它还能缓和液压冲击及吸收压力脉动等。

一、蓄能器的类型及结构

蓄能器有重力式、弹簧式和充气式三种类型,常用的是充气式蓄能器,如图 6.1 所示。充气式蓄能器又分为活塞式、气囊式和隔膜式三种,这里介绍最常用的活塞式蓄能器和气囊式蓄能器。

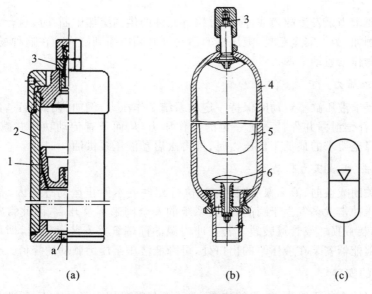

图 6.1 充气式蓄能器
(a)活塞式蓄能器;(b)气囊式蓄能器;(c)图形符号
1—活塞;2—缸筒;3—充气阀;4—壳体;5—气囊;6—限位阀

1. 活塞式蓄能器

图 6.1(a)所示为活塞式蓄能器的结构原理图,它由活塞 1、缸筒 2 和充气阀 3 组成。这种蓄能器由活塞将油液和气体分开,气体由充气阀 3 充入,油液经油孔 a 与系统连通。其优点是,气体不易混入油液中、油不易氧化、系统工作平稳、结构简单、工作可靠、安装容易、维护方便、寿命长;缺点是,活塞惯性大、有摩擦力、反应不够灵敏。活塞式蓄能器主要用于储能,不适于吸收压力脉动和压力冲击。

2. 气囊式蓄能器

图 6.1(b)所示为气囊式蓄能器的结构原理图,它由充气阀 3、壳体 4、气囊 5 和限位阀 6 组成。这种蓄能器是在高压容器内装入一个由耐油橡胶制成的气囊,气囊内充气(一般为氮气),气囊外储油,气囊 5 与充气阀 3 一起压制为一体。壳体 4 下端有限位阀 6,它能使油液通过阀口进入蓄能器,又能防止当油液全部排出时气囊膨胀出容器之外。气囊式蓄能器的优点是,气囊惯性小、反应灵敏、容易维护;缺点是,气囊及壳体制造困难。

图 6.1(c)所示为充气式蓄能器的图形符号。

二、蓄能器的作用及安装

1. 蓄能器的作用

蓄能器的作用主要有以下几方面。

1）积蓄能量

对于间歇负荷,如系统在短时间内需要大量的压力油,以满足执行机构快速运动的要求,而用量又超过液压泵的流量时,可采用蓄能器。当系统在小流量工作状态时,液压泵将多余的压力油储存在蓄能器内,以便系统在大流量状态时,同液压泵一起给系统供油。这种液压系统可采用小流量的液压泵,减少了电动机功率的消耗,降低了系统温升。

2）作紧急动力源

有的系统要求当泵发生故障或停电(对执行元件的供油突然中断)时,执行元件能继续完成必要的动作。例如,为了安全起见,液压缸的活塞杆必须内缩到缸内。在这种场合下,需要有适当容量的蓄能器作紧急动力源。

3）保持系统压力

有的系统要求液压缸不运动时保持一定的系统工作压力,例如,夹紧装置,此时可使液压泵卸荷,由蓄能器补偿泄漏并保持系统一定的工作压力,从而节省传动功率并减少系统的发热。当蓄能器压力降至要求的最低工作压力时,可再次启动液压泵供油。

4）缓和冲击、吸收压力脉动

阀门突然关闭或换向、液压泵突然停车、执行元件突然停止运动等原因,都会产生液压冲击。因这类液压冲击大多发生于瞬间,液压系统的安全阀来不及开启,因此常常造成液压系统中的仪表、密封装置损坏或管道破裂。若在冲击源的前端管路安装蓄能器,即可吸收或缓和这种冲击。若将蓄能器安装在液压泵的出口处,可降低液压泵压力脉动的峰值。

2. 蓄能器的安装

蓄能器应安装在便于检查、维修的位置,并远离热源。用于降低噪声、吸收压力脉动和压力冲击的蓄能器,应尽可能靠近振源。必须将蓄能器牢固地固定在托架或地基上,防止蓄能器从固定部位脱开而发生飞起伤人事故。气囊式蓄能器应油口向下、充气阀向上竖直放置。蓄能器与液压泵之间应装设单向阀,防止液压泵卸荷或停止工作时,蓄能器中的压力油倒灌。蓄能器与系统之间应装设截止阀,供充气、检查、维修蓄能器或长时间停机时使用。

6.2 过 滤 器

液压系统的 75% 以上的故障是由于油液污染造成的,而油液在使用中不可避免地存在污染,所以液压系统必须使用过滤器来去除油中杂质,维护油液清洁,防止油液污染,保证系统正常工作。

一、过滤器的主要性能指标

过滤器的主要性能指标有过滤精度、压降特性、纳垢容量、过滤能力、工作压力和温度等。

1. 过滤精度

过滤精度是指过滤器能够过滤杂质颗粒直径 d 的大小。一般过滤器的过滤精度可分为四级：粗过滤($d>100$ μm)、普通过滤($d=10\sim100$ μm)、精过滤($d=5\sim10$ μm)、特精过滤($d=1\sim5$ μm)。

不同的液压系统有不同的过滤精度要求，一般要求工作液体中的杂质颗粒尺寸应小于元件运动副间隙的一半，通常高压元件的运动副相对要小一些，所以过滤精度相对要求高。各种液压系统的过滤精度要求可参照表 6.1 选择。

表 6.1　各种液压系统的过滤精度要求

系统类别	润滑系统	传动系统			伺服系统
工作压力 p/MPa	$0\sim2.5$	<14	$14\sim32$	>32	$\leqslant21$
过滤精度 d/μm	$\leqslant100$	$25\sim30$	$\leqslant25$	$\leqslant10$	$\leqslant5$

2. 压降特性

压降特性是指液压油通过过滤器滤芯时，随滤芯不同而产生的压力损失不同的性质。滤芯的精度越高，所产生的压降越大，滤芯的有效过滤面积越大，其压降就越小。

3. 纳垢容量

纳垢容量是指过滤器在压力下降达到规定值以前，可以滤除并容纳的污垢数量。纳垢容量越大，过滤器的使用使命越长。

4. 过滤能力

过滤能力是指在一定压差下允许通过滤器的最大流量，一般用过滤器的有效面积（滤芯上能通过油液的总面积）来表示。

5. 工作压力和温度

过滤器在工作时，要保证在油液压力的作用下滤芯不被破坏。在系统的工作温度下，过滤器要有较好的抗腐蚀性，工作机能要稳定。

二、过滤器的类型及结构

按滤芯材料和结构，过滤器可分为网式、线隙式、纸芯式、烧结式和磁性式等类型。

1. 网式过滤器

图 6.2 所示为网式过滤器，它用 $1\sim2$ 层细铜丝网 1 作为过滤材料，包在周围开有很多窗孔的塑料或金属筒形芯架 2 上。它的特点是结构简单、通流能力大、压力损失小（$0.01\sim0.025$ MPa）、清洗方便，但过滤精度较低（$80\sim180$ μm）。多用在液压泵吸油口处，保护泵不受大粒度机械杂质损坏。

2. 线隙式过滤器

如图 6.3 所示为线隙式过滤器，它由壳体 1、滤芯 2 和芯架 3 组成。滤芯是由铜钱或铝线绕在筒形芯架上形成的。这种过滤器利用线间的缝隙进行过滤，结构简单，过滤精度一般为 $30\sim100$ μm，压力损失为 $0.03\sim0.06$ MPa，但滤芯强度低，不易清洗，常用在回油低压管路或泵吸油口。

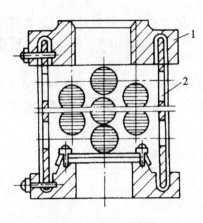
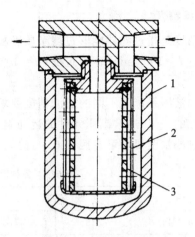

图 6.2 网式过滤器
1—铜丝网；2—芯架

图 6.3 线隙式过滤器
1—壳体；2—滤芯；3—芯架

3. 纸芯式过滤器

如图 6.4 所示为纸芯式过滤器，作折叠形以增加过滤面积的微孔纸芯 1 包在由铁皮制成的芯架 2 上，油液从外进入纸芯 1 后流出。过滤精度一般为 5~30 μm，压力损失为 0.05~0.12 MPa，常用于对油液要求较高的场合。纸芯式过滤器过滤效果好，但滤芯堵塞后无法清洗，要更换滤芯。

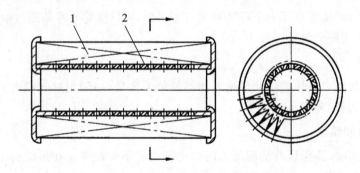

图 6.4 纸芯式过滤器
1—纸芯；2—芯架

4. 烧结式过滤器

图 6.5 所示为烧结式过滤器，它的滤芯是用颗粒状青铜粉烧结而成的。油液从左侧油孔进入，经杯状滤芯过滤后，从下部油孔流出。它的过滤精度为 10~100 μm，压力损失为 0.03~0.2 MPa，多用在回油路上。烧结式过滤器制造简单，耐腐蚀，强度高，但金属颗粒有时脱落，堵塞后清洗困难。

5. 磁性式过滤器

图 6.6 所示为磁性式过滤器，它由铁环 1、非磁性罩 2 和永久磁铁 3 组成。油液从进油口进入，通过非磁性罩和永久磁铁组成的滤芯时，能磁化的杂质被吸附在铁环上，起到过滤作用，油液从下部的出油口排出。磁性式过滤器适用于经常加工铸铁的机床液压系统。其缺点是，维护较为复杂。磁性滤芯常与其他过滤材料（如滤纸、烧结青铜）组合，可形成具有复合式滤芯的过滤器，如纸质-磁性过滤器、磁性烧结式过滤器等，以满足实际生产的需要。

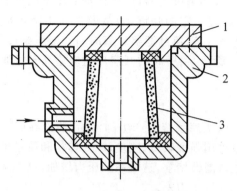

图 6.5 烧结式过滤器
1—端盖；2—壳体；3—滤芯

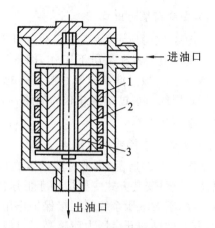

图 6.6 磁性式过滤器
1—铁环；2—非磁性罩；3—永久磁铁

三、过滤器的选用与安装

1. 过滤器的选用

选用过滤器应考虑以下五个方面的要求。

（1）应满足系统要求。过滤精度以滤去杂质颗粒的大小来衡量。

（2）要有足够的通油能力。通流能力指在一定压力降下允许通过过滤器的最大流量，应结合过滤器在系统中的安装位置选取。

（3）要有一定的力学强度，不因液压力而破坏。

（4）清洗更换要方便。

（5）要考虑一些特殊要求，如抗腐蚀、磁性、不停机更换滤芯等。

2. 过滤器的安装

1）安装在泵的吸油口

如图 6.7(a)所示，一般将粗过滤器装在液压泵的吸油管路上，用于保护泵免遭较大颗粒杂质的直接伤害。为了不影响液压泵的吸油能力，安装在液压泵吸油口的过滤器的通油能力应是液压泵流量的 2 倍。

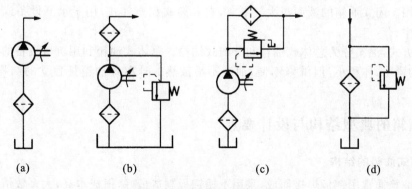

图 6.7 过滤器的安装位置

2) 安装在泵的出口

如图 6.7(b)所示,液压泵压油口可安装各种形式的精过滤器,用于保护液压泵以外的其他元件。由于过滤器在高压下工作,因此要求过滤器有一定的强度,过滤器的压力降不应超过 0.35 MPa。一般过滤器安装在溢流阀的分支油路之后,以免过滤器堵塞时引起液压泵过载;或者采用顺序阀与精过滤器并联的油路,如图 6.7(c)所示,顺序阀的开启压力应略高于过滤器所允许的最大压力差。

3) 安装在系统的回油路上

如图 6.7(d)所示,可把过滤器装在回油路上,以滤掉系统中产生的污垢,油液在回油箱前先过滤。这种安装方式主要应用于低压回路上,故可用强度较低、刚度较小、体积和质量也较小的过滤器,它对液压系统起间接保护作用。为防止过滤器堵塞,造成系统压力增加,也要并联安全阀,并且此阀的开启压力应略高于过滤器的最大允许压力差。

4) 安装在系统的支路上

当泵的流量较大时,为避免选用过大的过滤器,可在支路上安装小规格的过滤器。

5) 安装在独立的过滤系统中

这是将过滤器和泵组成一个独立于液压系统之外的过滤回路。它的作用就是不断净化系统中的油液。

6.3 油 箱

一、油箱的作用与类型

1. 油箱的作用

(1) 储存系统所需的足够油液。
(2) 散发油液中的热量,逸出溶解在油液中的空气。
(3) 沉淀油液中的污物。
(4) 对中小型液压系统,油箱顶板还用于安装泵装置及一些液压元件。

2. 油箱的类型

按液面是否与大气相通,油箱分为开式油箱和闭式油箱。开式油箱与大气相通,在液压系统中广泛应用。闭式油箱的液面与大气隔离,有隔离式和充气式,用于水下设备或气压不稳定的高空设备中。

按布置方式,油箱分为总体式油箱和分离式油箱。总体式油箱利用机械设备的机体空腔作为油箱,结构紧凑,体积小,但维修不便,油液不易散热。分离式油箱是独立的结构,使用最为广泛。

二、油箱的典型结构与设计要点

1. 分离式油箱的结构

分离式油箱通常用钢板焊接而成,采用不锈钢板制造最好,但成本高,大多数情况下采用镀锌钢板或内涂防锈的耐油涂料的普通钢板制造。如图 6.8 所示是分离式油箱的典型结构图,吸油管 1 和回油管 4,中间有两个隔板 7 和 9,隔板 7 用来阻挡沉淀污物进入吸油管,隔板 9 用来阻挡泡沫进入吸油管,可以打开放油塞将污物排出,空气过滤器 3 安装在回油管一侧的上部,兼有加油和通气的作用,6 是液位指示器,当彻底清洗油箱时可将顶盖 5 卸开。

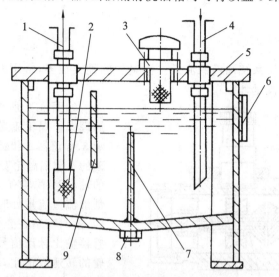

图 6.8　油箱的典型结构

1—吸油管;2—网式过滤器;3—空气过滤器;4—回油管;5—顶盖;
6—液位指示器;7、9—隔板;8—放油塞

2. 油箱容积的确定

油箱要有足够的有效容积。油箱的有效容积(液面高度为油箱高度 80% 时的容积)应根据液压系统发热、散热平衡的原则来计算,但这只是在系统负载较大、长期连续工作时才有必要进行计算,一般只需按液压泵的额定流量来估算即可。一般低压系统油箱的有效容积为液压泵每分钟排油量的 2~4 倍,中压系统的为 5~7 倍,高压系统的为 10~12 倍。若油箱容积受限制,不能满足散热要求时,需要装冷却装置。

3. 设计要点

(1) 油箱要有足够的强度和刚度,油箱一般用 2.5~4 mm 的钢板焊接而成,形状多为正方体或长方体。尺寸大的油箱要加焊角板、加强筋以增加刚度。油箱底脚高度应在 150 mm 以上,以便散热、搬移和放油。

(2) 吸、回油管应尽量相距远一些,吸、回油管之间要用隔板隔开,以增大油液循环的路程,使油液有足够的时间分离气泡和沉淀污物。隔板的高度为箱内油面高度的 3/4。吸油管入口处装粗过滤器,过滤器和回油管下端在油面最低时也应没入油中,防止吸油时吸入空气和回油时油液冲入油箱搅动油面,回油管下端应斜切 45°,以增大通流面积,回油管斜切口应面向箱壁,管端与箱底、箱壁间距应大于管径的 3 倍,过滤器距箱底不应小于 20 mm。

(3) 防止油液污染。油箱上各盖板、管口处都要妥善密封,以防外部污染物的入侵。注油器上要加滤油网。为防止油管出现负压面,设置的通气孔上须装空气过滤器。

(4) 易于散热和维护保养。油箱底面应略带倾斜,在最底部位置设置放油口,以利于排放油污;箱体侧壁应设置液位计,箱内各处应便于清洗。

(5) 油箱要进行油温控制,油箱正常工作温度应在 15~68 ℃,必要时应设温度计和热交换器。

(6) 油箱内壁要加工,新油箱经喷丸、酸洗和表面清洗后,四壁可涂与工作液相溶的防锈涂料。

6.4 流量计、压力表及压力表开关

一、流量计

流量计用来测量液压系统油液的流量。流量计的种类很多,常用的有涡轮流量计、椭圆齿轮流量计和电远传浮子流量计。

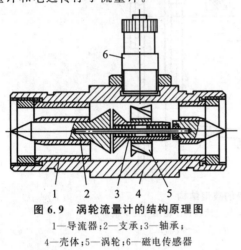

图6.9 涡轮流量计的结构原理图
1—导流器;2—支承;3—轴承;
4—壳体;5—涡轮;6—磁电传感器

如图6.9所示为涡轮流量计的结构原理图。涡轮流量计由涡轮5、壳体4、轴承3、导流器1和磁电传感器6等组成。导磁的不锈钢涡轮安装在不导磁的壳体中心的轴承上,涡轮有4~8片螺旋形叶片。当油液流过流量计时,涡轮以一定的转速旋转,这时安装在壳体外的非接触式磁电传感器输出脉动信号,脉动信号的频率与涡轮的转速成正比,即与通过的油液流量成正比,由此可以测定油液的流量。涡轮流量计能承受的最大工作压力为25 MPa,压力损失为0.25 MPa,有多种规格可供选用。

二、压力表

液压系统中的压力是用压力表来测量的。压力表的种类很多,最常用的是弹簧管式压力表,如图6.10(a)所示。被测点的压力油通过弹簧弯管3的开口端进入弹簧弯管,在油压力作用下,弹簧弯管变形使其曲率半径加大,封闭端的位移通过杠杆4使扇形齿轮5摆动,带动小齿轮6回转,从而带动指针2转动,这时即可由刻度盘1读出压力值。图6.10(b)所示为压力表的图形符号。

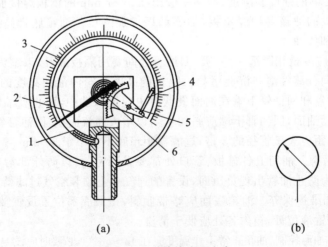

图6.10 弹簧管式压力表
(a)外形图;(b)图形符号
1—刻度盘;2—指针;3—弹簧弯管;4—杠杆;5—扇形齿轮;6—小齿轮

压力表有多种精度等级。普通的精度等级有 1、1.5、2.5…，精密型的等级有 0.1、0.16、0.25，…。精度等级的数值是压力表最大误差占量程（压力表的测量范围）的百分数。一般机床上的压力表有 2.5～4 级精度即可。

用压力表测量压力时，被测压力不应超过压力表量程的 3/4。压力表必须直立安装，压力表接入压力管道时，应通过阻尼小孔，以防止被测点压力突然升高而将压力表冲坏。

三、压力表开关

在压力油路与压力表之间须安装一个压力表开关。压力表开关为一个小型的截止阀，用于接通或断开压力油路与压力表的通道。压力表开关有一点式、三点式、六点式等类型。多点压力表开关能使压力表与几个被测油路相连通，因此用一个压力表可测多个被测点的压力。

图 6.11 所示为六点式压力表开关，图示位置为非测量位置，此时的压力表油路通过槽沟 a、小孔 b 与油箱连通。将手柄向右推动，带动开关阀芯向右移动，槽沟 a 把压力表油路与被测量点的油路连通，并把压力表油路与通往油箱的油路断开，这时压力表就可能测量出被测点的压力。由于在外壳上沿着圆周方向布置了六个通口，分别通往六个被测量点，因此将手柄推到别一被测点位置，带动开关阀芯转动，通过槽沟 a 将该被测点连通，就可测出该点相应的压力，压力表开关中的过油通道很小，可以防止表针的剧烈摆动。

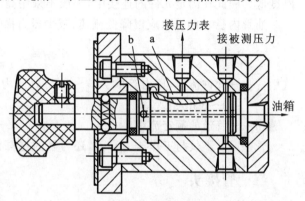

图 6.11 六点式压力表开关

在液压系统进入正常的工作状态后，应将手柄拉出，使压力表油路与系统油路断开，以保护压力表并延长其使用寿命。

◀ 6.5 油管和管接头 ▶

油管和管接头是用来连接液压元件、保证液压油的循环流动和能量传递的连接件。对它们的基本要求是，能量损失小、有足够的强度、密封性能好和装拆使用方便。

一、油管

常用油管分为硬管和软管两大类。

1. 硬管

硬管用于连接无相对运动的液压元件，常用的硬管有无缝钢管和紫铜管。

无缝钢管承受压力高，价格便宜，但装配时弯曲困难，主要用于中、高压系统。无缝钢管有冷拔管和热轧管两种。冷拔管几何尺寸准确，质地均匀，易于卡套式管接头配合。压力管常用 10 号和 15 号冷拔无缝钢管，其中 10 号用于压力小于 8 MPa 的场合，15 号用于压力大于 8 MPa 的场合。

紫铜管弯曲容易，装配方便，而且管壁光滑，摩擦阻力小，但耐压能力低（不超过 10 MPa），其抗振能力也比较弱，价格较贵，在高温工作时油液容易氧化变质。紫铜管主要用于中、低压系统,机床中应用较多,常用扩口管接头连接。

2. 软管

软管主要用于连接有相对运动的液压元件,通常为耐油橡胶管,它可分为高压胶管和低压胶管两种。

高压胶管由内胶层、钢丝编织层、中间胶层和外胶层组成。常用高压软管的钢丝编织层有单层和双层之分,有多种通径规格,单层软管可承受 6～20 MPa 的压力,双层软管可承受 11～60 MPa 的压力。低压胶管由夹有帆布层的耐油橡胶制成,适用于压力小于 1.5 MPa 的低压管路。

软管装配方便,能吸收液压系统的冲击和振动,但高压软管制造工艺复杂,寿命短,成本高,刚度低。因此在固定元件的连接中,一般不采用高压软管。

油管内径 d 的选取应以降低流速、减少压力损失为前提。油管的内径计算公式为

$$d = 2\sqrt{\frac{q}{\pi v}} \tag{6.1}$$

式中:v——允许流速,压力管取 2.5～5 m/s(压力高、流量大、管道短时取大值),其他管道取 1～3 m/s;

q——管道的额定流量。

管壁厚 δ 不仅与工作压力有关,还与管的材料有关,实用时可查相应手册。

二、管接头

管接头是油管与油管、油管与液压元件间的可拆卸的连接件。管接头的品种、规格较多,常用的有以下几种。

1. 金属管的管接头

1) 焊接式管接头

焊接式管接头的结构如图 6.12 所示,它由接头体、螺母和接管等组成。连接时,将管接头的接管 1 与被连接管焊接在一起,接头体 3 用螺纹固定在液压元件上,用螺母 2 将接管和接头体相连接。在接触面上,有多种密封形式,图 6.12(a)所示为采用密封圈密封的结构,图 6.12(b)所示为依靠球面与锥面的环形接触线实现密封的结构。

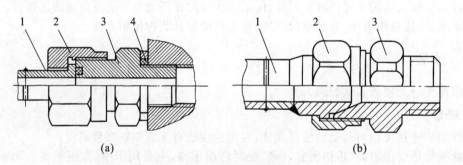

图 6.12 焊接式管接头
1—接管;2—螺母;3—接头体;4—密封圈

2) 卡套式管接头

卡套式管接头的种类很多,但基本原理相同,其结构如图 6.13(a)所示。它由接头体 1、压紧

螺母 2 和卡套 3 三个基本零件组成,利用卡套的变形卡住油管并进行密封。卡套的形状如图 6.13(b)所示,多用 10 号钢经表面渗氮或液体碳氮共渗处理制成。图 6.13(c)所示的是图 6.13(a)所示的局部放大图。

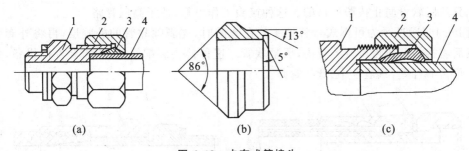

图 6.13　卡套式管接头
1—接头体;2—压紧螺母;3—卡套;4—液压油管

卡套式管接头工作比较可靠,拆装方便,其工作压力可达 32 MPa。它的缺点是,卡套的制造工艺要求高,对连接的油管外径的几何尺寸精度要求也高。

3) 扩口式管接头

扩口式管接头的结构如图 6.14 所示,将油管 2 一端扩成喇叭口(74°~90°),再用螺母 3 将套管 4 连同油管 2 一起压紧在接头体 1 上形成密封。扩口式管接头结构简单,制造安装方便,适于紫铜管和薄壁钢管的连接,也可用来连接尼龙管和塑料管,工作压力一般不超过 8 MPa。

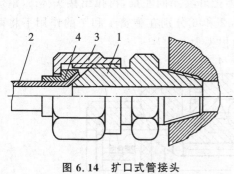 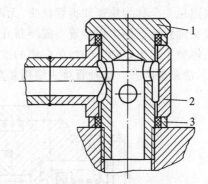

图 6.14　扩口式管接头　　　　　图 6.15　铰接式管接头
1—接头体;2—油管;3—螺母;4—套管　　1—连接螺栓;2—接头体;3—密封圈

4) 铰接式管接头

铰接式管接头的结构如图 6.15 所示,主要用于液流成直角的连接,如泵、马达和油缸的油口。铰接式管接头的接头体 2 两侧各用一个组合密封圈 3 密封,再由一中空并且有径向孔的连接螺栓 1 固定在液压元件上,接头体与管路可采用焊接式或卡套式连接。这种管接头的使用压力可达 32 MPa。

2. 软管的管接头

软管的管接头用接头外套将软管与接头芯管连成一体,然后再用接头芯管与液压元件或其他油管相连接。

1) 螺纹连接的软管接头

这类管接头利用螺纹将接头芯管与液压元件或其他油管相连接,而软管与接头体之间的连接有扣压式和可拆式两种。

如图6.16(a)所示为扣压式软管接头。在装配时,先将与外套配合处的软管外胶层剥除,再将接头芯管插入软管内,外套通过扣压机加压收缩使软管陷入接头芯管与外套间的环形槽中,以达到压紧软管防止拔脱的目的。这种接头工作可靠,适于高压管路。

如图6.16(b)所示为可拆式软管接头。在装配时,先剥除软管的外胶层,再将外套装在软管上,然后将接头芯管慢慢旋入管内,压紧软管。这种接头装配简单,不需要专门设备,装配后可拆开,但可靠性差,只适于中、低压管路。

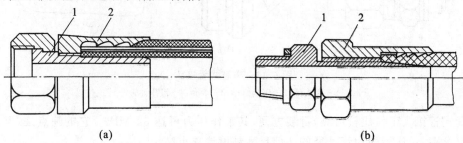

图6.16 螺纹连接的软管接头
(a)扣压式;(b)可拆式
1—接头芯管;2—外套

2) 快速接头

快速接头全称为快速装拆管接头,无需装拆工具,适用于经常装拆的场合。图6.17所示为快速接头油路接通的工作位置。需要断开时,用力把外套4向左推,再拉出接头体5,钢球3即从接头体槽中退出,与此同时,单向阀的锥形阀芯2和6分别在弹簧1和7的作用下将两个阀口关闭,油路即断开。这种管接头结构复杂,压力损失大。

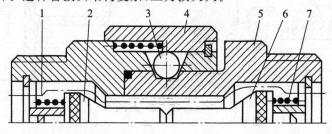

图6.17 快速接头
1,7—弹簧;2,6—阀芯;3—钢球;4—外套;5—接头体

◀ 6.6 密封装置 ▶

密封装置主要用来防止液压元件和液压系统中液压油的内漏和外漏,保证建立起必要的工作压力。设计和选用密封装置的基本要求是,具有良好的密封性能,并能随着压力的增加自动提高其密封性能,摩擦阻力小,密封件的耐油性、耐磨性好,使用寿命长,使用的温度范围广,制造简单,装拆方便。常见的密封方法有间隙密封和密封圈密封。

一、间隙密封

间隙密封如图 6.18 所示,它是利用运动副间的配合间隙起密封作用的。图中活塞外圆上开有若干个环形槽,其目的主要是使活塞四周都有压力油的作用,这有利于活塞的对中以减小活塞移动摩擦力。为了减小泄漏,相对运动部件间的配合间隙必须足够小,但不能妨碍相对运动的进行,故对配合面的加工精度和表面粗糙度提出了较高的要求。合理的配合间隙(0.02~0.05 mm)可使这种密封形式的摩擦力较小且泄漏也不大。这种密封形式主要用于速度较高、压力较小、尺寸较小的液压缸与活塞配合处,此外也广泛用于各种泵、阀的柱塞配合中。

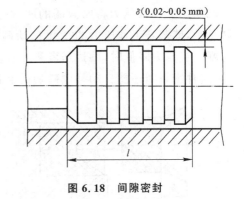

图 6.18 间隙密封

二、密封圈密封

密封圈密封是液压系统中应用最广泛的一种密封方法,它通过密封圈本身受压变形来实现密封。密封圈有 O 形、Y 形、V 形及组合形式等类型,其材料为耐油橡胶、尼龙等。

1. O 形密封圈

O 形密封圈一般用耐油橡胶制成,其横截面呈圆形,如图 6.19(a)所示。它具有良好的密封性能,结构紧凑,运动件的摩擦阻力小,制造容易,装拆方便,成本低,安装沟槽尺寸小,使用非常方便。其使用工作压力为 0~30 MPa,工作温度为 -40~120 ℃。它应用比较广泛,可用于直线往复运动和回转运动的密封,也可用于无相对运动的静密封;可用于外径密封、内径密封及端面密封。图 6.20 所示为 O 形密封圈在液压缸密封中的应用,图中 a 表示动密封,b 表示静密封。

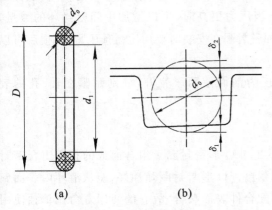

图 6.19 O 形密封圈

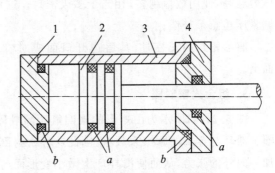

图 6.20 O 形密封圈的应用
1—后盖;2—活塞;3—缸体;4—前盖

O 形密封圈安装时要有合理的预压缩量 δ_1 和 δ_2,如图 6.19(b)所示。它在沟槽中受到油压力作用而变形,会紧贴槽侧及配合偶件的壁,因此其密封性能可随压力的增加而提高。O 形密封圈及其安装沟槽的尺寸均已标准化,根据需要由液压设计手册中查取。

使用 O 形圈时,若工作压力大于 10 MPa,则需在密封圈低压侧设置聚四氟乙烯或尼龙制成的挡圈;若其双向受高压,则需在其两侧加挡圈,以防止密封圈挤入间隙中而损坏。

2. 唇形密封圈

唇形密封圈根据截面的形状可分为 Y 形、V 形、U 形和 L 形等类型。其工作原理如图 6.21 所示。油液压力将密封圈的两唇边压向形成间隙的两个零件的表面。这种密封作用的特点是,能随着工作压力的变化自动调整密封性能,压力越高则唇边被压得越紧,密封性能越好。当压力降低时,唇边压紧程度也随之降低,从而减小了摩擦阻力和功率消耗。除此之外,这种密封圈还能自动补偿唇边的磨损,保持密封性能不降低。

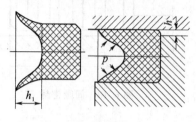

图 6.21 唇形密封圈的工作原理

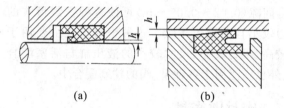

图 6.22 小 Y 形密封圈
(a)轴用密封圈;(b)孔用密封圈

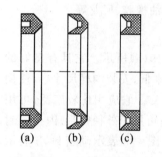

图 6.23 V 形密封圈
(a)支承环;(b)密封环;(c)压环

目前,液压缸中普遍使用如图 6.22 所示的小 Y 形密封圈作为活塞和活塞杆的密封。其中图 6.22(a)所示为轴用密封圈,图 6.22(b)所示为孔用密封圈。这种小 Y 形密封圈的特点是,断面宽度和高度比值大,增加了底部支承宽度,可以避免摩擦力造成的密封圈的翻转和扭曲。

V 形密封圈主要用于高压和超高压情况,最高压力可达 50 MPa。V 形密封圈如图 6.23 所示,它由多层涂胶织物压制而成,通常由支承环、密封环和压环三个圈叠在一起使用,能保证良好的密封性。当压力更高时,可以增加中间密封环的数量,压力越高,使用数量越多,相当于多级密封。这种密封圈在安装时要用压盖预压紧,磨损后可以调紧压盖给予补偿。

唇形密封圈安装时,其唇边开口面应对着压力油而使两唇张开,分别贴紧在轴、孔的表面上。

3. 组合式密封圈

图 6.24(a)所示为由矩形的聚四氟乙烯滑环 2 和 O 形密封圈 1 组合而成的孔用组合密封圈。滑环与金属的摩擦系数小,因此这种密封圈耐磨。O 形密封圈弹性好,能从滑环内表面施加一向外的张力,从而使滑环产生微小变形而与配合件表面贴合,故它的使用寿命比单独使用 O 形密封圈提高很多倍,工作压力可达 40 MPa 以上。这种组合式密封圈主要用于要求启动摩擦力很小、滑动阻力小且动作循环频率很高的场合。

图 6.24(b)所示为由支承环 3 和 O 形密封圈组成的轴用组合密封圈,由于支承环与被密封件之间为线密封,其工作原理类似唇形密封圈的工作原理。支承环采用一种经特别处理的合成材料,其摩擦系数非常小,耐磨性和保形性也非常好,不存在橡胶密封低速时易产生的"爬行"现象,工作压力可达 60 MPa 以上。

4. 回转轴的密封装置

回转轴的密封装置形式很多,图 6.25 所示为一种由耐油橡胶制成的回转轴用密封圈,它的内部有直角形圆环铁骨架支承,密封圈的内边围着一条螺旋弹簧,把内边收紧在轴上来进行密封。这种密封圈主要用于液压泵、液压马达和回转式液压缸的伸出轴的密封,以防止油液漏到壳体外部。它一般适用于油液压力不超过 0.2 MPa、回转轴线速度不超过 5 m/s 且有润滑的场合。

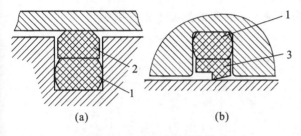

图 6.24　组合式密封装置

(a) 孔用组合密封圈；(b) 轴用组合密封圈
1—O 形密封圈；2—滑环；3—支承环

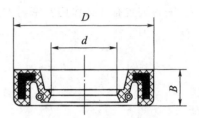

图 6.25　回转轴用密封圈

【模块小结】

(1) 蓄能器具有积蓄能量、作为紧急动力源、保持系统压力、缓和冲击和吸收压力脉动的功用。

(2) 过滤器最主要的性能指标是过滤精度,过滤精度分为四级:粗过滤、普通过滤、精过滤和特精过滤。油泵的吸油口只能安装粗过滤器,油泵的出油口可安装精过滤器或特精过滤器。

(3) 油箱的功用有存储油液、散热、沉淀油中污物和逸出油中气泡。

(4) 常用的油管是无缝钢管和高压胶管,常用的金属管接头是焊接式、卡套式,软管管接头是扣压式软管接头。

(5) 密封圈中使用最多是 O 形密封圈和唇形密封圈。

【思考与练习】

一、填空题

1. 蓄能器是液压系统中储存油液_____的装置,常用的形式是_____。

2. 过滤器的过滤精度分为四级,它们分别是_____过滤器、_____过滤器、_____过滤器和_____过滤器。

3. 液压泵的吸油管路上一般安装_____过滤器,液压泵的压油口可安装_____过滤器。

4. 油箱的作用除了储存油液外,还具有_____、_____和_____的作用。

5. 液压系统中最常用的压力表是_____压力表,用压力表测量压力时,被测压力不应超过压力表量程的_____。

6. 液压系统中,最常用的硬管是_____,最常用的软管是_____。

7. 液压系统中,最常用的金属管接头形式有_____管接头和_____管接头。

8. 密封圈密封是液压系统中应用最广泛的密封方法,密封圈主要有_____、_____、_____及组合形式等数种。

二、问答题
1. 液压辅助元件有哪些类型？各有何作用？
2. 蓄能器有哪些类型？说明充气式蓄能器的工作原理。
3. 过滤器有何作用？通常安装在系统的什么位置上？
4. 油箱有哪些作用？油箱设计要点是什么？
5. 常用油管有哪几种？各适用于什么场合？
6. 常用的管接头有哪几种？各有什么特点？
7. 密封装置有什么作用？密封方式有哪几种？密封圈的类型主要有哪些？

模块 7
液压基本回路

◀ 学习目标

(1) 了解常用的方向控制回路及多缸控制回路。
(2) 掌握常用的速度控制回路的组成及工作原理。
(3) 掌握常用的压力控制回路的组成及工作原理。

　　任何机械设备的液压传动系统都是由液压基本回路组成的。所谓基本回路,就是由相关的液压元件组成,用来完成特定的功能的典型油路。液压基本回路按其在系统中的功能,可分为方向控制回路、速度控制回路、压力控制回路以及多缸控制回路等。

7.1 方向控制回路

在液压系统中,控制执行元件的启动、停止及换向的回路称为方向控制回路。

一、启停回路

在执行元件需要频繁地启动和停止的液压系统中,一般不是采用启动或停止液压泵电动机的方法来使执行元件启、停,因为这对泵、电动机以及电网都是不利的,而是采用启停回路来实现这一功能。

图 7.1(a)所示为用二位二通电磁换向阀来使执行元件停止运动的启停回路。这种回路在切断压力油路时,泵输出的压力油从溢流阀回油箱,消耗功率较大,不经济。图 7.1(b)所示为用二位三通电磁换向阀来使执行元件停止运动的启停回路。这种回路在切断压力油路时,泵输出的压力油从换向阀回油箱,这样泵可以在很低的压力下运转(称为卸荷),功率消耗很小。具有 O 型、Y 型、M 型中位机能的三位四通换向阀也能实现这种功能。

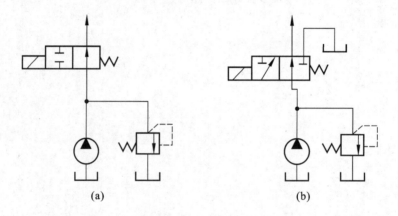

图 7.1 启停回路

三、换向回路

换向回路用于控制液压系统中的油流方向,从而改变执行元件的运动方向。执行元件的换向一般可采用各种换向阀来实现,在容积调速的闭式回路中,可以利用双向变量泵控制油液流动的方向来实现液压缸(或液压马达)的换向。

工程中常采用二位四通、三位四通等电磁换向阀来进行换向。图 7.2 所示是利用限位开关控制三位四通电磁换向阀动作的换向回路。

按下启动按钮,1YA 通电,阀左位工作,液压缸左腔进油,活塞右移;当触动行程开关 2ST 时,1YA 断电,2YA 通电,阀右位工作,液压缸右腔进油,活塞左移;当触动行程开关 1ST 时,2YA 断电,1YA 通电,阀又左位工作,液压缸又左腔进油,活塞又向右移。这样往复变换换向阀的工作位置,就可自动改变活塞的移动方向。1YA 和 2YA 都断电,活塞停止运动。

电磁换向阀组成的换向回路操作方便,易于实现自动化,但换向时间较短,故换向冲击大,一般不宜用于频繁换向的场合,只适用于小流量、平稳性要求不高的场合。

对换向精度与平稳性有一定要求的场合,常采用电液换向阀或机液换向阀组成的换向回路。

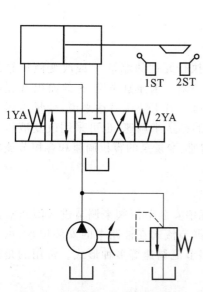
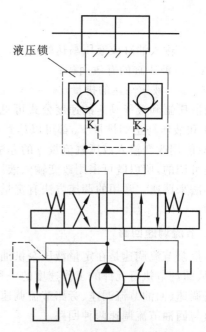

图 7.2 电磁换向阀换向回路　　　　图 7.3 液控单向阀锁紧回路

三、锁紧回路

锁紧回路的作用是防止液压缸在停止运动时因外界因素而发生位置移动。利用三位换向阀的 O 型或 M 型中位机能都能实现对液压缸的锁紧,但由于滑阀式换向阀不可避免地存在泄漏,这种锁紧方法不够可靠。最常用的是采用液控单向阀来实现锁紧。

图 7.3 所示为采用液控单向阀组成的锁紧回路。液压缸的两个油口处各装有一个液控单向阀,当换向阀处于左位或右位工作时,液控单向阀控制口 K_1 和 K_2 通入压力油,缸的回油便可反向通过单向阀口,此时活塞可以向右或向左移动;当换向阀处于中位时,因阀的中位机能为 H 型,两个液控单向阀的控制油直接通油箱,故控制压力立即消失,液控单向阀不再反向导通,液压缸因两腔油液封闭而被锁紧。由于液控单向阀的反向密封性很好,因此锁紧可靠。

◀ 7.2　速度控制回路 ▶

用来控制执行元件运动速度的回路称为速度控制回路。速度控制回路包括调速回路、增速回路和速度换接回路等。

一、调速回路

在液压系统中,执行元件有液压缸和液压马达两种。当不考虑液压油的压缩性和泄漏的影响时,液压缸的速度为

$$v = \frac{q}{A}$$

液压马达的速度为

$$n_M = \frac{q}{V_M}$$

式中：q——输入油缸或液压马达的流量；
A——液压缸的有效面积；
V_M——液压马达的排量。

由液压缸和液压马达的速度公式可见，改变输入执行元件的流量 q，或改变液压缸的有效面积 A 和液压马达的排量 V_M 都可以达到调速的目的。对于液压缸来说，有效面积 A 是不能改变的，只能用改变输入液压缸流量 q 的办法来实现调速。对于液压马达来说，变量液压马达的排量是可调的，所以既可采用改变输入液压马达流量的办法来调速，也可采用改变液压马达排量的办法来调速。常用的调速方法有定量泵的节流调速、变量泵的容积调速和容积节流复合调速三种。

1. 节流调速回路

定量泵节流调速是在定量液压泵供油的液压系统中安装节流阀来调节进入液压缸的油液流量，从而调节执行元件的工作速度的一种方法。根据节流阀在油路中的安装位置，可分为进油节流调速、回油节流调速、旁路节流调速和进回油路节流调速等多种形式。常用的是进油节流调速与回油节流调速两种回路。

1）进油节流调速回路

进油节流调速回路如图 7.4(a)所示。节流阀串接在液压缸的进油路上，泵的供油压力由溢流阀调定。调节节流阀阀口的面积，便可改变进入液压缸的流量，即可调节液压缸的运动速度。泵的多余流量经溢流阀流回油箱。

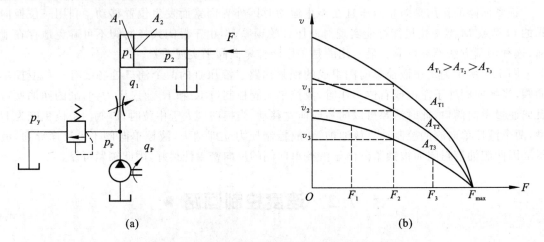

图 7.4 进油节流调速回路及其速度负载特性曲线

(1) 速度负载特性。

缸稳定工作时，其受力平衡方程式为

$$p_1 A_1 = F + p_2 A_2$$

式中：p_1、p_2——液压缸进油腔压力和回油腔压力，由于回油腔通油箱，p_2 可视为零；
F、A（A_1 或 A_2）——缸的负载和活塞的有效面积。

所以

$$p_1 = \frac{F}{A}$$

节流阀前后的压力差为

$$\Delta p = p_P - p_1 = p_P - \frac{F}{A}$$

式中：p_P——液压泵供油压力。

由小孔流量公式可知，液压缸的运动速度为

$$v = \frac{KA_T}{A}\left(p_P - \frac{F}{A}\right)^m \tag{7.1}$$

式中：K——节流阀阀口形状系数；

A_T——节流阀通流面积；

m——节流阀阀口形状指数。

式(7.1)为进油节流调速回路的速度负载特性方程。由式(7.1)可知，液压缸的速度与节流阀通流面积 A_T 成正比，调节 A_T 可实现无级调速，且调速范围较大，在 A_T 调定后，速度随负载的增大而减小。

若以 F 为横坐标，以 v 为纵坐标，A_T 为参变量，可由式(7.1)绘出其负载特性曲线，如图7.4(b)所示。速度 v 随负载 F 变化而变化的程度称为速度刚性，表现在速度负载特性曲线的低斜率上。特性曲线上某点处的斜率越小，速度刚性就越大，表明回路在该处速度受负载变化的影响就越小，即该点速度稳定性好。

(2) 最大承载力。

由负载特性曲线可以看出，当液压缸的速度为零时，液压缸的负载为最大。液压缸最大承载能力可由式(7.1)求得，即

$$F_{\max} = p_P A \tag{7.2}$$

(3) 功率和效率。

液压泵的输出功率为

$$P_P = p_P q_P = 常数$$

液压缸的输出功率为

$$P_1 = p_1 q_1$$

回路的功率损失为

$$\Delta P = P_P - P_1 = p_P q_P - p_1 q_1 = p_P \Delta q + \Delta p q \tag{7.3}$$

式中：Δq——溢流阀溢流量。

由式(7.3)可知，这种调速回路的功率损失由两部分组成，即由溢流损失 $p_P \Delta q$ 和节流损失 $\Delta p q$ 组成。

由以上分析可知，进油节流调速回路适用于轻载、低速、负载变化不大和对速度要求不高的小功率液压系统。

2) 回油节流调速回路

回油节流调速回路如图7.5所示。它将节流阀放置在回油路上，用它来控制从液压缸回油腔流出的流量，也就控制了液压缸的流量，达到调速的目的。

用同样的办法可以推出，回油节流调速回路的速度负载特性、最大承载力和功率特性与进油节流调速回路的完全相同，这里就不再重复了。但回油节流调速回路有两个

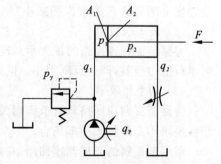

图 7.5 回油节流调速回路

明显的优点:一是节流阀装在回油路上,回油路上有较大的背压,因此在外界负载变化时可起缓冲作用,运动的平稳性比进油节流调速回路的要好;二是回油节流调速回路中,经节流阀后压力损耗而发热,导致温度升高的油液直接流回油箱,容易散热。

3) 旁路节流调速回路

旁路节流调速回路如图 7.6(a)所示,它将节流阀安装在与液压缸并联的支路上,用它来调节流回油箱的流量,以控制进入液压缸的流量来达到调速的目的。回路中的溢流阀起安全作用,泵的工作压力不是恒定的,可随负载的变化而发生变化。

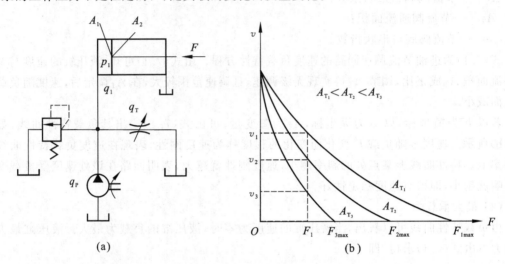

图 7.6 旁路节流调速回路及其速度负载特性曲线

(1) 速度负载特性。

旁路节流调速回路的速度负载特性方程为

$$v=\frac{q_1}{A}=\frac{q_{PT}-K_1\left(\frac{F}{A}\right)-KA_T\left(\frac{F}{A}\right)}{A} \tag{7.4}$$

式中: q_{PT}——泵的理论流量;

K_1——泵的泄漏系数;

其余符号含义同前。

由式(7.4)绘出的速度负载曲线如图 7.6(b)所示,由曲线可看出,当负载 F 恒定时,液压缸的运动速度 v 随节流阀开口面积 A_T 的增大而减小,当节流阀开口面积 A_T 调定后,液压缸的运动速度 v 随负载 F 的增大而减小。

(2) 最大承载力。

旁路节流调速回路的最大承载能力随节流阀的开口面积 A_T 的增大而减小,即该回路低速时承载能力很差,调速范围很小。同时该回路的最大承载力还受溢流阀的安全压力值的限制。

(3) 功率和效率。

旁路节流调速回路只有节流损失而无溢流损失,故效率较高,适用于高速、重载且对速度平稳性要求不高的较大功率场合。

采用节流阀的节流调速回路,在负载变化时液压缸运行速度随节流阀进出口压差的变化而变化,故其速度平稳性差。如果用调速阀来代替节流阀,则其速度平稳性将大为改善,但功率损失将会增大。

2. 容积调速回路

容积调速回路是通过改变回路中液压泵或液压马达的排量来实现调速的。其主要优点是功率损失小(没有溢流损失和节流损失)，系统效率高，适用于高速、大功率系统。

按油路循环方式，容积调速回路有开式回路和闭式回路两种。开式回路中，泵从油箱吸油，执行机构的回油直接回到油箱，油箱容积大，油液能得到较充分冷却，但空气和污垢易进入回路。闭式回路中，液压泵将油输出进入执行机构的进油腔，又从执行机构的回油腔吸油。闭式回路结构紧凑，只需很小的补油箱，但冷却条件差。为了补偿工作中油液的泄漏，一般设补油泵，补油泵的流量为主泵流量的 10%～15%，调节压力为 0.3～1 MPa。

容积调速回路通常有三种基本形式：由变量泵和液压缸或定量马达组成的容积调速回路，由定量泵和变量马达组成的容积调速回路，由变量泵和变量马达组成的容积调速回路。

1) 由变量泵和液压缸或定量马达组成的容积调速回路

图 7.7 所示为由变量泵和液压缸组成的开式容积调速回路。回路中的溢流阀作安全阀使用，换向阀用来改变活塞的运动方向，活塞的运动速度是通过改变泵的输出流量来调节的，单向阀在变量泵停止工作时可以防止系统中油液倒流和空气侵入。

图 7.8 所示为由变量泵和定量马达组成的闭式容积调速回路。在回路中，为补充回路中的泄漏设置了补油装置。辅助泵将油箱中经过冷却的油液输入到封闭回路中，同时与油箱相通的溢流阀会溢出定量马达排出的多余油液，从而起到稳定低压管路压力和置换热油作用。由于变量泵的吸油口处具有一定压力，所以可避免空气侵入和出现空穴现象。封闭回路中的高压管路上连接有溢流阀，可起到安全阀作用，以防止系统过载；单向阀在系统停止工作时，可以起到防止封闭回路中的油液倒流和空气侵入的作用。

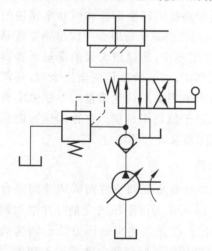
图 7.7 变量泵-液压缸容积调速回路

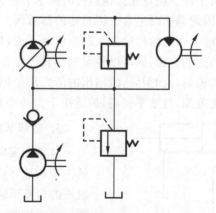
图 7.8 变量泵-定量马达容积调速回路

这种容积调速回路，液压泵的转速和液压马达的排量都为常数，液压泵的供油压力随负载增加而升高，其最高压力由安全阀来限制。液压马达的输出速度和输出的最大功率与变量泵的排量成正比，输出的最大转矩恒定不变，故称这种回路为恒转矩调速回路，由于其排量可调得很小，因此其调速范围较大。

2) 由定量泵和变量马达组成的容积调速回路

图 7.9 所示为由定量泵和变量马达组成的闭式容积调速回路。在这种回路中，液压泵的

转速和排量都为常数,液压泵的最高供油压力同样用溢流阀来限制,液压马达能输出的转矩与变量马达的排量成正比,马达转速与排量成反比,能输出的最大功率恒定不变,故称这种回路为恒功率调速回路。马达的排量因受到拖动负载能力和力学强度的限制而不能调得太大,调速范围较小,且调节起来很不方便,因此这种调速回路目前很少单独使用。

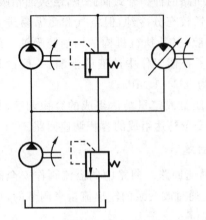

图 7.9 定量泵-变量马达容积调速回路

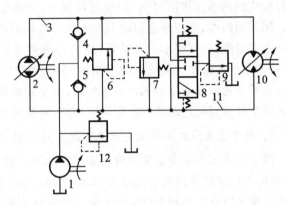

图 7.10 双向变量泵-双向变量马达容积调速回路

3) 由双向变量泵和双向变量马达组成的容积调速回路

图 7.10 所示为由双向变量泵和双向变量马达组成的闭式容积调速回路。调节变量泵和变量马达均可调节液压马达的转速,变量泵 2 可以正反向供油,液压马达 10 便可以正反向旋转。溢流阀 12 的调整压力应略高于溢流阀 9 的调整压力,以保证液动换向阀 8 动作时,回路中的部分热油经溢流阀 9 排回油箱,此时由补油泵 1 向回路输送冷却油液。

双向变量泵和双向变量马达组成的闭式容积调速回路是恒转矩调速和恒功率调速的组合回路。由于许多设备在低速运行时要求有较大的转矩,而在高速运行时希望输出功率能基本保持不变,因此调速时通常先将马达的排量调至最大并固定不变,通过增大泵的排量来提高马达转速,这时马达能输出的最大转矩恒定不变,属恒转矩调速;若泵的排量调至最大后,还需要继续提高马达的转速,则可以使泵的排量固定在最大值,而采用减小马达排量的办法来实现马达转速继续提高,这时马达能输出的最大功率恒定不变,属于恒功率调速。这种调速回路具有较大的调速范围,且效率较高,故适用于大功率和调速范围要求较大的场合。

3. 容积节流调速回路

容积节流调速回路是由变量泵和节流阀或调速阀组合而成的一种调速回路。图 7.11 所示为由限压式变量叶片泵和调速阀组成的容积节流调速回路。变量泵输出的压力油经调速阀进入液压缸工作腔,回油则经背压阀返回油箱。活塞运动速度由调速阀中节流阀的通流面积来控制。变量泵输出的流量 q_P 和进入油缸的流量 q_1 相适应。当 $q_P > q_1$ 时,泵的供油压力 p_P 上升,使限压式变量泵的流量自动减小到 $q_P \approx q_1$;反之,当 $q_P < q_1$ 时,泵的供油压力 p_P 下降,该泵又会自动使 $q_P \approx q_1$。可见调速阀在回路中的作用,不仅是使进入液压缸的流量保持恒定,而且还使泵的供油量和供油压力基本上保持不变,从而使变量泵的输出流量与进入液压缸的流量匹配。

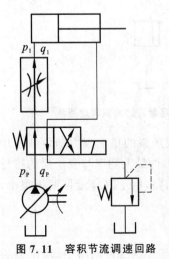

图 7.11 容积节流调速回路

这种容积节流调速回路无溢流损失,效率较高,调速范围大,速度刚性好,一般用于空载时需快速而承载时要稳定的低速的中、小功率液压系统。

二、快速回路

快速回路的功能是使液压缸在空行程时获得尽可能快的运动速度,以提高系统的工作效率。使用最多的快速回路有差动连接快速回路和双泵供油快速回路。

1. 差动连接快速回路

图 7.12 所示为采用单杆活塞缸差动连接的快速回路。它通过二位三通电磁阀形成差动连接。阀 3 和阀 4 在左位工作时,单杆活塞缸差动连接,液压缸作快速运动。当阀 4 通电时,差动连接即被切除,液压缸回油经过调速阀 5,实现慢速工进。阀 3 切换到右位后,液压缸快退。这种快速回路简单易行,但快、慢速换接不够平稳。

2. 双泵供油快速回路

图 7.13 所示为双泵并联供油的快速回路。液压泵 1 为高压小流量泵,其流量应略大于最大工作进给速度所需要的流量,其工作压力由溢流阀 5 调定。泵 2 为低压大流量泵,其流量与泵 1 流量之和应略大于液压系统快速运动所需要的流量,其工作压力应低于液控顺序阀 3 的调定压力。空载时,液压系统的压力低于液控顺序阀的调定压力,阀 3 关闭,泵 2 输出的油液经单向阀 4 与泵 1 输出的油液汇集在一起进入液压缸,从而实现快速运动。当系统工作进给承受负载时,系统压力升高至大于阀 3 的调定压力,阀 3 打开,单向阀 4 关闭,泵 2 的油液经阀 3 流回油箱,泵 2 处于卸荷状态。此时系统仅由泵 1 供油,实现慢速工作进给,其工作压力由阀 5 调节。

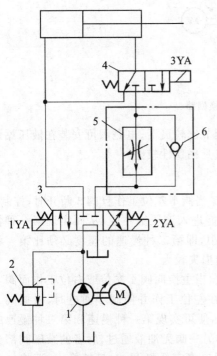
图 7.12 液压缸差动连接快速回路

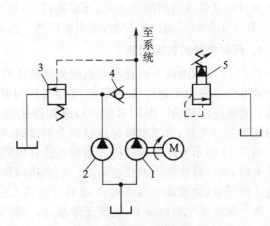
图 7.13 双泵供油快速回路

三、速度转换回路

1. 快慢速转换回路

图 7.14 所示为利用二位二通电磁换向阀与调速阀并联实现快速转慢速的回路。当图中电磁铁 1YA、3YA 同时通电时,压力油经阀 3 左位、阀 4 左位进入液压缸左腔,缸右腔回油,工作部件实现快进;当工作部件的挡块吸到行程开关(图 7.14 中未示出)使 3YA 电磁铁断电时,阀 4 油路断开,调速阀 5 接入油路,压力油经阀 3 左位后,经调速阀 5 进入缸的左腔,缸右腔回油,工作部件以阀 5 调节的速度实现工作进给。

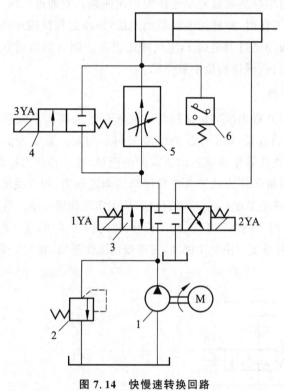

图 7.14 快慢速转换回路

这种速度转换回路的优点是,速度换接快,行程调节比较灵活,电磁阀可安装在液压站的阀板上,便于工作时实现自动控制,应用很广泛。其缺点是平稳性较差。

2. 两种慢速的转换回路

图 7.15 所示为两个调速阀串联的慢速转换回路。当阀 1 左位工作且阀 3 断时,控制阀 2 的通或断使油液经调速阀 A 或既经阀 A 又经阀 B 才能进入液压缸左腔,从而实现第一种慢速或第二种慢速的转换。但阀 B 的开口需调得比阀 A 小,即第二种慢速的速度必须比第一种慢速的速度低。此外,第二种慢速经过两个调速阀,能量损失较大。

图 7.16 所示为两个调速阀并联的慢速转换回路。当主换向阀 1 左位或右位工作而阀 2 没有通电时,液压缸作快进或快退运动。当主换向阀 1 在左位工作并使阀 2 通电时,根据阀 3 不同的工作位置,油液需经调速阀 A 或 B 才能进入缸内,便可实现第一种慢速和第二种慢速的转换。两个调速阀可单独调节,速度无限制,但一阀工作另一阀无油液通过,后者的减压阀部分处于非工作状态,若该阀内无行程限制装置,此时液压阀口将完全打开,一旦转换,油液将大量流过此阀,缸会出现前冲现象,因此这种回路不宜用于在工作过程中的速度转换。

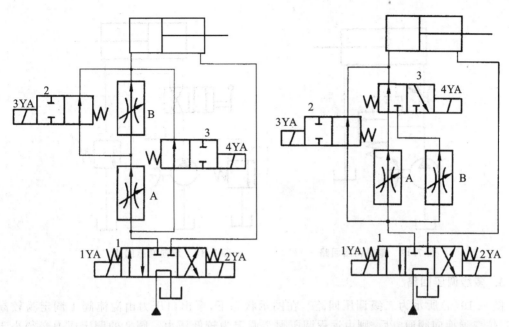

图 7.15　调速阀串联的速度转换回路　　　图 7.16　调速阀并联的速度转换回路

◀ 7.3　压力控制回路 ▶

压力控制回路是用压力控制阀来对系统整体或某一部分的压力进行控制和调节的回路。这类回路包括调压、减压、增压、保压、卸荷和平衡等回路。

一、调压回路

调压回路的功能是使液压系统或系统中某一部分的压力与负载相适应并保持稳定,或为了安全而限定系统的最高压力不超过某一数值。当液压系统在不同的工作阶段需要两种以上不同大小的压力时,可采用多级调压回路。

1. 单级调压回路

图 7.17 所示为单级调压回路,系统由定量泵供油,通过调节节流阀的开口大小来调节液压缸的速度。在工作过程中溢流阀是常开的,液压泵的工作压力取决于溢流阀的调整压力,并且保持基本恒定,溢流阀的调整压力必须大于液压缸的最大工作压力和油路中各种压力损失的总和。

2. 双向调压回路

液压缸正反向行程中需不同的供油压力时可采用双向调压回路,如图 7.18 所示。当换向阀左位工作时,液压缸为工作行程,泵出口压力由溢流阀 1 调定为较高压力,缸右端的油液通过换向阀回油箱,此时,溢流阀 2 不起作用。当换向阀处于图示工作状态时,液压缸为返回行程,泵出口压力由溢流阀 2 调定为较低压力,溢流阀 1 不起作用。缸退至终点,泵在低压下回油,功率损耗小。

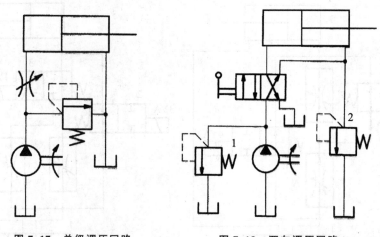

图 7.17　单级调压回路　　　　图 7.18　双向调压回路

3. 多级调压回路

图 7.19(a)所示为二级调压回路。在图示状态下,泵出口压力由溢流阀 1 调定为较高压力,二位二通换向阀通电后,则由远程调压阀 2 调定为较低压力。阀 2 的调定压力必须小于阀 1 的调定压力。

图 7.19(b)所示为三级调压回路。在图示状态下,泵出口压力由阀 1 调定为最高压力,当换向阀 4 的右、左电磁铁分别通电时,泵出口压力分别由远程调压阀 2 和 3 调定。阀 2 和阀 3 的调定压力必须小于阀 1 的调定压力。

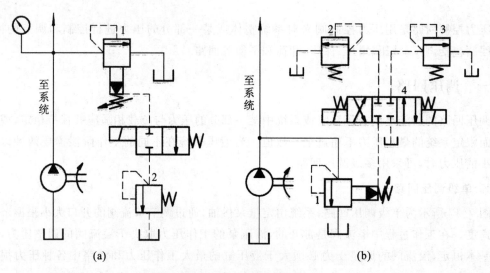

图 7.19　多级调压回路

二、减压回路

在液压系统中,当某一支路所需的工作压力低于系统的工作压力时,可采用减压回路。

1. 单级减压回路

图 7.20 所示为单级减压回路。回路中串联了一个单向减压阀 5,换向阀 4 左位工作时,液压泵输出的压力油,经单向阀 3、换向阀 4、单向减压阀 5 进入油缸左腔,推动活塞向右运动。由

于减压阀的作用,使夹紧缸能得到较低而又稳定的夹紧力。换向阀 4 右位工作时,液压泵向左运动,这时减压阀不起作用。单向阀 3 的作用是当主油路压力低于减压阀的调定压力时,保证减压油路的压力不变,使夹紧缸保持夹紧力不变。还应指出的是,减压阀的调定压力应低于溢流阀 2 的调整压力,才能保证减压阀正常工作。

2. 二级减压回路

图 7.21 所示为由减压阀和远程调压阀组成的二级减压回路。在图示状态下,夹紧缸的压力由减压阀 1 调定;当二通阀通电后,夹紧缸的压力则由远程调压阀 2 调定,故称为二级减压回路。必须注意的是,远程调压阀 2 的调整压力应低于减压阀 1 的调整压力,才能实现二级减压,并且减压阀的调整压力应低于回路中溢流阀的调整压力,才能保证减压阀正常工作。

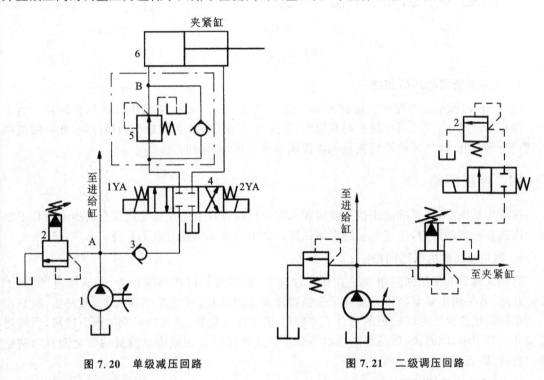

图 7.20　单级减压回路　　　　图 7.21　二级调压回路

三、卸荷回路

卸荷是指液压泵在消耗功率接近于零的状态下运转。泵的功率等于泵的输出压力和输出流量的乘积,只要压力和流量中的任一项近似为零,功率损耗即近似为零。所以卸荷有流量卸荷和压力卸荷两种方法。流量卸荷用于变量泵,容易实现,但泵处于高压状态,磨损比较严重;压力卸荷是使泵在接近零压下工作,使用中较常见。

1. 三位阀中位机能的卸荷回路

图 7.22(a)所示为采用 M 型(也可用 H 型或 K 型)中位机能的三位四通换向阀实现卸荷的回路。换向阀在中位时可以使液压泵输出的油液直接流回油箱,从而实现液压泵的卸荷。这种卸荷方法比较简单,但压力较高,流量较大时,容易产生冲击,故适用于低压、小流量液压系统。

2. 二位二通阀的卸荷回路

图 7.22(b)所示为二位二通阀的卸荷回路。采用此方法的卸荷回路必须使二位二通换向阀的流量与液压泵的额定流量相匹配。这种卸荷方法卸荷效果较好,易于实现自动控制。

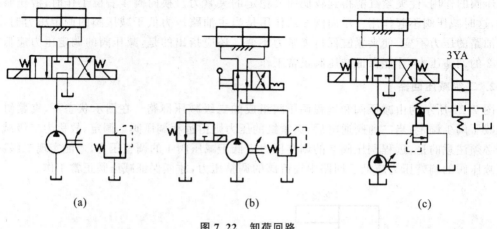

图 7.22 卸荷回路

3．采用溢流阀的卸荷回路

图 7.22(c)所示为由先导式溢流阀和小流量二位二通电磁换向阀组成的卸荷回路。当液压缸停止运动时,二位二通电磁换向阀通电,使先导式溢流阀的远控口与油箱连通,此时溢流阀的阀口全部打开,液压泵的输出流量经溢流阀溢回油箱,实现卸荷。

四、保压回路

在液压系统中,常要求液压执行机构在一定的行程位置上停止运动或在有微小的位移下稳定地维持在一定的压力,这就要采用保压回路。常用的保压回路有以下几种。

1．利用液压泵的保压回路

利用液压泵的保压回路也就是在保压过程中,液压泵仍以较高的压力(保压所需压力)工作。此时,若采用定量泵则压力油几乎全经溢流阀流回油箱,系统功率损失大,易发热,故只在小功率的系统且保压时间较短的场合下才使用;若采用变量泵,在保压时泵的压力较高,但输出流量几乎等于零,因而,液压系统的功率损失小。这种保压方法能随泄漏量的变化而自动调整输出流量,因而其效率也较高。

2．利用蓄能器的保压回路

图 7.23(a)所示为利用蓄能器的保压回路。当主换向阀 7 在左位工作时,液压缸向右运动且压紧工件,进油路压力升高至调定值时,压力继电器 5 动作使二通阀 4 通电,泵 1 即卸荷,单向阀自动关闭,液压缸则由蓄能器 6 保压。缸压不足时,压力继电器复位使泵重新工作。保压时间的长短取决于蓄能器容量,调节压力继电器的工作区间即可调节缸中压力的最大值和最小值。

3．自动补油保压回路

图 7.23(b)所示为采用液控单向阀和电接触式压力表的自动补油式保压回路。当 2YA 得电,换向阀 3 右位接入回路,液压缸上腔压力上升至电接触式压力表 5 的上限值时,电接触式压力表 5 发出信号,使电磁铁 2YA 失电,换向阀处于中位,液压泵卸荷,液压缸由液控单向阀 4 保压。当液压缸上腔压力下降到预定的下限值时,电接触式压力表 5 又发出信号,使 2YA 得电,液压泵再次向系统供油,使压力上升。当压力达到上限值时,电接触式压力表 5 又发出信号,使 1YA 失电。因此,这一回路能自动地使液压缸补充压力油,使其压力能长期保持在一定范围内。

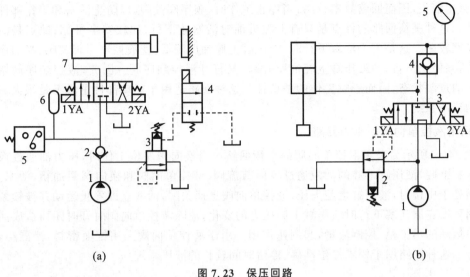

图 7.23 保压回路

五、平衡回路

平衡回路的功能在于防止垂直或倾斜放置的液压缸和与之相连的工作部件因自重而自行下落。

1. 采用内控式顺序阀的平衡回路

图 7.24(a)所示为采用内控式顺序阀的平衡回路。当 1YA 得电活塞下行时,回油路上就存在着一定的背压,只要将这个背压调得能支承住活塞和与之相连的工作部件自重,活塞就可以平稳地下落。当换向阀处于中位时,活塞就停止运动,不再继续下移。这种回路当活塞向下快速运动时功率损失大,锁住时活塞和与之相连的工作部件会因单向顺序阀的泄漏而缓慢下落。因此,它只适用于工作部件质量不大、活塞锁住时定位要求不高的场合。

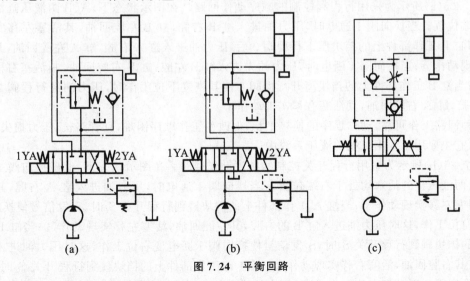

图 7.24 平衡回路

2. 采用外控式顺序阀的平衡回路

图 7.24(b)所示为采用外控式顺序阀的平衡回路。当活塞下行时,控制压力油打开液控式

顺序阀,背压消失,因而回路效率较高;当停止工作时,顺序阀关闭,以防止活塞和工作部件因自重而下降。这种平衡回路的优点是只有上腔进油时活塞才下行,比较安全可靠;缺点是活塞下行时平稳性较差。这是因为活塞下行时,液压缸上腔油压降低,使液控顺序阀关闭;当顺序阀关闭时,因活塞停止下行,使液压缸上腔油压升高,又打开液控顺序阀。因此,液控顺序阀始终工作于启闭的过渡状态,因而影响工作的平稳性。这种回路适用于运动部件重量不是很大、停留时较短的液压系统。

3. 采用液控单向阀的平衡回路

图7.24(c)所示为采用液控单向阀的平衡回路。当换向阀左位工作时,压力油通过换向阀进入液压缸上腔,液压缸下腔的油液通过单向节流阀、液控单向阀和换向阀回油箱,活塞下行。当换向阀处于中位时,液压缸上腔失压,液控单向阀迅速关闭,活塞立即停止运动并被锁紧。单向节流阀可以克服活塞下行时液压缸上腔压力的变化,消除液控单向阀时开时闭而造成活塞下行过程中运动的不平稳,控制流量,起调速作用。由于液控单向阀采用锥面密封,泄漏小,因此闭锁性好。这种回路用于要求停位准确、停留时间较长的液压系统。

◀ 7.4 多缸工作控制回路 ▶

由一个液压泵同时驱动两个或两个以上液压缸配合工作的控制回路称为多缸工作控制回路,这类回路一般有顺序动作、同步和互不干扰等回路。

一、顺序动作回路

顺序动作回路的功能是使多缸液压系统中的各液压缸按规定的顺序动作。常见的顺序动作回路有行程控制和压力控制两大类。

1. 行程控制的顺序动作回路

图7.25(a)所示为采用行程阀控制的顺序动作回路。在图示状态下,A、B两液压缸活塞均处在右端位置。当换向阀1通电时,压力油进入缸B右腔,缸B左腔回油,其活塞左移实现动作①;当缸B工作部件上的挡块压下行程阀2后,压力油进入缸A右腔,缸A左腔回油,其活塞左移实现动作②;当换向阀1断电时,压力油先进入缸B左腔,缸B右腔回油,其活塞右移实现动作③;当缸B工作部件上的挡块离开行程阀2使其恢复下位工作时,压力油经行程阀2进入缸A左腔,缸A右腔回油,其活塞右移实现动作④。

这种回路工作可靠,动作顺序的换接平稳,但改变工作顺序困难,且管路长,压力损失大,不易安装,它主要用于专用机械的液压系统中。

图7.25(b)所示为采用行程开关控制的顺序动作回路。在图示状态下,电磁换向阀1、2均不通电,两液压缸的活塞均处于右端位置。当换向阀1通电时,压力油进入缸A右腔,其左腔回油,活塞左移实现动作①;当缸A工作部件上的挡块碰到行程开关S_1时,S_1发信号使换向阀2通电变左位工作,这时压力油进入缸B的右腔,其左腔回油,活塞左移实现动作②;当缸B工作部件上的挡块碰到行程开关S_3时,S_3发信号使换向阀1断电变右位工作,这时压力油进入缸A的左腔,其右腔回油,活塞右移实现动作③;当缸A工作部件上的挡块碰到行程开关S_2时,S_2发信号使换向阀2断电变右位工作,这时压力油进入缸B的左腔,其右腔回油,活塞右移实现动作④。当缸B工作部件上的挡块碰到行程开关S_4时,S_4又发信号使换向阀1通电,开始下一工作循环。

这种回路的优点是控制灵活方便,其动作顺序更换容易,易实现自动控制。但顺序转换时有冲击,位置精度与工作部件的速度和质量有关,而可靠性则由电气元件的质量决定。

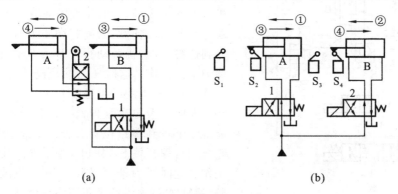

图 7.25 行程控制的顺序动作回路

2. 压力控制的顺序动作回路

图 7.26 所示为采用单向顺序阀控制的顺序动作回路。在图示位置,换向阀处于中位,A、B 两缸均处在停止状态位置。当电磁铁 1YA 通电、换向阀 1 左位工作时,压力油先进缸 A 的左腔,缸 A 右腔经阀 2 中的单向阀回油,使活塞右移实现动作①;当缸 A 活塞行至终点停止时,系统压力升高,当压力升高到阀 3 中顺序阀的调定压力时,顺序阀开启,压力油进入缸 B 左腔,其右腔回油,活塞右移实现动作②;当电磁铁 2YA 通电、换向阀 1 右位工作时,压力油先进缸 B 的右腔,缸 B 左腔经阀 3 中的单向阀回油,使活塞左移实现动作③;当缸 B 活塞行至终点停止时,系统压力升高,当压力升高到阀 2 中顺序阀的调定压力

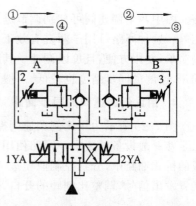

图 7.26 压力控制的顺序动作回路

时,顺序阀开启,压力油进入缸 A 右腔,其左腔回油,活塞左移实现动作④。当缸 A 活塞左移至终点时,可用行程开关控制电磁换向阀 1 断电换为中位停止,也可再使电磁铁 1YA 通电开始下一个工作循环。

这种回路工作可靠,可以按照要求调整液压缸的顺序。但是,顺序阀的调整压力应比先动作液压缸的最高工作压力高,以免在系统压力波动较大时产生误动作。

二、同步回路

使两个或两个以上的液压缸在运动中保持相同速度或相同位移的回路称为同步回路。

1. 刚性连接同步

刚性连接同步回路就是将两个或几个液压缸的活塞杆用机械装置(如齿轮或刚性梁)连接在一起,使它们的运动相互受牵制,从而使这两个或几个液压缸运动同步。此种同步方法简单,工作可靠,但它不宜使用在两缸距离过大或两缸负载差别过大的场合。

2. 串联液压缸的同步回路

图 7.27 所示为带补偿装置的串联液压缸位移同步回路。两液压缸 A、B 串联,缸 B 下腔的有效工作面积等于缸 A 上腔的有效工作面积,若无泄漏,两缸可同步下行,但因有泄漏及制造误差,故有同步误差。采用由液控单向阀 3、电磁换向阀 2 和 4 组成的补偿装置,可使两缸每一

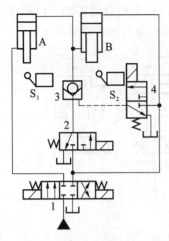

图 7.27 带补偿装置的液压缸串联同步回路

次下行终点的位置同步误差得到补偿。

其补偿原理是:当换向阀 1 右位工作时,压力油进入缸 B 的上腔,缸 B 下腔的油液流入缸 A 上腔,缸 A 下腔回油,这时两活塞杆同步下行。若缸 A 活塞先到达终点,它就触动行程开关 S_1 使电磁阀 4 通电换为上位工作。这时压力油经阀 4 将液控单向阀 3 打开,在缸 B 上腔继续进油的同时,缸 B 下腔的油可经单向阀 3 及电磁换向阀 2 流回油箱,使缸 B 活塞能继续下行到终点位置。若缸 B 活塞先到达终点,它触动行程开关 S_2,使电磁换向阀 2 通电换为右位工作。这时压力油可经阀 2、阀 3 继续进入缸 A 上腔,使缸 A 活塞继续下行到终点位置。

3. 采用调速阀控制的同步回路

图 7.28 所示为采用调速阀控制的速度同步回路。图中两个调速阀可分别调节进入两个并联液压缸下腔的流量,使两缸活塞向上伸出的速度相等。这种回路可用于两缸有效工作面积相等时,也可用于两缸有效工作面积不相等时,其结构简单,使用方便,且可以调速。其缺点是受油温变化和调速阀性能差异等影响,不易保证位置同步,速度的同步精度也较低,一般为 5%~7%,常用于同步精度要求不高的系统中。

4. 用比例调速阀的同步回路

图 7.29 所示为用比例调速阀控制的同步回路。其同步精度较高,绝对精度可达 0.5 mm,已足够一般设备的要求。回路使用一个普通调速阀 C 和一个比例调速阀 D,各装在由单向阀组成的桥式油路中,分别控制液压缸 A 和液压缸 B 的正反向运动。当两缸出现位置误差时,检测装置发出信号,调整比例阀的开口,修正误差,即可保证同步。

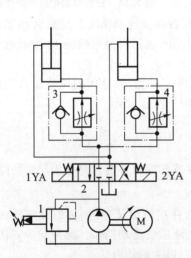

图 7.28 调速阀控制的同步回路

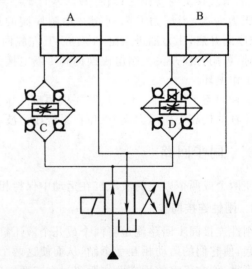

图 7.29 用比例调速阀控制的同步回路

三、互锁回路

在多缸工作的液压系统中,有时要求在一个液压缸运动时不允许另一个液压缸有任何运动,这时就要用到液压缸互锁回路。

图 7.30 所示为双缸并联互锁回路。当三位六通电磁换向阀 5 位于中位,液压缸 B 停止工作时,二位二通液动换向阀 1 右端的控制油路(图中虚线)经阀 5 中位与油箱连通,因此其左位接入系统。这时压力油可经阀 1、阀 2 进入缸 A 使其工作。当阀 5 左位或右位工作时,压力油可进入缸 B 使其工作。这时压力油还进入了阀 1 的右端使其右位接入系统,因而切断了缸 A 的进油路,使缸 A 不能工作,从而实现了两缸运动的互锁。

四、多缸快慢速互不干涉回路

在一泵多缸的液压系统中,往往由于其中一个液压缸快速运动,而造成系统的压力下降,影响其他液压缸进给速度的稳定性。因此,在进给速度要求比较稳定的多缸液压系统中,需采用快慢速互不干涉回路。

图 7.31 所示为双泵供油多缸快速互不干扰回路。各缸快速进退都由大泵 2 供油,当任一缸进入工进时,则改由小泵 1 供油,彼此无牵连,也就无干扰。图示状态下,各缸原位停止。当 3YA、4YA 通电时,阀 7、阀 8 左位工作,两缸都由大泵 2 供油做差动快进,小泵 1 供油在阀 5、阀 6 处被堵截。设缸 A 先完成快进,由行程开关使电磁铁 1YA 通电,3YA 断电,此时大泵 2 对缸 A 的进油路被切断,而小泵 1 的进油路打开,缸 A 由调速阀 3 调速做工进,缸 B 仍做快进,互不影响。当各缸都转为工进后,它们全由小泵供油。此后,若缸 A 率先完成工进,则行程开关应使阀 5 和阀 7 的电磁铁都通电,缸 A 即由大泵 2 供油快退。当各电磁铁都断电时,各缸都停止运动,并被锁于所在位置上。

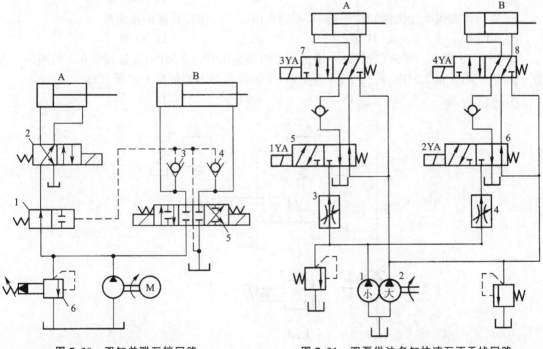

图 7.30 双缸并联互锁回路　　图 7.31 双泵供油多缸快速互不干扰回路

【模块小结】

(1) 液压基本回路是由一定数量液压元件组成的,能实现特定功能的典型回路。一个液压系统无论多么复杂,它总是由一些基本回路组成。常见的液压基本回路有方向控制回路、速度控制回路、压力控制回路和多缸控制回路。

（2）常用的调速回路有节流调速回路、容积调速回路和容积节流调速回路。节流调速回路又有进油节流调速回路、回油节流调速回路和旁路节流调速回路三种；容积调速回路有变量泵和定量马达组成的容积调速回路、定量泵和变量马达组成的容积调速回路以及变量泵和变量马达组成的容积调速回路三种基本形式。

（3）压力控制回路是用压力控制阀来对系统整体或某一部分的压力进行控制和调节的回路。这类回路包括调压、减压、增压、保压、卸荷和平衡等回路。

（4）由一个液压泵同时驱动两个或两个以上液压缸配合工作的控制回路称为多缸工作控制回路。这类回路一般有顺序动作、同步和互不干扰等回路。

【思考与练习】

一、选择题

1. 下列基本回路中，属于容积节流调速回路的是（　　）。
   A. 定量泵和节流阀调速回路　　　　B. 变量泵调速回路
   C. 变量泵与调速阀调速回路　　　　D. 变量泵和定量马达调速回路
2. 要实现快速运动可采用（　　）回路。
   A. 差动连接快速回路　　　　　　　B. 调压回路
   C. 卸荷回路　　　　　　　　　　　D. 进油节流调速回路
3. 为使减压回路可靠地工作，其减压阀的最高调整压力应（　　）系统压力。
   A. 大于　　　　B. 小于　　　　C. 等于　　　　D. 不低于
4. 三位换向阀中位机能卸荷回路中，不能采用（　　）中位机能的换向阀。
   A. M 型　　　　B. H 型　　　　C. K 型　　　　D. O 型
5. 图 7.32 所示三级调压回路中，溢流阀 1 的调整压力为 8 MPa，溢流阀 2 和 3 的调整压力为分别为 3 MPa 和 2 MPa，问当 1YA 通电时，系统能够得到的最高工作压力为（　　）。
   A. 8 MPa　　　　B. 3 MPa　　　　C. 2 MPa　　　　D. 0

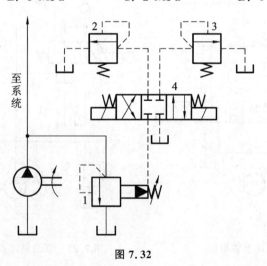

图 7.32

二、填空题

1. 液压基本回路是由一定数量的_____组成的，能实现_____的典型回路。
2. 常用的调速回路有_____调速回路、_____调速回路和_____调速回路。

3. 节流调速回路有_____节流调速回路、_____节流调速回路和_____节流调速回路。

4. 使用的最多的快速回路有_____快速回路和_____快速回路。

5. 调压回路的功能是使液压系统或系统中的一部分的压力_____，或为了安全而限定系统的_____。

6. 减压回路的功能是使液压系统中某一支路的工作压力_____系统的工作压力。

7. 卸荷回路的功能是使液压泵在功率消耗_____的状态下_____。

8. 平衡回路的功能是_____垂直或倾斜放置的液压缸和与之相连的工作部件因自重而_____。

9. 多缸控制回路主要有_____控制回路、_____控制回路、_____控制回路和_____控制回路。

10. 常用的顺序动作控制回路有_____控制和_____控制两大类。

三、问答题

1. 什么是液压基本回路？常用的液压基本回路按其功能可分为哪几类？
2. 常用的换向回路有哪几种？一般各用在什么场合？
3. 什么是速度控制回路？主要有哪几种类型？
4. 什么是节流调速？什么是容积调速？各有哪几种类型？
5. 在液压系统中为什么设置背压回路？背压回路与平衡回路有何区别？
6. 比较采用两调速阀串联或并联的二次进给回路的特点。
7. 在图 7.3 所示的液压锁紧回路中，为什么采用 H 型中位机能的三位换向阀？如果换成 M 型中位机能的三位换向阀，会出现什么情况？
8. 在液压系统中为什么要设快速运动回路？实现执行元件快速运动的方法有哪些？各适用于什么场合？
9. 什么是压力控制回路？主要有哪几种类型？
10. 容积节流调速回路的流量阀和变量泵之间是如何实现匹配的？

四、计算与设计题

1. 图 7.24(a)所示平衡回路中，已知液压缸直径 $D=100$ mm，活塞杆直径 $d=70$ mm，活塞及负载总重 $G=16\times 10^3$ N，提升时要求在 0.1 s 内达到稳定上升速度 $v=6$ m/min，单向阀的开启压力为 0.05 MPa。试确定溢流阀和顺序阀的调定压力。（不计摩擦力和管路损失）

2. 图 7.20 所示单级减压回路中，若溢流阀的调整压力为 5 MPa，减压阀调定压力为 2.5 MPa，试分析研究活塞在运动时和夹紧工件其运动停止时 A、B 两点的压力值。（至系统的主油路截止，活塞运动时夹紧缸的压力为 0.5 MPa。）

3. 试设计一个要求实现"快进—慢进—快回"的简单液压回路，中位泵卸荷，缺实现浮动。（元件选定不限）

模块 8
典型液压系统

◀ 学习目标

（1）掌握液压系统的分析方法。
（2）认识和分析各种典型液压系统的组成及工作原理。
（3）掌握动力滑台液压系统和液压压力机液压系统的组成、工作原理和特点。

液压系统是根据液压设备的工作要求，选用各种不同功能的基本回路构成的。液压系统的工作原理一般用液压系统原理图来表示。液压系统原理图表示了系统内所有各类液压元件的连接情况以及执行元件实现各种运动的工作原理。

阅读液压系统原理图的一般步骤如下：
（1）首先了解液压设备对液压系统的动作要求；
（2）初步浏览整个系统，了解系统中包含哪些元件，并以各个执行元件为中心，将整个系统分解为多个子系统；
（3）对每一个子系统分析含有哪些基本回路，参照动作循环表看懂这一子系统；
（4）根据液压设备中各执行元件间的要求，分析各子系统之间的联系；
（5）在读懂整个系统的基础上，归纳整个系统的特点，以加深对系统的理解。

8.1　组合机床动力滑台液压系统

组合机床是由通用部件(如动头、动力滑台、床身、立柱等)和部分专用部件(如专用动力箱、专用夹具等)组成的高效、专用、自动化程度较高的机床。它能完成钻、扩、铰、镗、铣、攻丝等工序和工作台转位、定位、夹紧、输送等辅助动作。

卧式组合机床的结构原理图如图 8.1 所示。组合机床的主运动由动头或主轴箱的运动实现，进给运动由动力滑台的运动实现。动力滑台上常安装各种旋转的刀具，其液压系统的功用是使这些刀具作轴向进给运动，完成"快进→一工进→二工进→死挡铁停留→快退→原位停止"等半自动循环。

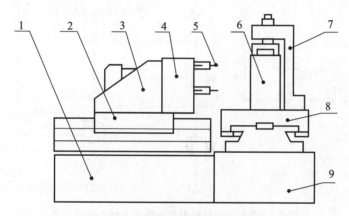

图 8.1　卧式组合机床结构原理图
1—床身；2—动力滑台；3—动头；4—主轴箱；5—刀具；6—工件；7—夹具；8—工作台；9—底座

一、组合机床动力滑台液压系统的工作原理

下面以 YT4543 型动力滑台为例，来分析其液压系统。该滑台的工作压力为 4～5 MPa，最大进给力为 4.5×10^4 N，进给速度为 6.6～660 mm/min。YT4543 型动力滑台液压系统的工作原理图如图 8.2 所示，YT4543 型动力滑台液压系统的动作循环表如表 8.1 所示。

表 8.1　YT4543 型动力滑台液压系统的动作循环表

动作循环 \ 元件	电磁铁			压力继电器	行程阀
	1YA	2YA	3YA		
快进(差动)	+	−	−	−	导通−
一工进	+	−	−	−	切断+
二工进	+	−	+	−	切断+
死挡铁停留	+	−	+	+	切断+
快速	−	+	−	−	切断→导通
原位停止	−	−	−	−	导通−

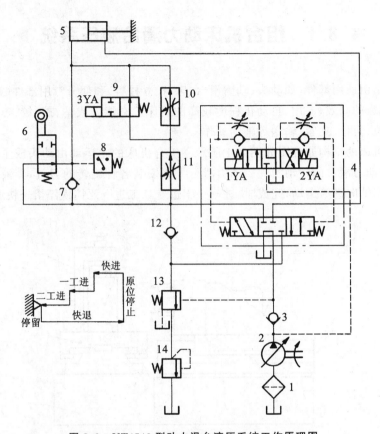

图 8.2　YT4543 型动力滑台液压系统工作原理图
1—过滤器；2—变量泵；3、7、12—单向阀；4—电液换向阀；5—液压缸；6—行程阀；
8—压力继电器；9—换向阀；10、11—调速阀；13—液控顺序阀；14—背压阀

1. 快进

按下启动按钮，电磁铁 1YA 通电，变量泵 2 的压力油经单向阀 3、电液换向阀 4 左位、行程阀 6 进入油缸左腔（无杆腔），由于动力滑台空载，系统压力低，液控顺序阀 13 关闭，油缸右腔的回油经电液换向阀 4 的左位也进油缸的左腔，使油缸成差动连接。此时变量泵有最大的输出流量，滑台向左快进（活塞杆固定，滑台随缸体向左运动）。其主油路如下。

进油路：油箱→过滤器 1→变量泵 2→单向阀 3→电液换向阀 4（左位）→行程阀 6（下位）→缸左腔。

回油路：缸右腔→电液换向阀 4（左位）→单向阀 12→行程阀 6（下位）→缸左腔。

2. 一工进

快进到一定位置时，滑台上的行程挡块压下行程阀 6，油路切断。此时换向阀 9 电磁铁 3YA 处于断电状态，调速阀 11 接入系统进油路，系统压力升高。压力的升高，一方面使液控顺序阀 13 打开，另一方面使限压式变量泵的流量减小。进入液压缸无杆腔的流量由调速阀 11 的开口大小决定。液压缸有杆腔的油液则通过电液换向阀 4 后经液控顺序阀 13、背压阀 14 回油箱（两侧的压力差使单向阀 12 关闭）。液压缸以第一种工进速度向左运动。其主油路如下。

进油路：油箱→过滤器 1→变量泵 2→单向阀 3→换向阀 4（左位）→调速阀 11→换向阀 9（左位）→缸左腔。

回油路：缸右腔→换向阀4(左位)→液控顺序阀13→背压阀14→油箱。

3. 二工进

当滑台以一工进速度行进到一定位置时，挡块压下行程开关(图中未示)，使电磁铁3YA通电。此时油液需经调速阀11、10才能进入液压缸无杆腔。由于阀10的开口比阀11小，滑台的速度再减小，速度大小由调速阀10的开口决定。其主油路如下。

进油路：油箱→过滤器1→变量泵2→单向阀3→换向阀4(左位)→调速阀11→调速阀10→缸左腔。

回油路：缸右腔→换向阀4(左位)→液控顺序阀13→背压阀14→油箱。

4. 死挡铁停留

当滑台以二工进速度行进到碰上死挡铁后，滑台停止运动。缸无杆腔压力升高，压力继电器8发出信号给时间继电器(图中未示)，使滑台停留一段时间，主要是为了满足加工端面或台肩孔的需要，使其轴向尺寸精度和表面粗糙度达到一定要求。然后泵的供油压力升高，流量减少，直到限压式变量泵流量减少到仅能满足补偿泵和系统的泄漏量为止，此时系统处于保压和流量近似为零的状态。

5. 快退

滑台停留时间结束后，时间继电器发出信号，电磁铁1YA断电，2YA通电，电液换向阀4右位接入系统。因滑台快退时负载小，系统压力低，使泵的流量自动恢复到最大，滑台快速退回。其主油路如下。

进油路：油箱→过滤器1→变量泵2→单向阀3→换向阀4(右位)→液压缸右腔。

回油路：缸左腔→单向阀7→换向阀4(右位)→油箱。

6. 原位停止

当滑台快退到原位时，挡块压下终点行程开关(图中未示)，使电磁铁1YA、2YA和3YA都断电，阀4处于中位，滑台原位停止运动。这时变量泵2输出的油液经单向阀3和阀4的液动阀中位流向油箱，泵实现低压卸荷。

二、组合机床动力滑台液压系统的特点

通过对YT4543型动力滑台液压系统的分析，可知该系统具有以下特点。

(1) 采用了由限压式变量泵和调速阀组成的进油路容积节流调速回路，这种回路能够使动力滑台拥有稳定的低速运动和较好的速度负载特性，而且由于系统无溢流损失，系统效率较高。另外回路中设置了背压阀，可以改善动力滑台运动的平稳性。

(2) 采用了由限压式变量泵和液压缸的差动连接回路来实现快速运动，使能量的利用比较经济合理。动力滑台停止运动时，油泵处于压力卸荷状态，减少了能量损失。

(3) 采用了行程阀和液控顺序阀实现快进与工进的速度转换，动作可靠，速度转换平稳。同时，调速阀可起到加载的作用，可在刀具与工件接触之前就能可靠转入工作进给，因此不会引起刀具和工件的突然碰撞。

(4) 采用了调速阀串联二次进给调速方式，可使启动和速度转换时的前冲量小，并便于用压力继电器发出信号进行控制。

(5) 在行程终点采用了死挡铁停留，不仅提高了进给时的位置精度，还扩大了动力滑台的工艺范围，更适合于镗削阶梯孔、刮端面等加工工序。

8.2 液压压力机液压系统

液压压力机(简称液压机)是最早应用液压传动的机械,可分为油压机和水压机两种。

液压机是模具成型、粉末冶金、锻压、冲压、冷挤、校直、弯曲、打包等工艺中广泛应用的压力加工机械。

液压机的液压系统以压力控制为主,压力高,流量大,且压力、流量变化大。下面以使用较为广泛的 YA32-200 型四柱万能液压机为例,分析其液压系统的工作原理及特点。YA32-200 型液压机主缸最大压制力为 2 000 kN,系统的最高工作压力为 32 MPa。图 8.3(a)所示为 YA32-200 型液压机的外形图,图 8.3(b)所示为 YA32-200 型液压机的工作循环图。

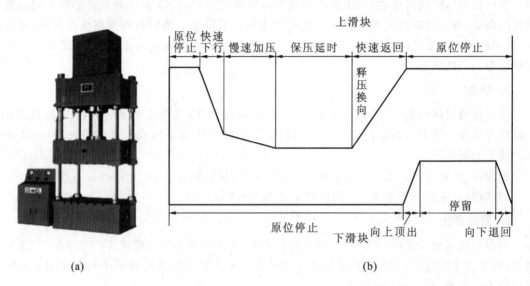

图 8.3 YA32-200 型液压机
(a)外形图;(b)工作循环图

该液压机有上、下两个液压缸,安装于四个立柱之间。上液压缸为主缸,驱动上滑台实现"快速下行→慢速加压→保压延时→泄压换向→快速回程→原位停止"的动作循环。下液压缸为顶出缸,驱动下滑台实现"向上顶出→停留→向下退回→原位停止"的动作循环。在进行薄板件拉伸压边时,要求下滑块实现"上位停留→浮动压边(即下滑块随上滑块短距离下降)→上位停留"的动作循环。

一、万能液压机液压系统的工作原理

图 8.4 所示为 YA32-200 型四柱万能液压机液压系统的原理图,表 8.2 为四柱万能液压机液压系统的动作循环表。

YA32-200 型四柱万能液压机上滑块由主缸驱动实现加压,下滑块由下缸驱动实现顶出。

液压系统有两个泵,主泵为恒功率变量泵,最高工作压力由溢流阀 4 的远程调压阀 5 调定。辅助泵 2 是低压小流量定量泵,用于供应液动阀的控制油,压力由溢流阀 3 调定。

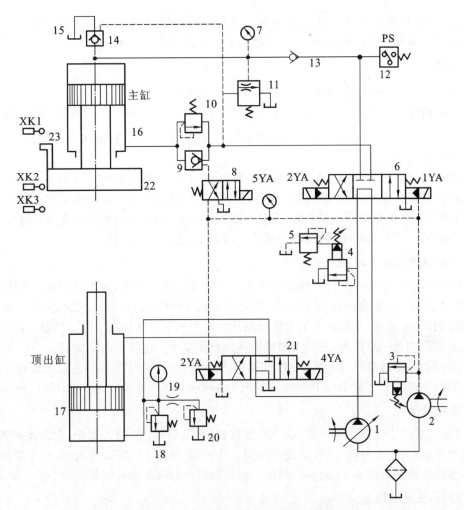

图 8.4　YA32-200 型四柱万能液压机液压系统原理图

1—主泵；2—辅助泵；3、4—溢流阀；5—远程调压阀；6、21—电液换向阀；7—压力表；8—电磁换向阀；
9、14—液控单向阀；10、20—背压阀；11—液控顺序阀；12—压力继电器；13—单向阀；
15—油箱；16—主缸；17—顶出缸；18—安全阀；19—节流阀；22—上滑块；23—挡块

表 8.2　YA32-200 型四柱万能液压机液压系统的动作循环表

动作顺序		1YA	2YA	3YA	4YA	5YA
上主缸	快速下行	＋	－	－	－	＋
	慢速加压	＋	－	－	－	－
	保压延时	－	－	－	－	－
	泄压回程	－	＋	－	－	－
	原位停止	－	－	－	－	－
下顶出缸	向上顶出	－	－	＋	－	－
	向下退回	－	－	－	＋	－
	原位停止	－	－	－	－	－
	浮动压边	＋	－	（±）	－	－

主缸由中位机能为 M 型的电液换向阀 6 实现换向;下缸的换向阀是中位机能为 K 型的电液换向阀 21。两换向阀为串联油路,泵通过两个换向阀中位压力卸荷。

1. 启动

电磁铁全部不得电,主泵输出油液通过电液换向阀 6、21 中位卸荷。

2. 主缸快速下行

电磁铁 1YA、5YA 得电,电液换向阀 6 处于右位,控制油经电磁换向阀 8 使液控单向阀 9 开启。这时主油路如下。

进油路:油箱→过滤器→主泵 1→电液换向阀 6(右位)→单向阀 13→主缸上腔。

回油路:主缸下腔→液控单向阀 9→电液换向阀 6(右位)→电液换向阀 21(中位)→油箱。

主缸滑块在自重作用下迅速下降,主泵 1 虽处于最大流量状态,仍不能满足其需要,因此主缸上腔形成负压,上位油箱 15 的油液经液控单向阀 14 进入主缸上腔。

3. 主缸慢速接近工件、加压

当主缸滑块 22 降至一定位置触动行程开关 XK2 后,5YA 失电,液控单向阀 9 关闭,主缸下腔油液经背压阀 10、电液换向阀 6 右位、电液换向阀 21 中位回油箱。这时,主缸上腔压力升高,液控单向阀 14 关闭,主缸在主泵 1 供给的压力油作用下慢速接近工件。接触工件后阻力急剧增加,上腔压力进一步提高,主泵 1 的输出流量自动减小。这时主油路如下。

进油路:油箱→过滤器→主泵 1→电液换向阀 6(右位)→单向阀 13→主缸上腔。

回油路:主缸下腔→背压阀 10→电液换向阀 6(右位)→电液换向阀 21(中位)→油箱。

4. 主缸保压

当主缸上腔压力达到预定值时,压力继电器 PS12 发信号,使 1YA 失电,电液换向阀 6 回中位,主缸上下腔封闭,单向阀 13 和液控单向阀 14 的锥面保证了良好的密封性,使主缸保压。保压期间,泵经电液换向阀 6、21 的中位卸荷。保压时间由时间继电器调整。

5. 泄压,主缸回程

保压结束,时间继电器发出信号,2YA 得电,电液换向阀 6 处于左位。由于主缸上腔压力很高,压力油使液控顺序阀 11 开启,主泵 1 输出油液经液控顺序阀 11 回油箱。主泵 1 在低压下工作,此压力不足以打开液控单向阀 14 的主阀芯,而是先打开该阀的卸载阀芯,使主缸上腔油液经此卸载阀芯开口泄回上位油箱 15,压力逐渐降低。

当主缸上腔压力泄到一定值后,液控顺序阀 11 关闭,主泵 1 压力升高,液控单向阀 14 完全打开,主缸快速回程。这时主油路如下。

进油路:主泵 1→电液换向阀 6(左位)→液控单向阀 9→主缸下腔。

回油路:主缸上腔→液控单向阀 14→上位油箱 15。

6. 主缸原位停止

电液换向阀 6 处于中位,液控单向阀 9 将主缸下腔封闭,主缸原位停止不动。主泵 1 输出油液经电液换向阀 6、21 中位卸荷。

7. 顶出缸顶出

当主缸滑块上升至触动行程开关 XK1,2YA 失电的同时,3YA 得电,电液换向阀 21 处于左位,顶出缸顶出。这时主油路如下。

进油路:主泵 1→电液换向阀 6(中位)→电液换向阀 21(左位)→顶出缸下腔。

回油路:顶出缸上腔→电液换向阀 21(左位)→油箱。

8. 下顶出缸退回

让 3YA 失电,4YA 得电,电液换向阀 21 处于右位,压力油进入顶出缸的上腔,上腔的回油进油箱,顶出缸活塞下行退回。这时主油路如下。

进油路:主泵 1→电液换向阀 6(中位)→电液换向阀 21(右位)→顶出缸上腔。
回油路:顶出缸下腔→电液换向阀 21(右位)→油箱。

9. 浮动压边

薄板拉伸压边时,顶出缸既要保持压力,又要随主缸滑块下压而下降。这时在主缸 1YA 得电动作前 3YA 得电,顶出缸顶出后 3YA 又立即失电,其下腔被电液换向阀 21 封住,但又被迫随主缸下行,回油经节流阀 19 和背压阀 20 回油箱。安全阀 18 起安全保护作用。这时主油路如下。

进油路:油箱→过滤器→主泵 1→电液换向阀 6(右位)→单向阀 13→主缸上腔。
回油路:主缸下腔→背压阀 10→电液换向阀 6(右位)→电液换向阀 21(中位)→油箱。
顶出缸下腔→节流阀 19→背压阀 20→油箱。

二、万能液压机液压系统的特点

万能液压机液压系统的特点如下。

(1) 采用高压、大流量恒功率变量泵供油,利用上滑块自重加速、液控单向阀 14 补油的快速运动回路,功率利用合理。

(2) 采用背压阀 10 及液控单向阀 9 控制上液压缸下腔的回油压力,既满足了主机对力和速度的要求,又节省了能量。

(3) 为减少了由保压到回程的液压冲击,采用单向阀 13 保压,液控顺序阀 11 和带卸载阀芯的液控单向阀 14 组成的泄压回路。

(4) 主缸与顶出缸的协调动作由两个电液换向阀 6、21 互锁来保证。

8.3 数控车床液压系统

数控车床因在车削加工中自动化程度高、车削质量有保证而被广泛应用。数控车床上大多应用了液压传动技术。数控车床中由液压系统实现的动作有卡盘的夹紧与松开、刀架的正转与反转、尾座套筒的伸出与缩回。

下面以 MJ-50 型数控车床的液压系统为例,分析数控车床上液压系统的工作原理及特点。图 8.5 所示为 MJ-50 型数控车床的液压系统原理图。电磁换向阀的电磁铁动作由数控系统的 PC 控制实现,各电磁铁的动作顺序如表 8.3 所示。

表 8.3 MJ-50 型数控车床液压系统电磁铁动作顺序表

动作		电磁铁	1YA	2YA	3YA	4YA	5YA	6YA	7YA	8YA
卡盘正卡	高压	夹紧	+	−	−	−	−	−	−	−
		松开	−	+	−	−	−	−	−	−
	低压	夹紧	+	−	+	−	−	−	−	−
		松开	−	+	+	−	−	−	−	−

续表

动作		电磁铁	1YA	2YA	3YA	4YA	5YA	6YA	7YA	8YA
卡盘反卡	高压	夹紧	—	+	—	—	—	—	—	—
		松开	+	—	—	—	—	—	—	—
	低压	夹紧	—	+	+	—	—	—	—	—
		松开	+	—	+	—	—	—	—	—
刀架		正转	—	—	—	—	—	—	—	+
		反转	—	—	—	—	—	—	+	—
		松开	—	—	—	+	—	—	—	—
		夹紧	—	—	—	—	—	—	—	—
尾座		套筒伸出	—	—	—	—	—	+	—	—
		套筒退回	—	—	—	—	+	—	—	—

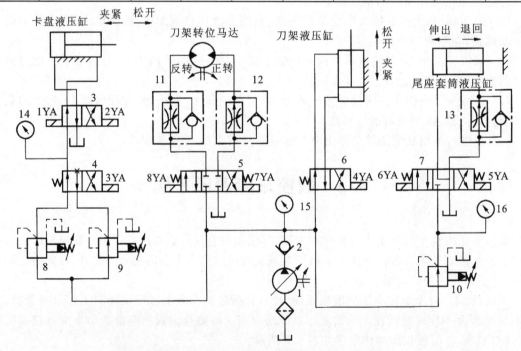

图 8.5 MJ-50 型数控车床液压系统原理图
1—变量泵；2—单向阀；3、4、5、6、7—换向阀；8、9、10—减压阀；
11、12、13—单向调速阀；14、15、16—压力表

一、数控车床液压系统的工作原理

数控车床的液压系统采用单向变量泵供油，系统压力调至 4 MPa，压力由压力表 15 显示。泵输出压力油经过单向阀 2 进入系统。

1. 卡盘的夹紧与松开

当卡盘处于正卡（或称外卡）且在高压夹紧状态下，夹紧力的大小由减压阀 8 来调整，夹

紧力由压力表14来显示。当1YA通电时,阀3左位工作,系统压力油经阀8、阀4(左位)、阀3(左位)进入液压缸右腔,液压缸左腔的油液经阀3(左位)直接回油箱。这时活塞杆左移,卡紧夹盘。反之,当2YA通电时,阀3右位工作,系统压力油经阀8、阀4(左位)、阀3(右位)进入液压缸左腔,液压缸右腔的油液经阀3(左位)直接回油箱,活塞杆右移,卡盘松开。

当卡盘处于正卡低压夹紧状态下,夹紧力的大小由减压阀9来调整。这时3YA通电,阀4右位工作。阀3的工作情况与高压夹紧时相同。卡盘反卡(或称内卡)时的工作情况与正卡时的相反,读者可对照电磁铁的动作顺序表自己分析。

2. 回转刀架的回转

回转刀架换刀时,首先是刀架松开,然后刀架转位到指定位置,最后刀架复位卡紧,当4YA通电时,阀6右位工作,刀架松开。当8YA通电时,液压马达带动刀架正转,转速由单向调速阀11控制。若7YA通电时,则液压马达带动刀架反转,转速由单向调速阀12控制。当4YA断电时,阀6左位工作,液压缸使刀架夹紧。

3. 尾座套筒的伸缩运动

当6YA通电时,阀7左位工作,系统压力油经减压阀10、换向阀7(左位)到尾座套筒液压缸的左腔,液压缸右腔油液经单向调速阀13、换向阀7(左位)回油箱,缸筒带动尾座套筒伸出,伸出时的顶紧力大小通过压力表16显示。反之,当5YA通电时,阀7右位工作,液压系统压力油经减压阀10、换向阀7(右位)、单向调速阀13到液压缸右腔,液压缸左腔的油液经阀7(右位)流回油箱,套筒缩回。

二、数控车床液压系统的特点

数控车床液压系统的特点如下。
(1) 用单向变量液压泵向系统供油,能量损失小。
(2) 用换向阀控制卡盘,实现高压和低压的夹紧转换,并且分别调节高压夹紧或低压夹紧压力的大小。这样可根据工作情况调节夹紧力,操作方便简单。
(3) 用液压马达实现刀架的转位,可实现无级调速,并能控制刀架的正、反转。
(4) 用换向阀控制尾座套筒液压缸的换向,以实现套筒的伸出和缩回,并能调节尾座套筒伸出工作时的预紧力大小,以适应不同的需要。
(5) 压力表14、15、16可分别显示系统相应的压力,以便于故障诊断和调试。

◀ 8.4 汽车起重机液压系统 ▶

汽车起重机是将起重机安装在汽车底盘上的一种起重运输设备。图8.6所示为Q2-8型汽车起重机外形图,它主要由起升、回转、变幅、伸缩和支腿等工作机构组成。

Q2-8型汽车起重机的起升、回转、变幅、伸缩和支腿动作的完成都是由液压系统来实现的。对于汽车起重机的液压系统,一般要求输出力大,动作平稳,耐冲击,操作灵活、方便、安全。

一、汽车起重机液压系统的工作原理

图8.7所示为Q2-8型汽车起重机液压系统原理图,下面对其完成各个动作的回路进行分析。

1. 支腿回路

汽车轮胎的承载能力是有限的,在起吊重物时,必须由支腿液压缸来承受负载,而使轮胎架

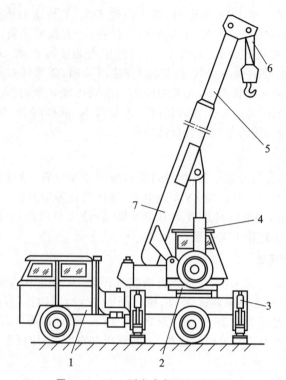

图 8.6　Q2-8 型汽车起重机外形图
1—载重汽车；2—回转机构；3—支腿；4—吊臂变幅缸；5—吊臂伸缩缸；
6—起升机构；7—基本臂

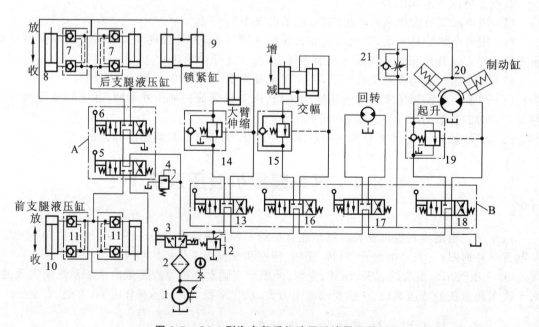

图 8.7　Q2-8 型汽车起重机液压系统原理图
1—液压泵；2—过滤器；3—二位三通手动换向阀；4、12—溢流阀；
5、6、13、16、17、18—三位三通手动换向阀；7、11—液压锁；8—后支腿缸；9—锁紧缸；
10—前支腿缸；14、15、19—平衡阀；20—制动缸；21—单向节流阀

空,这样也可以防止起吊时整机的前倾或颠覆。

支腿动作的顺序是:缸 9 锁紧后桥板簧,同时缸 8 放下后支腿到所需位置,再由缸 10 放下前支腿。作业结束后,先收前支腿,再收后支腿。当手动换向阀 6 右位接入系统时,后支腿放下,其进油路如下。

泵 1→过滤器 2→换向阀 3(左位)→换向阀5(中位)→换向阀 6(右位)→锁紧缸下腔锁紧板簧。
　　　　　　　　　　　　　　　　　　　└→液压锁7→缸8下腔。

回油路如下。

缸 8 上腔→双向液压锁 7→换向阀 6(右位)→油箱。

缸 9 上腔→换向阀 6(右位)→油箱。

回路中的双向液压锁 7 和 11 的作用是防止液压支腿在支承过程中因泄漏出现"软腿现象",或行走过程中支腿自行下落,或因管道破裂而发生倾斜事故。

当换向阀 5 位接入系统时,前支腿放下,其油路与后支腿相仿,这里就不重复了。

2. 起升回路

起升机构要求所吊重物可升降或在空中停留,速度要平稳、变速要方便、冲击要小、启动转矩和制动力要大,本回路中采用 ZMD40 型柱塞液压马达带动重物升降,换向是通过手动换向阀 18 来实现的,变速可通过改变发动机油门(转速)和控制手动换向阀 18 的开口大小来调节。用平衡阀 19 来限制重物超速下降。单作用液压缸 20 是制动缸,单向节流阀 21 是保证液压油先进入马达,使马达产生一定的转矩,再解除制动,以防止重物带动马达旋转而向下滑。保证吊物升降停止时,制动缸中的油马上与油箱相通,使马达迅速制动。

起升重物时,手动换向阀 18 切换至左位工作,液压泵 1 打出的油经过滤器 2、手动换向阀 3 右位、手动换向阀 13、16、17 中位,手动换向阀 18 左位、平衡阀 19 中的单向阀进入马达左腔;同时压力油经单向节流阀到制动缸 20,从而解除制动、使马达旋转。

重物下降时,手动换向阀 18 切换至右位工作,液压马达反转,回油经平衡阀 19 的液控顺序阀,手动换向阀 18 右位回油箱。

当停止作业时,手动换向阀 18 处于中位,泵卸荷。制动缸 20 上的制动瓦在弹簧作用下使液压马达制动。

3. 大臂伸缩回路

大臂伸缩采用单级长液压缸驱动。工作中,手动换向阀 13 的开口大小和方向,即可调节大臂运动速度和使大臂伸缩。行走时,应将大臂收缩回。大臂缩回时,因液压力与负载力方向一致,为防止吊臂在重力作用下自行收缩,在收缩缸的下腔回油腔安置了平衡阀 14,提高了收缩运动的可靠性。

4. 变幅回路

大臂变幅机构是用于改变作业高度,要求能带载变幅,动作要平稳。本机采用两个液压缸并联,提高了变幅机构承载能力。其要求以及油路与大臂伸缩油路相同。

5. 回转油路

回转机构要求大臂能在任意方位起吊。本机采用 ZMD40 柱塞液压马达,回转速度 1～3 r/min。由于惯性小,一般不设缓冲装置,手动换向阀 17,可使马达正、反转或停止。

二、汽车起重机液压系统的特点

汽车起重机液压系统的特点如下。

(1) 系统中采用了平衡回路、锁紧回路和制动回路,保证了起重机工作可靠、操作安全。

(2) 采用三位四通手动换向阀,不仅可以灵活方便地控制换向动作,还可以通过手柄操作来控制流量,以实现节流调速。在起升工作中,将此节流调速方法与控制发动机转速的方法结合起来使用,可以实现各工作部件的微速动作。

(3) 换向阀的串联组合,不仅稳中有降机构的动作可独立进行,而用在轻载作业时,可实现起升和回转的复合动作,以提高工作效率。

(4) 各换向阀处于中位时系统即卸荷,能减少功率损耗,适于起重机间歇性工作。

【模块小结】

(1) 阅读液压系统原理图前,首先应对设备的功能、运动、动作间的关系以及设备对液压系统的要求有明确的了解,然后按照阅读液压系统的一般方法和步骤逐步进行。

(2) 根据动作循环表,搞清每一个动作过程,要能够写出清晰的进、回油路线,要能够找出组成系统的基本回路,总结出系统的特点。

(3) 组合机床动力滑台液压系统是速度控制回路的应用典型。

(4) 液压压力机液压系统是压力控制回路的应用典型。

(5) 汽车起重机液压系统是平衡回路、锁紧回路的应用典型。

【思考与练习】

一、填空题

1. 液压系统原理图表示了系统内各类液压件的_____以及执行元件实现各种运动的_____。

2. 组合机床动力滑台液压系统的动作循环是_____、_____、_____、_____和原位停止。

3. 组合机床动力滑台液压系统快速运动的实现是因为采用了_____和_____。

4. 万能液压机液压系统主缸的动作循环是_____、_____、_____、_____和原位停止。

5. 万能液压机液压系统主缸的快速下行是由上滑块 22 的_____来实现的,此时利用件 14 充液阀 14 对主缸的上腔进行_____以防上腔出现气穴现象。

6. 万能液压机液压系统主缸的泄压回程动作过程是先让主缸上腔_____,当主缸上腔的压力下降到一定值后,主缸再_____。

二、问答题

1. 阅读液压系统图应按哪些方法和步骤进行?

2. 图 8.2 中 YT4543 型动力滑台液压系统中 13、14 有何作用?

3. YT4543 型动力滑台液压系统由哪些基本回路组成?如何实现差动连接?

4. 四柱万能液压机液压系统由哪些基本回路组成?其中为什么要设置背压回路?背压回路与平衡回路有何区别?

5. Q2-8 型汽车起重机液压系统主要由哪些基本回路组成?

三、计算与设计题

1. 在图 8.8 所示的液压系统中,泵的额定压力 $p_N = 25 \times 10^5$ Pa,流量 $q = 10$ L/min,溢流阀调定压力 $p_T = 18 \times 10^5$ Pa,两油缸活塞面积相等,$A_1 = A_2 = 30$ cm^2,负载 $F_1 = 3\,000$ N,$F_2 = 4\,200$ N,其他忽略不计。试分析:

(1) 液压泵启动后两个缸速度 v_1、v_2 分别是多少？
(2) 各缸的输出功率和泵的最大输出功率 P 可达多少？

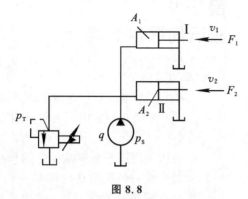

图 8.8

2. 试用一个先导型溢流阀、一个调压阀和换向阀组成一个二级调压且能卸载的回路，绘出回路图并简述工作原理。

3. 用所学的液压元件组成一个能完成"快进→一工进→二工进→快退"动作循环的液压系统，并画出电磁铁动作表，指出该系统的特点。

模块 9*
液压伺服控制简介

◀ 学习目标
(1) 了解液压伺服系统的工作原理和特点。
(2) 了解几种常用的液压伺服系统。

液压伺服系统是在液压传动和自动控制理论的基础上，建立起来的一种液压自动控制系统。液压伺服系统又称为随机系统或跟踪系统，是一种功率放大装置。在这种系统中，执行元件能以一定的精度自动地按照输入信号的变化规律动作。液压伺服系统除了具有液压传动的各种优点外，还有响应快、惯性小、系统刚性大、伺服精度高等特点，所以得到了广泛应用。

9.1 液压伺服系统的工作原理

一、液压伺服控制原理

图9.1所示为一种简单的液压传动系统,当给阀芯输入位移 x_i,则滑阀移动一个开口量 x_v,此时压力油进入无杆腔,推动缸体向右运动,即有一输出位移 x_o。它与输入位移 x_i 大小无直接关系,而与液压缸结构尺寸有关。

若将上述滑阀和液压缸组合成一个整体,上述系统就变成了一个简单的液压伺服系统,如图9.2所示。如果控制滑阀处于中间位置没有信号输入即 $x_i=0$ 时,阀芯凸肩正好堵住液压缸的两个油口,缸体不动,系统的输出量 $x_o=0$,负载停止不动,处于静止平衡状态。若给控制滑阀输入一个向右的位移 x_i,阀芯偏离其中间位置,液压缸进出油路同时打开,阀相应开口量 $x_v=x_i$,压力油经过节流口进入液压缸的无杆腔,而液压缸有杆腔的油通过另一个节流口回油,液压缸产生一个向右的位移 x_o。由于控制滑阀阀体和液压缸缸体连在一起,成为一个整体,随着输出量 x_o 增加,滑阀的开口量 x_v 逐渐减少,当 x_o 增加到 x_i 时,开口量 $x_v=0$,油路关闭,液压缸停止运动,负载停止在一个新的平衡位置上。如果继续给控制滑阀向右的输入信号 x_i,液压缸就会跟随这个信号继续向右运动。反之,若给控制滑阀输入一个向左位移的输入信号,则液压缸就会跟随这个信号向左运动。

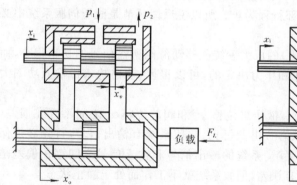
图9.1 液压传动系统

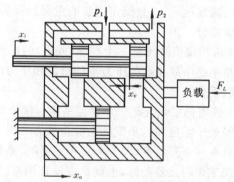
图9.2 液压伺服系统

由此可以看出,伺服系统与一般的液压传动系统不同,控制阀的阀体与液压缸的缸体实现刚性连接成为一个整体,因而两者必然同步运动。滑阀移动多少距离,液压缸也移动多少距离;滑阀移动的速度快,液压缸移动的速度也快;只要给控制滑阀以某一规律的输入信号,则执行元件就会自动地、准确地跟随控制滑阀运动。所以,只要有信号输入,使控制滑阀的阀芯与阀体产生相对位移,即所谓的位置误差,引起系统控制环节和执行环节的失调,产生系统误差,使执行环节跟随输入信号产生相应的运动,反馈机构又力图消除误差。一旦输入信号停止,由于反馈作用,系统误差消除,液压系统在新的位置平衡,这就是液压伺服系统的工作原理。

在液压伺服系统中,一般控制元件(控制滑阀)称为控制环节或输入环节,加给控制元件的信号称为输入信号,输入信号的大小称为输入量。伺服液压缸产生的位移变化量称为输出量。液压伺服系统的基本工作原理可用如图9.3所示的方框图表示。

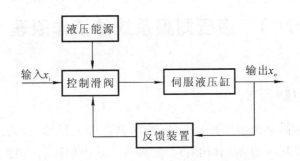

图 9.3　液压伺服系统工作原理的方框图

二、液压伺服控制系统的基本特点

液压伺服控制系统的基本特点如下。

(1) 液压伺服系统是一个自动位置跟随系统,输出量能够自动地跟随输入量的变化规律发生变化。

(2) 液压伺服系统是一个负反馈系统。当阀芯向右移动一定距离时,液压缸的缸体随着向右移动,控制滑阀的阀体也一道向右运动,使滑阀阀芯和阀体的相对位置始终保持一段很小的距离。如果停止输入信号,阀芯与阀体的相对位置恢复到初始状态,使液压缸停止运动,这种作用称为负反馈。因为反馈是由于缸体和阀体的刚性连接而完成的,所以负反馈的结果总是使输入信号变小以至消除。如果没有负反馈,只要控制滑阀的控制口有一个输入位移,液压缸就会以一定的速度运动,一直到走完缸的全部行程为止。所以说反馈环节是液压伺服系统中必不可少的组成部分。

(3) 液压伺服系统是一个功率(或力)的放大系统。移动滑阀所需信号的功率很小,而系统的输出功率是由液压缸的压力油的流量和压力决定的,可以很大,输出功率比输入功率大几百倍甚至数千倍。

(4) 液压伺服系统是一个误差系统。液压缸位移 x_o 和阀芯位移 x_i 之间不存在偏差(即当控制滑阀处于零位)时,系统处于静止状态。由此可见,欲使系统有输出信号,首先必须保证控制滑阀具有一个开口量,即 $x_v = x_i - x_o \neq 0$。系统的输出信号和输入信号之间存在偏差是液压伺服系统工作的必要条件,也就是说没有误差,伺服系统就不工作而处于静止状态。

◀ 9.2　液压伺服系统的应用 ▶

液压伺服系统在机械设备中被广泛使用,下面分别介绍车床液压仿形刀架、汽车转向液压助力器和机械手伸缩运动的伺服系统,它们分别代表不同类型的液压伺服系统。

一、车床液压仿形刀架伺服系统

图 9.4 所示为车床液压仿形刀架的工作原理。仿形刀架主要由伺服阀、液压缸和反馈机构三部分组成。液压仿形刀架倾斜安装在车床溜板 5 的上面,工作时随溜板纵向移动。样板 12 安装在床身后侧支架上固定不动。仿形刀架液压缸的活塞杆固定在刀架 3 的底座上,缸体 6、阀体 7 和刀架连成一体,可在刀架底座的导轨上沿液压缸轴向移动。滑阀阀芯 10 在弹

簧的作用下通过杆 9 使杠杆 8 的触销 11 紧压在样板上。利用仿形刀架可以依照样件的形状自动加工出多台肩的轴类零件或曲线轮廓的旋转表面,从而大大提高劳动生产率和减轻劳动强度。

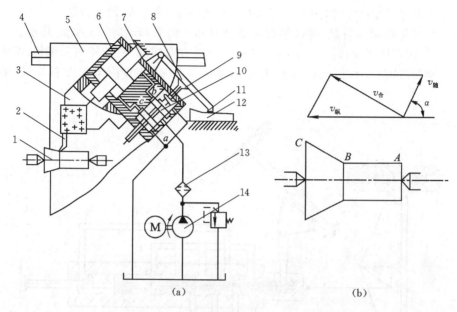

图 9.4　车床液压仿形刀架工作原理图
(a)工作原理图；(b)速度合成图
1—工件；2—车刀；3—刀架；4—导轨；5—溜板；6—缸体；7—阀体；
8—丝杆；9—杆；10—阀芯；11—触销；12—样板；13—滤油器；14—液压泵

车削圆柱面时,溜板 5 沿床身导轨 4 纵向移动。杠杆的触销 11 在样板的圆柱段内水平滑动,滑阀阀口不打开,刀架只能随溜板一起纵向移动,刀架在工件 1 上车出 AB 段圆柱面。

车圆锥面时,触销沿样板的圆锥段滑动,使杠杆向上偏摆,从而带动阀芯上移,打开阀口,压力油进入液压缸上腔,推动缸体连同阀体和刀架轴向后退。阀体后退又逐渐使阀口关小,直至关闭为止。在溜板不断地做纵向运动的同时,触销在样板的圆锥段上不断抬起,刀架也就不断地做轴向后退运动,这两种运动的合成就使刀具在工件上车出 BC 段圆锥面。其他曲面形状或凸肩也都是这样通过合成切削来形成的。如图 9.5 所示,图中 v_1、v_2 和 v 分别表示溜板带动刀架的纵向运动速度、刀具沿液压缸轴向的运动速度和刀具的实际合成速度。

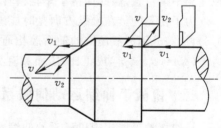

图 9.5　进给运动合成示意图

从仿形刀架的工作过程可以看出,刀架液压缸是以一定的仿形精度按着触销的输入位移信号的变化规律而动作的,所以说仿形刀架液压系统是液压伺服系统。

二、汽车转向液压助力器伺服系统

为了减轻司机的体力劳动,大型载重卡车广泛采用液压助力器,这种液压助力器也是一种位置控制的机液伺服机构。图 9.6 所示为转向液压助力器的工作原理图,它主要由液压缸和控制滑阀两部分组成。液压缸活塞 1 的右端通过铰链固定在汽车底盘上；液压缸缸体 2

和控制滑阀阀体连在一起形成负反馈,由方向盘5通过摆杆4控制滑阀阀芯3的移动。当缸体2前后移动时,通过转向连杆机构6等控制车轮偏转,从而操纵汽车转向。当阀芯3处于图示位置时,各阀口关闭,缸体2固定不动,汽车保持直线运动。由于控制滑阀采用负开口(阀芯与阀口处于中间对称位置时,阀芯与阀口有重叠遮盖量)的形式,故可以防止引起不必要的扰动。若顺时针方向转动方向盘,通过摆杆4带动阀芯3向后移动时,压力p_1减小,压力p_2增大,使液压缸缸体向后移动,转向连杆机构6向逆时针方向摆动,使车轮向左偏转,实现向左转向;反之,缸体若向前移动时,转向连杆机构向顺时针方向摆动,使车轮向右偏转,实现向右转向。

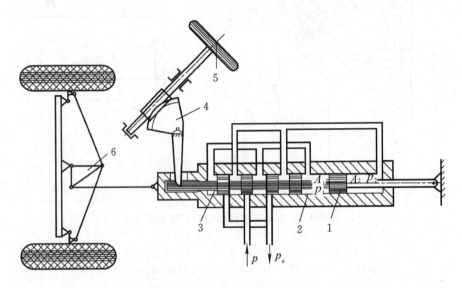

图9.6 转向液压助力器
1—活塞;2—缸体;3—阀芯;4—摆杆;5—方向盘;6—转向连杆机构

缸体前进或后退时,控制滑阀阀体同时前进或后退,即实现刚性负反馈,使阀芯和阀体重新恢复到平衡位置,因此保持了车轮偏转角度不变。

为了使驾驶员在操纵方向盘时能感觉到路面的好坏,在控制滑阀两端增加两个油腔(见图9.6),油腔分别与液压缸的前后腔相通,这时移动控制滑阀阀芯所需的力就与液压缸的两腔压力差($\Delta p = p_1 - p_2$)成正比,因而具有真实感。

三、机械手伸缩运动伺服系统

一般机械手能实现机械手的伸缩、回转、升降和手腕的动作,每一个动作都是由液压伺服系统驱动的。由于每个液压伺服系统的原理均相同,现仅以伸缩伺服系统为例,介绍它的工作原理。

图9.7所示为机械手伸缩运动伺服系统原理图。它主要由电液伺服阀1、液压缸2、活塞杆带动的机械手手臂3、齿轮齿条机构4、电位器5、步进电动机6和放大器7等元件组成。当电位器的触头处于中位时,触头上没有电压输出。当它偏离这个位置时,由于产生了偏差就会输出相应的电压。电位器产生的微弱电压,经放大器放大后对电液伺服阀进行控制。电位器的触头由步进电动机带动旋转,步进电动机的转角位移和转角速度由数字控制装置发出的脉冲数和脉冲频率控制;齿条固定在机械手手臂上,电位器固定在齿轮上,所以当手臂带动齿轮转动时,电位器同齿轮一起转动,实现负反馈。

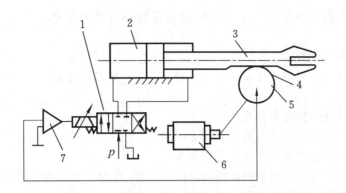

图 9.7 机械手伸缩运动伺服系统原理图

1—电液伺服阀；2—液压缸；3—机械手手臂；4—齿轮齿条机构；5—电位器；6—步进电动机；7—放大器

机械手伺服系统的工作原理如下。

由数字控制装置发出一定数量的脉冲，使步进电动机带动电位器 5 的动触头转过一定的角度 θ_i（假定为顺时针方向），动触头偏离电位器中位，产生微弱的电压 u_1，经放大器 7 放大成 u_2 后输入电液伺服阀 1 的控制线圈，使伺服阀产生一定的开口量。这时压力油经滑阀开口进入液压缸的左腔，推动活塞连同机械手手臂一起向右移动 x_v，液压缸右腔的油经伺服阀流回油箱。由于电位器上的齿轮与机械手手臂上的齿条相啮合，手臂向右移动时，电位器随着顺时针方向转动。当电位器转过 θ_i 角时，电位器的中位与触头重合，偏差为零，则动触头输出电压为零，电液伺服阀失去信号，阀口关闭，手臂停止移动。手臂移动的行程取决于脉冲数量，速度取决于脉冲频率。当数字控制装置发出反向脉冲时，步进电动机逆时针方向转动，手臂缩回。

图 9.8 所示为机械手伸缩运动伺服系统方框图。

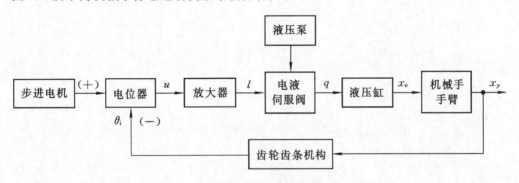

图 9.8 机械手伸缩运动伺服系统方框图

【模块小结】

（1）液压伺服系统是一个位置跟随系统。液压缸的输出位移能自动地跟随输入位移的变化而变化。

（2）液压伺服系统一般由输入元件、反馈检测元件、比较元件、放大转换元件、执行元件和控制对象组成。

【思考与练习】

一、填空题

1. 液压伺服系统又称_____系统或_____系统，也是一种功率放大装置。

2. 液压伺服系统是一个_____系统，输出量能够自动的跟随_____的变化规律而发生变化。

3. 液压伺服系统一般由_____、_____、_____等组成。

4. 汽车转向液压助力器主要由_____和_____两部分组成。

二、问答题

1. 液压伺服系统的特点是什么？

2. 液压伺服系统与液压传动系统有什么区别？

3. 车床上的液压仿形刀架是如何工作的？

4. 若将液压仿形刀架上的控制滑阀与液压缸分开，成为一个系统中的两个独立部分，仿形刀架能工作吗？试作分析说明。

模块 10
液压系统的安装、使用和维护

◀ 学习目标

(1) 了解液压系统安装调试的一般方法和相应的注意事项。

(2) 了解液压系统使用维护的一般方法和相应的注意事项。

10.1 液压系统的安装与调试

一、液压系统的安装

一般来说,组成液压系统的各种液压元件布置在设备执行机构的附近,或者局部集中(液压泵站、操纵箱等)。在液压泵、执行元件、各种控制元件之间由管道、管接头和集成块或油路板等有机地连接成一个完整的液压系统。

1. 安装前的准备工作

安装液压装置前应按照有关技术资料做好各项准备工作。设备的液压系统图、电器原理图、管道布置图、液压元件清单、管件清单、有关产品样本及液压阀集成块或油路板设计图纸等技术资料应一应俱全,工作人员应熟悉液压装置的技术要求。按清单领取液压元件后,必须检查它们的质量、性能是否符合要求,对库存时间过长的液压件,尤其要注意其内部密封件的老化程度;对运输和库存期间侵入的灰尘和锈蚀、对新出厂的液压件上残留的微量铁屑和型砂,必须予以清除。因此,有必要将它们拆开清洗,然后重新装配、测试,以确保液压件正常工作。

分解液压件应在符合国家标准的净化室中进行,至少应在封闭、单独隔离的装配间中进行。允许用煤油、汽油以及与液压系统同牌号的液压油清洗。清洗后的零件不得用易脱落纤维的棉、麻、丝、化纤织品擦拭,也不得用"皮老虎"鼓风,必要时允许用清洁、干燥的压缩空气吹干零件。对清洗好暂不装配的零件应放入防锈剂中保存。装配时不得漏装、错装,严禁硬装、硬拧,必要时可以使用木槌、铜锤或橡皮锤敲打。对已装配好的液压件的进、出油口要用塑料塞堵住,以防污垢侵入。

对拆洗、装配好的液压件还要进行技术指标的测定和试验。测试时,将被测液压件连接在试验台的回路中,先进行低频、空载、低压小流量跑合,然后按出厂标准规定的项目、方法进行测试。每个被测元件都要达到产品样本上规定的主要技术指标。

2. 主要液压元件的安装

液压泵按设计图纸要求安装完毕,用手转动联轴器,感觉液压泵转动轻松、无异常现象后,才可以配管。

液压缸按设计图纸要求安装,将活塞杆伸出与设备被带动的部件连接,用手推、拉运动部件来回数次,感觉灵活轻便、无卡滞现象后,再将紧固螺钉拧紧。

液压阀安装时不准用纤维制品擦拭安装的结合面,紧固螺钉拧紧时受力要均匀。安装完毕应使换向阀的阀芯尽量处于原理图上的位置,调压阀的调节螺钉应处于放松状态,流量控制阀的调节手轮应使节流阀口处于较小开口状态。

3. 液压管道的安装

液压管道的安装是液压设备安装的主要工作。管道安装一般分为两次,第一次为预安装,第二次为正式安装。预安装是为正式安装做准备,是确保安装质量的必要环节,常称为配管。

配管方式与所选用的管道材料和管接头形式有关。下面以焊接式配管为例,讲述配管时应注意的问题。

1) 配管准备

将所有用管道连接的控制元件、执行元件、液压泵、油箱及其他辅件安装到位,不得随意更改元件的安装位置。将所有需要的管接头及其组合密封垫圈都分别安装在相应液压件的油口上,按实际工作状态拧紧螺纹。

2) 测量配管尺寸

对需要用管道连接的两个管接头之间的实际空间位置仔细测量。对两接头之间弯曲部位较多、形状复杂的管子可先做样板,然后按尺寸或样板切割、弯曲管子。

3) 切割管子

用锯或砂轮截断管子,切口要平整,断面与轴线的垂直度为 $90°±0.5°$。管道两端管口外圆要加工 $30°$ 的焊接坡口,清除管口内圆因切割产生的铁屑和毛刺。

4) 弯管

根据管子的外径、弯曲角度和弯曲半径确定弯管方式。管子弯曲加工时允许椭圆度为 10%。外径在 14 mm 以下的管子可以用手和一般工具弯管,直径较大的钢管用手动或机动弯管机弯管。弯曲半径一般应大于管子外径的 3 倍。管子弯曲后应避免截面有较大的变形。

5) 预安装

将管道两端管口分别与两管接头的接管点焊起来,然后将管道及点焊在一起的接管连同螺母一同取下。再将管道与接管正式焊接起来,焊缝要均匀。为防配管时灰尘、铁屑通过管接头的接头体通道污染液压件,可暂将接头体用工艺接头体代替。工艺接头体除中间无通油孔外,其余与真实接头体一样。正式安装时再将工艺接头体卸掉,换上真实接头体。

6) 耐压试验

对所有焊接的管道都要进行耐压试验,以检查焊缝强度。一般分三步进行,先加压至工作压力的 50% 左右,保压 3 min;再加压到工作压力,保压 3 min;最后加压到工作压力的 $1.25\sim1.5$ 倍,保压 3 min。若有异常现象,则需补焊。补焊后仍要进行耐压试验。

7) 管子酸洗

酸洗的目的是清除焊接后的焊渣及污物。酸洗液或为硝酸(20%)加氢氟酸(5%)加水,或为 10% 硝酸溶液,或为 $15\%\sim20\%$ 硫酸溶液,或为 $20\%\sim30\%$ 盐酸溶液,温度保持在 $40\sim60$ ℃,酸洗时间约为 $30\sim40$ min。钢管酸洗后要用温水清洗,然后烘干或吹干,并涂上防锈油。

8) 正式安装

安装时尤其要检查密封件质量,切勿漏装或损伤密封件。管道安装后,要在管子相隔一定距离处安装管夹,以改善和防止管道振动。

二、液压系统的调试

无论是新安装的液压设备,还是经过大修后的液压设备,都要进行液压系统各项技术指标和工作性能的调试,目的在于检查液压系统是否满足设计要求。在调试过程中,出现的缺陷和故障应及时修复和排除。调试过程应有书面记载,并纳入设备的技术档案中,作为设备投产后使用和维修的原始技术依据。

1. 空载试车

调试准备完毕,首先进行空载试车。空载试车的作用是检查液压系统中各液压元件、各基本回路工作是否正常可靠,动作循环是否符合要求。空载试车的方法和步骤如下。

(1) 间歇启动液压泵,使液压系统有关部分得到充分润滑。

(2) 松开溢流阀调压手柄,使泵在卸荷状态下运转,检查泵的卸载能力是否在允许范围内,有无刺耳噪声,油箱液面是否有过多的泡沫。

(3) 使液压缸以最大行程完成多次往复运动,或使液压马达以某一转速转动,借助排气阀排除积存在液压系统中的空气。

(4) 在液压缸或液压马达的运动方向设置障碍(如挡铁),使之停止运动。再将溢流阀慢慢地调到规定值,使泵在工作状态下运转,检查溢流阀在调节过程中有无异常声响,压力是否稳定。

(5) 空载运转一段时间后,检查各液压元件及管道的内、外泄漏量是否在允许范围内,检查油箱液面下降是否在规定高度范围内,液压系统连续运转半小时以上,检查油温是否在 30~60 ℃规定范围内。

2. 负载试车

空载试车后,方可进行负载试车。负载试车使液压系统在规定负载下工作,检查液压系统能否满足各种性能参数要求。一般先在低于最大负载下运转,然后逐渐加载,如运转正常,才能进行最大负载试车。

负载试车时应缓慢旋紧溢流阀调压手柄,使系统工作压力按预先设定值逐渐上升,每升一级都应使执行元件往复动作数次或一段时间。试车过程中应及时调整行程开关、先导阀、挡铁、碰块及自动控制装置等,使系统按工作循环顺序动作无误。为控制执行元件的运动速度,可调节流量控制阀、溢流阀、变量泵、变量马达等,使其工作平稳,无冲击,无振动、噪声等。

测试结束后,应对整个系统做出评价。

◀ 10.2 液压系统的使用与维护 ▶

使用液压设备,必须建立有关使用和维护方面的制度,以保证液压系统正常地工作。

一、液压系统的使用

使用液压系统应注意以下几点。

(1) 泵启动前应检查油温。油温过高或过低时都应使油温达到相应要求才能正常工作,工作中也应随时注意油液温升。

(2) 液压油要定期检查更换。对于新用设备,使用三个月左右即应清洗油箱,更换新油。以后应按要求每隔半年或一年进行一次清洗和换油。要注意观察油箱液位高度,及时排除气体。

(3) 使用中应注意过滤器的工作情况,滤芯应定期清洗或更换。

(4) 设备若长期不用,应将各调节旋钮全部放松,防止弹簧产生永久变形而影响元件性能。

二、液压设备的维护保养

维护保养应分日常检查、定期检查和综合检查三个阶段进行。

(1) 日常检查通常是在泵启动前、启动后和停止运转前检查油量、油温、压力、漏油、噪声、振动等情况,并进行维护和保养。

(2) 定期检查的内容包括调查日常检查中发现异常现象的原因并进行排除;对需要维修的部位,分解检修定期检查的间隔时间,通常为两三个月。

(3) 综合检查大约每年一次,其主要内容是检查液压装置的各元件和部件,判断其性能和寿命,并对产生故障的部位进行检修或更换元件。

三、液压系统的维修

液压系统的故障是多种多样的。这些故障有的是由某一液压元件失灵而引起的,有的是系统中多个液压元件的综合因素造成的,有的是因为液压油被污染造成的,也有的是由机械、电器以及外界的因素引起的。虽然这些故障不能像机械故障那样容易观察到,进行检测不如电气系统方便,但是液压元件均在润滑充分的条件下工作,液压系统均有可靠的过载保护装置(如安全阀),很少发生金属零件破损、严重磨坏等现象。有些故障用调整的方法即可排除,有些故障可用更换易损件(如密封圈等)、换液压油、甚至更换个别标准液压元件或清洗液压元件的方法排除。只有部分故障是因设备使用年久,精度超差需经修复才能恢复其性能。因此,只要熟悉液压系统的原理图,熟悉各液压元件的结构、性能及在液压系统中的作用与安装位置,了解设备的使用和维护情况,主动与操作者密切合作,认真分析故障可能的原因,采用"先外后内"、"先调后拆"、"先洗后修"的步骤,大多数故障都能很快排除的。

四、油液污染造成的故障及其排除方法

液压系统的故障有 75% 以上与液压油的污染有关,防止油液污染可避免某些故障的产生。

1. 油液中侵入空气

油液中侵入少量空气,可在油箱中发现针状气泡。若系统中侵入大量空气,在油箱中就会出现大量气泡。这时,油液容易变质,以致不能使用。同时液压油会出现振动、噪声、压力波动,以及液压元件工作不稳定、运动部件产生爬行、换向冲击、定位不准或动作错乱等故障。

空气的侵入主要是因管接头、液压泵、液压阀、液压缸等的密封不良及油液质量差(消泡性不好)等原因引起的。

防止空气侵入的方法是及时更换不良密封件,经常检查管接头及液压元件的连接处并及时将松动的螺母拧紧等。

液压系统混入了空气后,应按正确的操作方法利用排气装置将空气排出,还可同时在油箱中设置滤泡网等装置滤去气泡。

2. 油液中混入水分

油液中混入一定量的水分,会变成乳白色,甚至变质不能继续使用。油液中所含的水分还会使液压元件生锈、磨损以致产生故障。

油液含有水分的可能原因包括:从油箱盖上进入冷却液;水冷却器或热交换器渗漏;存放工作油的油桶底部有水(当油桶露天保管时,尤应注意)及湿度大的空气由空气滤清器进入油箱等。

为了检查油中的水分,可将油液滴几滴在加热的铁板上,并滴几滴新油进行比较。也可取一部分油液放在试管中加热,若有水分,水分就会蒸发而使油量减少。

防止油液混入水分的主要方法是,严防从油箱箱盖进入冷却液和及时更换破损的水冷却器、热交换器。若油中含水量过大,应采取有效措施(如使油静置一段时间后,从油箱底部放油塞处放出部分油水混合物或其他方法),将水分去除或更换新油。

3. 油液中混入各种杂质

油液中混入切屑、金属粉末、砂土、灰渣、木屑、纤维或由于密封圈、蓄能器皮囊、油箱涂漆等被油侵蚀及油液变质，使油液中产生胶状物质、沥青等杂质，从而能引起泵、阀等液压元件中活动件的卡死及小孔、缝隙的堵塞，导致故障的发生或严重地影响系统的工作性能。油中混入杂质，还会加快元件的磨损，减少元件的寿命。

防止杂质混入的方法，主要是灌油前要仔细清洗油箱；向油箱加油时，要加过滤网；在设备使用时，要将油箱覆盖严密，并及时更换变质的密封圈，及时清洗过滤网和定期换油。若发现油液杂质含量较大，也可进行几次过滤之后再用。

五、液压系统常见故障产生的原因及排除方法

液压系统常见故障产生的原因及排除方法如表 10.1 至表 10.6 所示。各液压元件可能产生的故障及其检修方法不再单独列出，必要时可参考《机械维修手册》等有关资料。

表 10.1　系统产生噪声的原因及其排除方法

故障	原因	排除方法
液压泵吸入空气引起连续不断的"嗡嗡"声，并伴有杂声	液压系统本身或其进油管路密封不良、漏气	拧紧泵的连接螺栓及管路的各管螺母
	油箱油量不足	将油箱油量加至油标处
	液压泵进油管口过滤器堵塞	清洗过滤器
	油箱不透空气	清洗空气滤清器
	油液黏度过大	油液黏度应合适
液压泵故障造成杂声	轴向间隙因磨损而增大，输油量不足	修磨轴向间隙
	泵内轴承、叶片等元件损坏或精度变差	拆开检修并更换已损坏零件
控制阀处发出有规律或无规律的"吱嗡"、"吱嗡"的刺耳噪声	调压弹簧永久变形、扭曲或损坏	更换弹簧
	阀座磨损、密封不良	修研阀座
	阀芯拉毛、变形、移动不灵活甚至卡死	修研阀芯、去毛刺，使阀芯移动灵活
	阻尼小孔被堵塞	清洗、疏通阻尼孔
	阀芯与阀孔配合间隙大，高、低压油互通	研磨阀孔，重配新阀芯
	阀开口小，流速高，产生空穴现象	应尽量减少进、出口压差
机械振动引起噪声	液压泵与电动机安装不同轴	重新安装或更新柔性联轴器
	油管振动或相互撞击	适当加设支承管夹
	电动机轴承磨损严重	更换电动机轴承
液压冲击声	液压缸缓冲装置失灵	进行检修和调整
	背压阀调整压力变化	进行检查和调整
	电液换向阀端的单向节流阀故障	调节节流螺钉，检修单向阀

表10.2　系统运转不起来或压力提不高的原因及其排除方法

故障部位	原　　因	排　除　方　法
液压电动机	电动机线接反	调换电动机接线
	电动机功率不足,转速不够高	检查电压、电流大小,采取措施
液压泵	泵进、出油口接反	调换吸、压油管位置
	泵吸油不畅,进入空气	清洗过滤器,检查管路是否合格
	泵轴向、径向间隙过大	检修液压泵
	泵体缺陷造成高、低压腔互通	更换液压泵
	叶片泵的叶片与定子内面接触不良或卡死	检修叶片及修研定子内表面
	柱塞泵柱塞卡死	检修柱塞泵
控制阀	压力阀主阀芯或锥阀芯卡死在开口位置	清洗、检修压力阀,使阀芯移动灵活
	压力阀弹簧断裂或永久变形	更换弹簧
	某阀泄露严重以致高、低压油路连通	检修阀,更换已损坏的密封件
	控制阀阻尼孔被堵塞	清洗、疏通阻尼孔
	控制阀的油口接反或接错	检查并纠正接错的管路
液压油	黏度过高,吸不进或吸不足油	用指定黏度的液压油
	黏度过低,泄漏太多	用指定黏度的液压油

表10.3　运动部件速度达不到或不运动的原因及其排除方法

故障部位	原　　因	排　除　方　法
液压泵	泵供油不足,压力不足	见液压工程手册
控制阀	压力阀卡死,进、回油路连通	见液压工程手册
	流量阀的节流小孔被堵塞	清洗、疏通节流孔
	互通阀卡住在互通位置	检修互通阀
液压缸	装配精度或安装精度超差	检查,保证达到规定的精度
	活塞密封圈损坏,缸内泄漏严重	更换密封圈
	间隙密封的活塞、缸壁磨损过大、内泄漏多	修研缸内孔,重配新活塞
	缸盖处密封圈摩擦力过大	适当调松压盖螺钉
	活塞杆处密封圈磨损严重或损坏	调紧压盖螺钉或更换密封圈
导轨	导轨无润滑油或润滑不充分,摩擦阻力大	调节润滑油量和压力,使润滑充分
	导轨的楔铁、压板调得过紧	重新调整楔铁、压板,使松紧合适

表 10.4 运动部件产生爬行的原因及其排除方法

故障部位	原因	排除方法
控制阀	流量阀的节流口处有污物,通油量不均匀	检修或清洗流量阀
液压缸	活塞式液压缸端盖密封圈压得太死	调整压盖螺钉(不漏油即可)
	液压缸中进入的空气未排净	利用排气装置排气
导轨	接触精度不好,摩擦力不均匀	检修导轨
	润滑油不足或选用不当	调节润滑油量,选用合适的润滑油
	温度高使油黏度下降,油膜破坏	检查油温高的原因并排除

表 10.5 运动部件换向时的故障及其排除方法

故障	原因	排除方法
换向有冲击	活塞杆与运动部件连接不牢固	检查并紧固连接螺栓
	不在缸端部换向,缓冲装置不起作用	在油路上设背压阀
	电液换向阀中的节流螺钉松动	检查、调整节流螺钉
	电液换向阀中的单向阀卡住或密封不良	检查及修研单向阀
换向冲击量大	节流阀口有污物,运动部件速度不匀	清洗流量阀的节流口
	换向阀芯移动速度变化	检查电液换向阀的节流螺钉
	油温高,油的黏度下降	检查油温升高的原因并排除
	导轨润滑油量过多,运动部件"漂浮"	调节润滑油的压力或流量
	系统泄漏油过多,进入空气	严防泄漏,排除空气

表 10.6 工作循环不能正确实现的原因及其排除方法

故障	原因	排除方法
液压回路间互相干涉	同一个泵供油的各液压缸的压力、流量差别大	改用不同泵供油或用控制阀(单向阀、减压阀、顺序阀等)使油路互不干涉
	主油路与控制油路用同一个泵供油,当主油路卸荷时,控制油路压力太低	在主油路上设控制阀,使控制油路始终有一定压力,能正常工作
控制信号不能正确发出	行程开关、压力继电器开关接触不良	检查及检修各开关接触情况
	某些元件(如弹簧、杠杆)的机械部分卡住	检修有关机械结构部分
控制信号不能正确执行	电压过低、弹簧过软或过硬使电磁阀失灵	检查电路的电压,检修电磁阀
	行程挡块位置不对,或未固紧	检查挡块位置,并将其固紧

【思考与练习】

一、填空题

1. 液压系统安装前,工作人员应熟悉液压装置的_____,按清单领取的液压元件必须检查它们的_____是否符合要求。
2. 液压泵安装完毕,用手转动联轴器,感觉液压泵_____无异常现象后,才可以_____。
3. 液压阀安装时不准用_____擦拭安装结合面,紧固螺钉拧紧时受力要_____。
4. 液压管道的安装一般分为两次,第一次为_____,第二次为_____。
5. 液压系统的调试分为_____和_____两阶段。
6. 液压设备的维护和保养就分为_____、_____和_____三个阶段进行。

二、问答题

1. 安装液压系统时,应注意什么问题?
2. 调试液压系统的一般步骤和方法是什么?
3. 如何正确使用和维护液压系统?
4. 如何防止液压油的污染?
5. 液压系统常见故障的分析步骤和方法是什么?
6. 应采取什么措施降低液压系统的振动和噪声?消除爬行现象的主要途径是什么?

模块 11
气压传动

  学习目标

(1) 认识气压传动技术。
(2) 了解气源装置。
(3) 分析气动基本回路的功能及工作原理。
(4) 了解常用气动系统实例。

气压传动(简称气动)是以压缩空气作为工作介质进行能量传递的一种传动方式。气压传动及其控制技术目前在国内外工业生产中应用较多,它与液压、机械、电气和电子技术一起互相补充,已成为实现生产过程自动化的一个重要手段。

与液压传动一样,气压传动也利用流体作为工作介质而传动,在工作原理、系统组成、元件结构和图形符号等方面,两者之间存在很多相似之处,所以在学习本章时,前面液压传动的一些基本知识,在此仍有很大的参考和借鉴作用。

11.1 气压传动概述

一、气压传动系统的组成和工作原理

1. 气压传动系统的组成

图 11.1 所示为用于气动剪切机的气压传动系统实例。气压传动与液压传动都是利用流体作为工作介质,具有许多共同点,气压传动系统也是由以下五个部分组成。

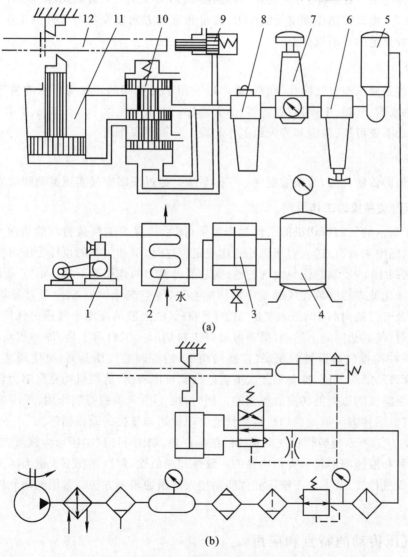

图 11.1 剪切机气压传动系统的原理图
(a)结构原理图;(b)图形符号
1—空气压缩机;2—冷却器;3—分水排水器;4—气罐;5—空气干燥器;6—空气过滤器;
7—减压阀;8—油雾器;9—机动阀;10—气控换向阀;11—气缸;12—工料

1) 动力元件(气源装置)

其主体部分是空气压缩机(图 11.1 中元件 1)。它将原动机(如电动机)供给的机械能转变为气体的压力能,为各类气动设备提供动力。用气量较大的厂矿企业都专门建立压缩空气站,以管理并向各用气点输送压缩空气。

2) 执行元件

执行元件包括各种气缸(图 11.1 中元件 11)和气动马达。它的功用是将气体的压力能转变为机械能,输给工作部件。

3) 控制元件

控制元件包括各种阀体。如各种压力阀(图 11.1 中元件 7)、方向阀(图中元件 9、10)、流量阀、逻辑元件等,用以控制压缩空气的压力、流量和流动方向以及执行元件的工作程序,以便使执行元件完成预定的运动规律。

4) 辅助元件

辅助元件是使压缩空气净化、润滑、消声以及用于元件间的连接等所需的装置。如各种冷却器、分水排水器、气罐、干燥器、过滤器、油雾器(图 11.1 中元件 2、3、4、5、6、8)及消声器等,它们对保持气动系统可靠、稳定和持久地工作起着十分重要的作用。

5) 工作介质

工作介质即传动气体,为压缩空气。气压系统是通过压缩空气实现运动和动力的传递。

2. 气压传动系统的工作原理

图 11.1 所示的气动剪切机的工作过程如下(图示位置为工料被剪前的情况)。当工料 12 由上料装置(图中未画出)送入剪切机并到达规定位置时,机动阀 9 的顶杆受压而使阀内通路打开,气控换向阀 10 的控制腔便与大气相通,阀芯受弹簧力的作用而下移。由空气压缩机 1 产生并经过初次净化处理后储藏在气罐 4 中的压缩空气,经空气干燥器 5、空气过滤器 6、减压阀 7 和油雾器 8 及气控换向阀 10,进入气缸 11 的下腔;气缸上腔的压缩空气通过气控换向阀 10 排入大气。此时,气缸活塞向上运动,带动剪刃将工料切断。工料剪下后,即与机动阀脱开,机动阀 9 复位,所在的排气通道被封死,气控换向阀 10 的控制腔气压升高,迫使阀芯上移,气路换向,气缸活塞带动剪刃复位,准备第二次下料。由此可以看出,剪切机构克服阻力切断工料的机械能是由压缩空气的压力能转换后得到的。同时,由于换向阀的控制作用,使压缩空气的通路不断改变,气缸活塞方可带动剪切机构频繁地实现剪切与复位的动作循环。

如图 11.1(a)所示为剪切机气动系统的结构原理,如图 11.1(b)所示为该系统的图形符号。气动图形符号和液压图形符号有很明显的一致性和相似性,但也存在不少重大区别之处,例如,气动元件向大气排气,就不同于液压元件回油接入油箱的表示方法。常用气动元件的图形符号见附录 A。

二、气压传动的特点和应用

1. 气压传动的特点

由于气压传动的工作介质是空气,具有压缩性大、黏性小、清洁度和安全性高等特点,与液压油差别较大。因此气压传动与液压传动在性能、使用方法、使用范围和结构上也存在较大的差别。气压传动与液压、电气、机械传动方式的比较如表 11.1 所示。

表 11.1 气压传动与其他传动方式的比较

	气动	液压	电气	机械
输出力大小	中等	大	中等	较大
动作速度	较快	较慢	快	较慢
装置构成	简单	复杂	一般	普通
受负载影响	较大	一般	小	无
传输距离	中	短	远	短
速度调节	较难	容易	容易	难
维护	一般	较难	较难	容易
造价	较低	较高	较高	一般

通过比较可知，气压传动具有以下特点。

1) 气压传动的优点

(1) 气动动作迅速、反应快(0.02 s)，控制方便，维护简单，不存在介质变质及补充等问题。

(2) 便于集中供气和远距离输送控制。因空气黏度小(约为液压油的万分之一)，在管内流动阻力小，压力损失小。

(3) 气动系统对工作环境适应性好。特别在易燃、易爆、多尘埃、强磁、辐射、振动等恶劣的工作环境中工作时，安全可靠性优于液压、电子和电气系统。

(4) 因空气具有可压缩性，能够实现过载保护，也便于储气罐储存能量，以备急需。

(5) 以空气为工作介质，易于取得，节省了购买、储存、运输介质的费用和麻烦；用后的空气直接排入大气，处理方便，也不污染环境。

(6) 气动元件结构简单，成本低，寿命长，易于标准化、系列化和通用化。

(7) 可以自动降温。因排气时气体膨胀，温度降低。

(8) 与液压传动一样，操作控制方便，易于实现自动控制。

2) 气压传动的缺点

(1) 运动平稳性较差。因空气可压缩性较大，其工作速度受外负载影响大。

(2) 工作压力较低(0.3~1 MPa)，不易获得较大的输出力或转矩。

(3) 空气净化处理较复杂。气源中的杂质及水蒸气必须净化处理。

(4) 因空气黏度小，润滑性差，因此需设润滑装置。

(5) 有较大的排气噪声。

2. 气压传动的应用

气压传动在相当长的时间内被用来执行简单的机械动作，但近年来，气动技术在自动化技术的应用和发展中起到了极其重要的作用，并得到了广泛应用和迅速发展。表 11.2 列举了气压传动在各工业领域中的应用。

表 11.2　气压传动在各工业领域中的应用

工业领域	应用
机械工业	自动生产线,各类机床,工业机械手和机器人,零件加工及检测装置
轻工业	气动上下料装置,食品包装生产线,气动罐装装置,制革生产线
化工业	化工原料输送装置,石油钻采装置,射流负压采样器等
冶金工业	冷轧、热轧装置气动系统,金属冶炼装置气动系统,水压机气动系统
电子工业	印刷电路板自动生产线,家用电器生产线,显像管转运机械手的气动装置

11.2　气压传动元件

一、气源装置及辅助元件

气源装置为气动系统提供符合规定质量要求的压缩空气,是气动系统的一个重要部分。对压缩空气的主要要求是具有一定的压力、流量和洁净度。

如图 11.2 所示,气源装置的主体是空气压缩机(气源),它是气压传动系统的动力元件。由于大气中混有灰尘、水蒸气等杂质,因此,由大气压缩而成的压缩空气必须经过降温、净化、稳压等一系列处理后方可供给系统使用。这就需要在空气压缩机出口管路上安装一系列辅助元件,如冷却器、油水分离器、过滤器、干燥器、气缸等。此外,为了提高气压传动系统的工作性能,改善工作条件,还需要用到其他辅助元件,如油雾器、转换器、消声器等。

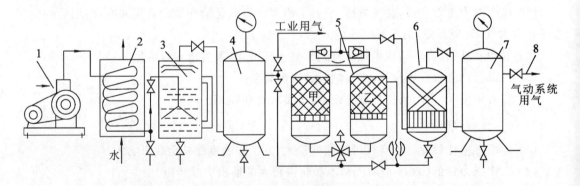

图 11.2　气源装置

1—空气压缩机；2—冷却器；3—油水分离器；4、7—储气罐；5—干燥器；6—过滤器；8—输气管

1. 空气压缩机

空气压缩机简称空压机,是气源装置的核心,将原动机输出的机械能转化为气体的压力能。

1) 空气压缩机的分类

空气压缩机的分类如表 11.3 至表 11.5 所示。

表 11.3　按工作原理分类

类　型		名　称		
容积型	往复式	活塞式	膜片式	—
	回转式	滑片式	螺杆式	转子式
速度型	轴流式	离心式	转子式	

表 11.4　按压力分类

名　称	鼓风机	低压空压机	中压空压机	高压空压机	超高压空压机
压力 p/MPa	≤0.2	0.2～1	1～10	10～100	>100

表 11.5　按流量分类

名　称	微型空压机	小型空压机	中型空压机	大型空压机
输出额定流量 q_n/(m³/s)	≤0.017	0.017～0.17	0.17～1.7	>1.7

2) 空气压缩机的工作原理

最常用的往复活塞式空气压缩机，其工作原理如图 11.3 所示。曲柄 8 作回转运动，通过连杆 7、滑块 5、活塞杆 4 带动活塞 3 作往复直线运动。当活塞 3 向右运动时，气缸 2 的密封腔内形成局部真空，吸气阀 9 打开，空气在大气压力作用下进入气缸，此过程称为吸气过程；当活塞向左运动时，吸气阀关闭，缸内空气被压缩，此过程称为压缩过程；当气缸内被压缩的空气压力高于排气管内的压力时，排气阀 1 即被打开，压缩空气进入排气管内，此过程称为排气过程。图中所示为单缸式空气压缩机，工程实际中常用的空气压缩机大多是多缸式。

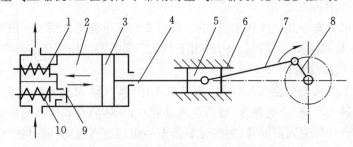

图 11.3　活塞式空气压缩机的工作原理
1—排气阀；2—气缸；3—活塞；4—活塞杆；5—滑块；6—滑道；7—连杆；8—曲柄；9—吸气阀；10—弹簧

3) 几种空气压缩机的结构

(1) 两级活塞式空气压缩机。

空气的压缩是靠活塞在气缸内往复运动，使缸内容积变化，空气压力变化，来实现吸气与排气的。工业中常使用的两级活塞式压缩机如图 11.4 所示，第一级低压活塞缸将压力提升 1 倍，经冷凝器后进入第二级高压活塞缸，压缩到额定压力。

(2) 螺杆式空气压缩机。

如图 11.5 所示为螺杆式空气压缩机，在电动机的带动下，两个互相啮合的转子以相反方向转动，主动转子是活动转子，推压由转子和机壳所构成密封容积内的空气。

螺杆式空气压缩机能连续输出无脉动的压缩空气，主要用于气动量仪等需要较高精度的场合。

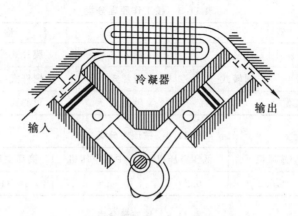

图 11.4 两级活塞式空气压缩机

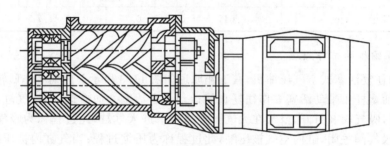

图 11.5 螺杆式空气压缩机

（3）离心式空气压缩机。

如图 11.6 所示为离心式空气压缩机，单级离心式空气压缩机常用于一般气动设备的供气，多级离心式空气压缩机属高压气源设备，常用于制氧厂等需要高压气体的场合。

（4）轴流式空气压缩机。

如图 11.7 所示为轴流式空气压缩机，压缩机工作时，气体先进入吸气管流入进口导向器（具有收敛流道的静止叶栅）得到加速，随后进入动叶片，气体随着动叶片的高速旋转，压力和速度都得到提高，然后气体进入静叶片，把气流导入下一级的进气方向，同时把气体的动能部分转换为压力能，进入下一级动叶片。

这样，气体经多级压缩后，压力逐级地提高。在末级中，气体经一排静叶片整流导向，使气流方向变成侧向最后通过排气管排出。

轴流式空气压缩机主要用于需要大流量供气的场合，如高炉鼓风等。

2. 气动辅助元件

1）冷却器

冷却器安装在空气压缩机的后面，也称为后冷却器。它将空气压缩机排出的具有 140～170 ℃ 的压缩空气降至 40～50 ℃，使压缩空气中油雾和水汽达到饱和，使其大部分凝结成油滴和水滴而析出。常用冷却器的结构形式有蛇形管式、列管式、散热片式、套管式等，冷却方式有水冷式和气冷式两种。图 11.8 所示为列管水冷式冷却器的结构原理图及其图形符号。

2）油水分离器

油水分离器安装在后冷却器后面的管道上，作用是分离并排除空气中凝结的水分、油分

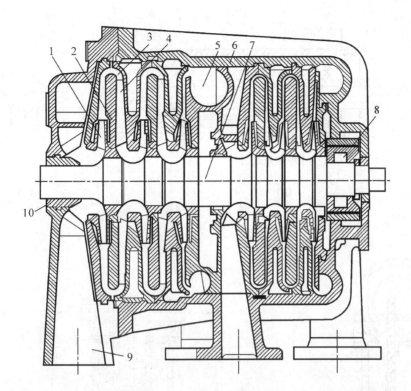

图 11.6 离心式空气压缩机
1—叶轮;2—扩压器;3—弯道;4—回流器;5—涡室;6—机壳;7—主轴;8—平衡盘;9—吸气管;10—轴

和灰尘等杂质,使压缩空气得到初步净化。油水分离器的结构形式有环行回转式、撞击折回式、离心旋式、水浴式以及以上形式的组合等。图 11.9 所示为撞击折回式油水分离器的结构原理图及其图形符号,当压缩空气由入口进入油水分离器后,首先与隔板撞击,一部分水和油留在隔板上,然后气流上升产生环行回转,这样凝结在压缩空气中的水滴和油滴及灰尘杂质受惯性力作用而分离析出,沉降于壳体底部,并由下面的放水阀定期排出。

3) 空气过滤器

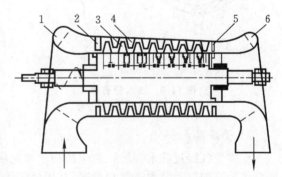

图 11.7 轴流式空气压缩机
1—进气口;2、5—导向器;
3—动叶片;4—静叶片;6—排气口

空气过滤器的作用是滤除压缩空气中的杂质微粒(如灰尘、水分等),达到系统所要求的净化程度。常用的过滤器有一次过滤器(也称为简易过滤器)和二次过滤器。图 11.10 所示为作为二次过滤器用的分水滤气器的结构原理。从入口进入的压缩空气被引入旋风叶子 1,旋风叶子上有许多呈一定角度的缺口,迫使空气沿切线方向产生强烈旋转。这样夹杂在空气中的较大的水滴、油滴、灰尘等便依靠自身的惯性与存水杯 2 的内壁碰撞,并从空气中分离出来,沉到杯底。而微粒灰尘和雾状水汽则由滤芯 3 滤除。为防止气体旋转将存水杯中积存的污水卷起,在滤芯下部设有挡水板 4。在水杯中的污水应通过下面的排水阀 5 及时排放掉。

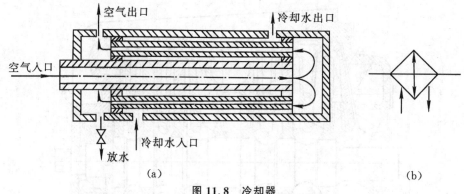

图 11.8 冷却器
(a) 结构原理图；(b) 图形符号

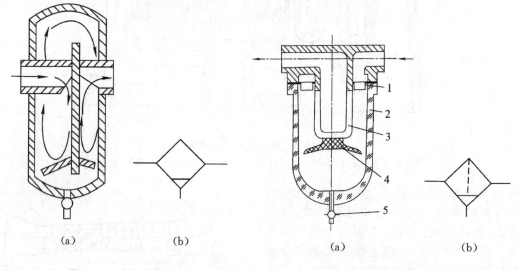

图 11.9 油水分离器
(a) 结构原理图；(b) 图形符号

图 11.10 空气过滤器
(a) 结构原理图；(b) 图形符号
1—旋风叶子；2—存水杯；3—滤芯；4—挡水板；5—排水阀

4) 干燥器

压缩空气经过除水、除油、除尘的初步净化后，已能满足一般气压传动系统的要求。而对某些要求较高的气动装置或气动仪表，其用气还需要经过干燥处理。图 11.11 所示为一种常用的吸附式干燥器的结构原理图。当压缩空气通过具有吸附水分性能的吸附剂（如活性氧化铝、硅胶等）后水分即被吸附，从而达到干燥的目的。

5) 储气罐

储气罐的功用如下：一是消除压力波动；二是储存一定量的压缩空气，维持供需气量之间的平衡；三是进一步分离气中的水、油等杂质。储气罐一般采用圆筒状焊接结构，有立式和卧式两种，通常以立式应用较多，如图 11.12 所示。

上述冷却器、油水分离器、过滤器、干燥器和储气罐等元件通常安装在空气压缩机的出口管路上，组成一套气源净化装置，是压缩空气站的重要组成部分。

6) 油雾器

压缩空气通过净化后，所含污油、浊水得到了清除，但是一般的气动装置还要求压缩空气具有一定的润滑性，以减轻其对运动部件的表面磨损，改善其工作性能。因此要用油雾器对压缩

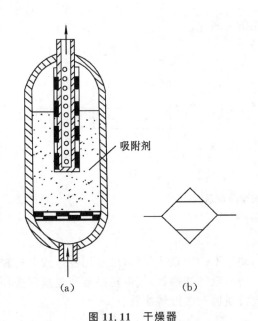
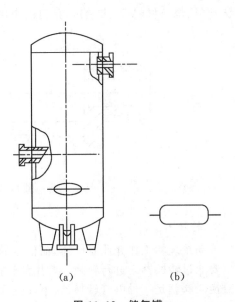

图 11.11 干燥器
(a) 结构原理图；(b) 图形符号

图 11.12 储气罐
(a) 结构原理图；(b) 图形符号

空气喷洒少量的润滑油。油雾器的工作原理如图 11.13 所示。压力为 p_1 的压缩空气流经狭窄的颈部通道时，流速增大，压力降为 p_2，由于压差 $p=p_1-p_2$ 的出现，油池中的润滑油就沿竖直细管(称为文氏管)被吸往上方，并滴向颈部通道，随即被压缩气流喷射雾化带入系统。

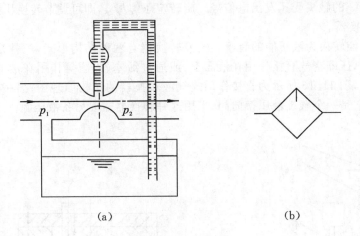

图 11.13 油雾器
(a) 结构原理图；(b) 图形符号

分水滤气器、减压阀、油雾器三件通常组合使用称为气动三联件，是多数气动设备必不可少的气源装置，其安装次序依进气方向为分水滤气器、减压阀、油雾器。

7) 消声器

气压传动系统一般不设排气管道，用过的压缩空气便直接排入大气，伴随有强烈的排气噪声，一般可达 100～120 dB。为降低噪声，可在排气口装设消声器。

消声器是通过阻尼或增加排气面积来降低排气的速度和功率，从而降低噪声的。气动元件上使用的消声器的类型一般有三种：吸收型消声器、膨胀干涉型消声器和膨胀干涉吸收型消声器。图 11.14 所示为吸收型消声器的结构图，它依靠装在体内的吸声材料(如玻璃纤维、毛毡、泡沫塑料、烧结材料等)来消声,是目前应用最广泛的一种。

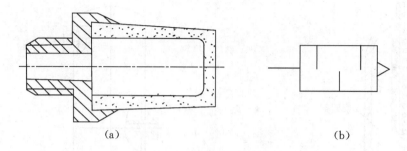

图 11.14 吸收型消声器
(a) 结构原理图;(b) 图形符号

8) 转换器

气动系统的工作介质是气体,而信号的传感和动作不一定全用气体,可能用液体或电传输,这就要通过转换器来进行转换。常用的转换器有三种:电气转换器、气电转换器和气液转换器。电磁换向阀就是一种电气转换器,下面仅介绍气电转换器和气液转换器。

(1) 气电转换器。

这是将气信号转变为电信号的装置,也称为压力继电器。压力继电器按信号压力的大小分为低压型(0~0.1 MPa)、中压型(0.1~0.6 MPa)和高压型(大于 1 MPa)三种。图 11.15 所示为高、中压型压力继电器的结构原理图。压缩空气进入下部气室 A 后,膜片 6 受到由下往上的空气压力作用,当压力上升到某一数值后,膜片上方的圆盘 5 带动爪枢 4 克服弹簧力向上移动,使两个微动开关 3 的触头受压发出电信号。旋转定压螺母 1,即可调节转换压力的范围。

(2) 气液转换器。

这是将气压能转换为液压能的装置。气液转换器有两种结构形式,一种是直接作用式,即在一筒式容器内,压缩空气直接作用在液面上,或通过活塞、隔膜等作用在液面上,推压液体以同样的压力输出,图 11.16 所示为直接作用式气液转换器的结构原理图;另一种气液转换器是换向阀式元件,它是一个气控液压换向阀,采用这种转换器需要另备液压源。

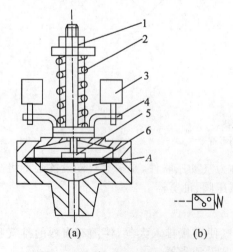

图 11.15 高、中压型压力继电器
(a) 结构原理图;(b) 图形符号
1—定压螺母;2—弹簧;3—微动开关;
4—爪枢;5—圆盘;6—膜片

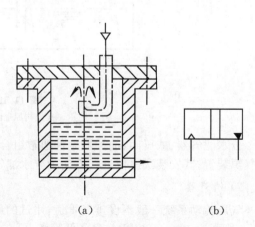

图 11.16 直接作用式气液转换器
(a) 结构原理图;(b) 图形符号

二、气压传动执行元件

在气压传动中,气缸和气马达都是将压缩空气的压力能转换为机械能的气动元件。气缸用于实现往复直线运动或摆动,气马达用于实现回转运动。

1. 气缸

1) 气缸的分类、典型结构及特点

气缸的应用十分广泛,其结构形式也是多种多样,可分为单作用气缸、双作用气缸和特殊气缸三大类。下面简单介绍几种典型气缸的结构与特点。

(1) 普通型单活塞杆双作用气缸。

图 11.17 所示为普通型单活塞杆双作用气缸的结构图。气缸由缸筒 11,前缸盖 13、后缸盖 1,活塞 8,活塞杆 10,密封件和紧固件等组成。缸筒在前、后缸盖之间由四根拉杆和螺母将其连接锁紧(图中未画出)。活塞与连杆相连,活塞上装有密封圈 4、导向环 5 和磁性环 6。为防止漏气和外部粉尘的侵入,前缸盖上装有活塞杆用防尘组合密封圈 15。磁性环用来产生磁场,使活塞接近磁性开关时发出电信号,即在普通气缸上安装磁性开关就能成为可以检测气缸活塞位置的开关气缸。

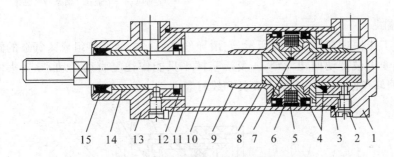

图 11.17 普通型单活塞杆双作用气缸

1—后缸盖;2—缓冲节流针阀;3、7—密封圈;4—活塞密封圈;5—导向环;6—磁性环;8—活塞;
9—缓冲柱塞;10—活塞杆;11—缸筒;12—缓冲密封圈;13—前缸盖;14—导向套;15—防尘密封圈

(2) 气液阻尼缸。

普通气缸工作时,由于气体的可压缩性使气缸工作不稳定。为了使活塞运动平稳,普遍采用了气液阻尼缸。气液阻尼缸是由气缸和液压缸组合而成的,它以压缩空气为能源,利用油液的近似不可压缩性控制流量以获得活塞平稳运动和调节活塞的运动速度。图 11.18 所示为气液阻尼缸的工作原理图。在此缸中,液压缸和气缸共用一个活塞杆,故气缸活塞运动必然带动液压缸活塞往同一方向运动。当活塞右移时,液压缸右腔排油只能经节流阀流入左腔,所产生的阻尼作用使活塞平稳运动,调节节流阀,即可改变活塞的运动速度;反之,活塞左移,油缸左腔排油经单向阀流入右腔,因无阻尼作用,故活塞以快速退回。图中油缸上方的油箱只能用来补充因泄漏而减少的油量。由于补油量不大,通常只用油杯补油。

(3) 冲击气缸。

冲击气缸可把压缩空气的压力能转化为活塞高速运动的动能,利用此动能做功,可完成型材下料、打印、破碎、冲孔、锻造等多种作业。图 11.19 所示为冲击气缸的结构原理图,当活塞 6 处于图示初始位置时,中盖 5 的喷嘴口 4 被活塞封闭,随着换向阀的换向,蓄能腔 3 充入 0.5~0.7 MPa 的压缩空气,活塞杆腔 1 与大气相通,活塞在喷嘴口面积上的气压作用下移动,喷嘴口开启,积聚在蓄能腔中的压缩空气通过喷嘴口突然作用在活塞的全部面积上,喷嘴口处产生高速气流喷入活塞腔 2,使活塞获得强大的动能,然后高速冲下。

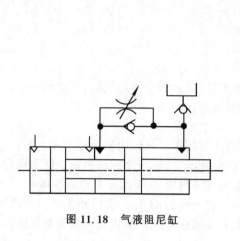

图 11.18　气液阻尼缸

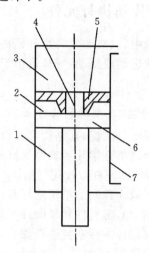

图 11.19　冲击气缸

1—活塞杆腔；2—活塞腔；3—蓄能腔；
4—喷嘴口；5—中盖；6—活塞；7—缸体

(4) 回转气缸。

回转气缸的工作原理如图 11.20 所示,它由导气头、缸体、活塞等组成。气缸的缸体 3 连同缸盖及导气头芯 6 可被带动回转,活塞 4 及活塞杆 1 只能作往复直线运动,导气头体 9 外接管路,固定不动。回转气缸主要用于机床夹具和线材卷曲。

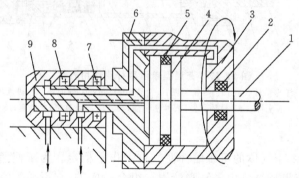

图 11.20　回转气缸

1—活塞杆；2、5—密封装置；3—缸体；4—活塞；6—缸盖及导气头芯；7、8—轴承；9—导气头体

(5) 膜片式气缸。

图 11.21 所示为膜片式气缸的工作原理图,它主要由膜片和中间硬芯相连来代替普通气缸中的活塞,依靠膜片在气压作用下的变形来使活塞杆运动。活塞的位移较小,一般小于 40 mm。这类气缸的特点是结构紧凑,重量轻,密封性能好,制造成本低,维修方便。它适用于气动夹具、自动调节阀及短行程工作场合。

(6) 无油润滑气缸。

该气缸的结构与普通气缸没有什么两样,只是气缸内的一些相对运动零件如活塞、密封圈、导向套等采用一种特殊的树脂材料制成,有自润滑作用,运动摩擦阻力小。因此,这种气缸在运行时不需要在压缩空气中加入起润滑作用的油雾就能长时间工作。由于气缸排气中不含油分,故此种气缸特别适用于食品、医药工业。

2) 气缸的使用要求

（1）气缸一般正常工作的条件是周围介质温度为 $-30\sim 800\ ℃$，工作压力为 $0.1\sim 1\ MPa$。

（2）安装前应在 1.5 倍工作压力下进行试验，不应漏气。

（3）装配时所有密封件的相对运动工作表面应涂以润滑脂。

（4）安装的气源进口处必须设置油雾器，以利于工作中润滑。气缸的合理润滑极为重要，往往因润滑不良，气缸产生爬行，甚至不能正常工作。

（5）安装时要注意动作方向，活塞杆不允许承受偏心负载或横向负载。

（6）负载在行程中有变化时，应使用输出力有足够余量的气缸，并要附加缓冲装置。

（7）不使用满行程。特别是当活塞杆伸出时，不要使活塞与气缸盖相撞击，否则容易引起活塞和缸盖等零件破坏。

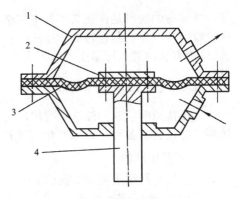

图 11.21 膜片式气缸

1—缸体；2—硬芯；3—膜片；4—活塞杆

2. 气马达

气马达是利用压缩空气的能量实现旋转运动的机械。

1) 气马达的分类与特点

按结构形式不同，气马达可分为叶片式、活塞式、齿轮式等。最为常用的是叶片式气马达和活塞式气马达。叶片式气马达制造简单，结构紧凑，但低速启动转矩小，低速性能不好，适宜性能要求低或中功率的机械，目前在矿山机械及风动工具中应用普遍。活塞式气马达在低速情况下有较大的输出功率，它的低速性能好，适宜载荷较大和要求低速、转矩大的机械，如起重机、绞车绞盘、拉管机等。

2) 叶片式气马达的工作原理

如图 11.22 所示，压缩空气由孔 A 输入时，分为两路：一路经定子两端盖内的槽进入叶片底部（图中未画出）将叶片推出，使其贴紧定子内表面；另一路则进入相应的密封容腔，作用于悬伸的叶片上。由于转子与定子偏心放置，相邻两叶片伸出的长度不一样，就产生了转矩差，从而推动转子按逆时针方向旋转。做功后的气体由孔 C 排出，剩余残气经孔 B 排出。若使压缩空气改由孔 B 输入，便可使转子按顺时针方向旋转。

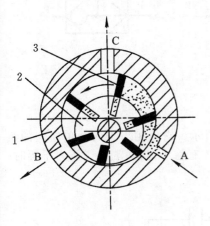

图 11.22 叶片式气马达

1—定子；2—转子；3—叶片

3) 气马达的应用和润滑

气马达工作适应性强，可适用于无级调速、启动频繁、经常换向、高温潮湿、易燃易爆、负载启动、不便于人工操纵及有过载可能的场合。

气马达主要应用于矿山机械、专业性的机械制造业、油田、化工、造纸、炼钢、船舶、航空、工程机械等行业。许多风动工具如风钻、风扳手、风砂轮、风动铲刮机等均装有气马达。随着气压传动的发展，气马达的应用将日趋广泛。

气马达的润滑是保证其正常工作必不可少的环节,气马达得到正确良好的润滑后,可在两次检修期间至少实际运转 2 500~3 000 h。一般应在气马达操纵阀前配置油雾器,并经常补油,以使雾状油混入压缩空气后再进入马达中,从而得到不间断的良好润滑。

三、气压传动控制元件

气压传动的控制元件有三类控制阀,即压力控制阀、流量控制阀和方向控制阀。此外,气动控制元件还包括各种逻辑元件和射流元件,本书对此不作专门介绍。

1. 方向控制阀

方向控制阀用于控制气流的方向与通断,按其功用可分为单向型控制阀和换向型控制阀。

1) 单向型控制阀

单向型控制阀主要有单向阀、梭阀、快速排气阀等。单向阀的结构和符号与液压阀中的单向阀基本相同。这里只介绍梭阀,它是构成逻辑回路的重要元件。

(1) "或"门型梭阀。

图 11.23(a)、(b)所示为"或"门型梭阀的工作原理图。该阀的结构相当于两个单向阀的组合。当通路 P_1 进气时,将阀芯推向右边,通路 P_2 被关闭,于是气流从 P_1 进入通路 A,如图 11.23(a)所示;反之,气流从 P_2 进入 A,如图 11.23(b)所示;当 P_1、P_2 同时进气时,哪端压力高,A 口就与哪端相通,另一端就自动关闭。如图 11.23(c)所示为"或"门型梭阀的图形符号。这种梭阀在气动回路中起到"或"门(P_1 开或 P_2 开)的作用。

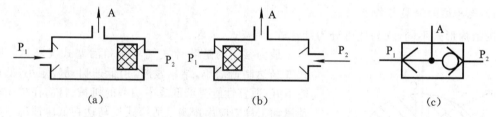

图 11.23 "或"门型梭阀
(a) 工作原理图 1;(b) 工作原理图 2;(c) 图形符号

(2) "与"门型梭阀。

该阀又称为双压阀,其工作原理图和符号如图 11.24 所示。它也相当于两个单向阀的组合。其特点是:只有当两个输入口 P_1、P_2 同时进气时,A 口才有输出;当两端进气压力不等时,则低压气通过 A 口输出。

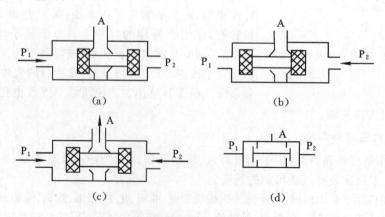

图 11.24 "与"门型梭阀
(a) 工作原理图 1;(b) 工作原理图 2;(c) 工作原理图 3;(d) 图形符号

2）换向型控制阀

换向型控制阀简称换向阀。按阀芯的结构形式可分为滑柱式（又称为滑阀式）、截止式（又称为提动式）、平面式（又称为滑块式）和膜片式等几种；按阀的控制方式又可分为许多类型，图 11.25 列出了气动换向阀的主要控制方式。

在气压传动中，电磁控制换向阀的应用较为普遍。按电磁力作用的方式不同，电磁控制换向阀分为直动型和先导型两种。图 11.26 为采用截止式阀芯的单电磁铁直动型电磁换向阀的工作原理图和图形符号；图 11.27 为采用滑柱式阀芯的双电磁铁直动型电磁换向阀的工作原理图和图形符号；图 11.28 为采用滑柱式阀芯的双电磁铁先导型电磁换向阀的工作原理图和图形符号。

双电磁铁换向阀可做成二位阀，也可做成三位阀。双电磁铁二位换向阀具有记忆功能，即通电时换向，断电时仍能保持原有工作状态。为保证双电磁铁换向阀正常工作，两个电磁铁不能同时通电，电路中要考虑互锁。

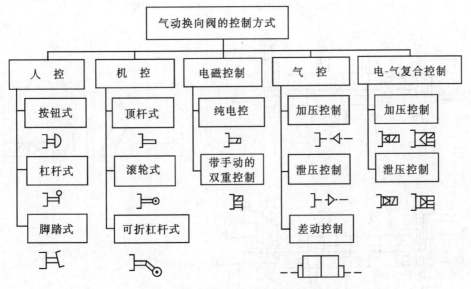

图 11.25 气动换向阀的主要控制方式

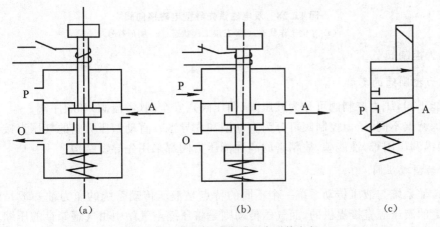

图 11.26 单电磁铁直动型电磁换向阀

(a) 电磁铁不通电时的工作状态；(b) 电磁铁通电时的工作状态；(c) 图形符号

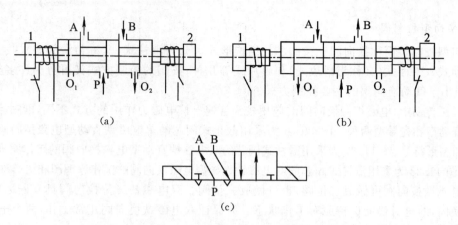

图 11.27 双电磁铁直动型电磁换向阀
(a) 左位工作状态；(b) 右位工作状态；(c) 图形符号

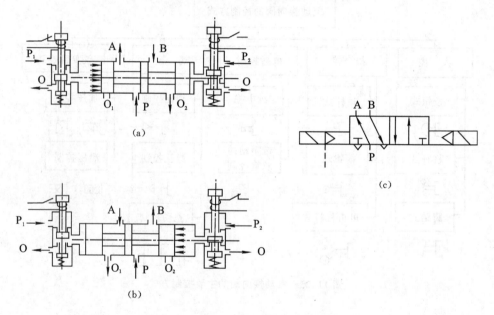

图 11.28 双电磁铁先导型电磁换向阀
(a) 左位工作状态；(b) 右位工作状态；(c) 图形符号

2. 压力控制阀

1) 压力控制阀的类型

按功能不同，压力控制阀可分为减压阀(调压阀)、安全阀(溢流阀)和顺序阀。

按结构特点不同，压力控制阀可分为直动型和先导型。直动型压力阀的气压直接与弹簧力相平衡，操纵调压困难，性能差，故精密的高性能压力阀都采用先导型结构。

2) 直动型减压阀

气压传动系统与液压传动系统一个不同的特点是液压传动系统的压力油一般是由安装在每台设备上的液压源直接提供的，而气压传动则是将压缩空气站中由气罐储存的压缩空气通过管道引出，并减压到适合于系统使用的压力。每台气动装置的供气压力都需要用减压阀来减压，并保持供气压力稳定。

图 11.29 所示为直动型减压阀的结构原理图和图形符号。图示状况下阀芯 5 的台阶面上

边形成一定的开口,压力为 p_1 的压缩空气流过此阀口后,压力降低为 p_2。与此同时,出口边的一部分气流经阻尼孔 3 进入膜片室,对膜片产生一个向上的推力与上方的弹簧力相平衡,减压阀便有稳定的压力输出。当输入压力 p_1 增高时,输出压力便随之增高,膜片室的压力也升高,将膜片向上推,阀芯 5 在复位弹簧 6 的作用下上移,使阀口开度减小,节流作用增强,直至输出压力降低到调定值为止;反之,若输入压力下降,则输出压力也随之下降,膜片下移,阀口开度增大,节流作用减弱,直至输出压力回升到调定值再保持稳定。通过调节调压手柄 1 控制阀口开度的大小即可控制输出压力的大小。一般直动型减压阀的最大输出压力是 0.6 MPa,调压范围是 0.1~0.6 MPa。

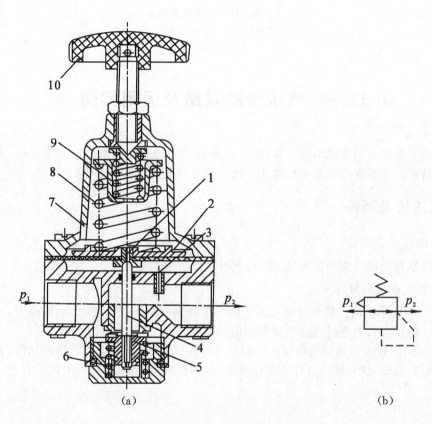

图 11.29　直动型调压阀
(a) 结构原理图;(b) 图形符号
1—溢流孔;2—膜片;3—阻尼孔;4—阀杆;5—阀芯;6—复位弹簧;
7—阀体排气孔;8、9—调压弹簧;10—调压手柄

3. 流量控制阀

在气动系统中,要控制执行元件的运动速度、控制换向阀的切换时间或控制气动信号的传递速度,都需要通过调节压缩空气流量来实现。用于调节流量的控制阀有节流阀、单向节流阀、排气节流阀等。由于节流阀和单向节流阀的工作原理与液压阀中的同型阀相同,在此不再重复,下面只介绍排气节流阀。

图 11.30 所示为排气消声节流阀的结构原理图和图形符号。气流从 A 口进入阀内,由节流口 1 节流后经消声套 2 排出。因而它不仅能调节空气流量,还能起到降低排气噪声的作用。排气节流阀通常安装在换向阀的排气口处与换向阀联用,起单向节流阀的作用。它实

际上只是节流阀的一种特殊形式。由于其结构简单、安装方便、能简化回路,故应用广泛。

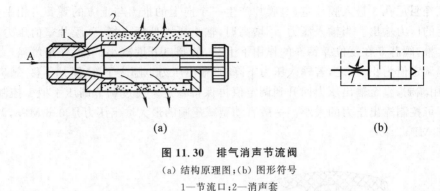

图 11.30 排气消声节流阀
(a)结构原理图;(b)图形符号
1—节流口;2—消声套

11.3 气压传动回路及运用实例

气压传动系统与液压传动系统一样,都是由各种不同功能的基本回路所组成的,并且可以相互参考和借鉴。熟悉常用的基本回路才可能正确分析或设计气动系统。

一、气压传动回路

1. 换向回路

换向回路是利用换向阀来实现气动执行元件运动方向的变化。

1) 单作用气缸换向回路

图 11.31(a)所示为用二位三通电磁阀控制的单作用气缸上、下回路。该回路中,当电磁阀得电时,气缸向上伸出,失电时气缸在弹簧作用下返回。

图 11.31(b)所示为三位四通电磁阀控制的单作用气缸上、下和停止的换向回路,该阀在两电磁铁均失电时自动对中,使气缸停于任何位置,但定位精度不高,且定位时间不长。

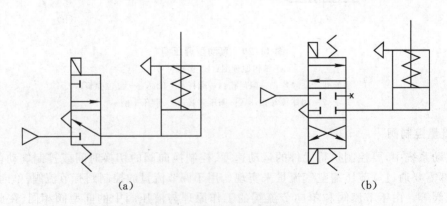

图 11.31 单作用气缸换向回路
(a)二位三通换向;(b)三位四通换向

2) 双作用气缸换向回路

图 11.32 所示为各种双作用气缸的换向回路。

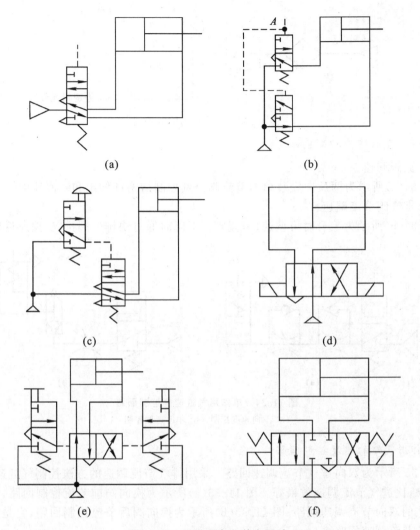

图 11.32 双作用气缸换向回路

(a)简单换向(二位五通);(b)两二位三通换向(气控 A);(c)两二位三通换向(手控、气控);
(d)二位四通电磁换向(只能一边通电);(e)两二位三通控制二位四通换向(只能一边手动按钮压下);
(f)三位四通电磁换向(有"中停")

2. 压力控制回路

压力控制回路的作用是使系统保持在某一规定的压力范围内。

1) 一次压力控制回路

一次压力控制回路的作用是使储气罐送出的气体压力不超过规定压力。一般在储气罐上安装一只安全阀,罐内压力超过规定压力时即向大气放气或在储气罐上装一电接点压力表,罐内压力超过规定压力时即控制压缩机断电。

2) 二次压力控制回路

图 11.33 所示为用空气过滤器、减压阀、油雾器(气动三联件)组成的二次压力控制回路,其作用是保证系统使用的压力为一定值。

3. 速度控制回路

速度控制回路的基本方法是用节流阀控制进入或排出执行元件的气流量。

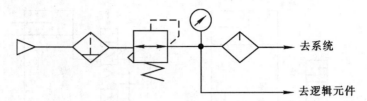

图 11.33 二次压力控制回路

1) 单作用气缸速度控制回路

(1) 节流阀调速。

图 11.34(a) 所示为两反向安装单向节流阀分别控制活塞杆伸出和缩回速度。

(2) 快排气阀节流调速。

图 11.34(b) 所示为上升时可调速(节流阀),下降时通过快排气阀排气,快速返回。

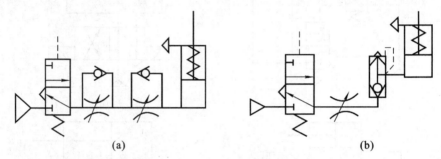

图 11.34 单作用气缸速度控制回路
(a) 双向速度控制;(b) 单向速度控制

2) 双作用气缸的速度控制回路

图 11.35 所示为双向排气节流调速回路。采用排气节流调速的方法控制气缸速度,其活塞运动较平稳,比进气节流调速效果好。图 11.35(a) 所示为换向阀前节流控制回路,它是采用单向节流阀式的双向节流调速回路;图 11.35(b) 所示为换向阀后节流控制回路,它是采用排气节流阀的双向节流调速回路。

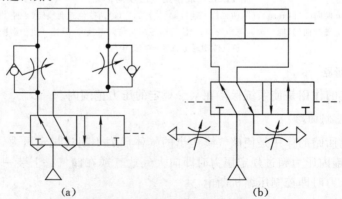

图 11.35 双作用气缸的调速回路
(a) 换向阀前节流控制;(b) 换向阀后节流控制

4. 气液联动回路

在气动回路中,若采用气液转换器或气液阻尼缸后,就相当于把气压传动转换为液压传动,就能使执行元件的速度调节更加稳定,运动也更平稳。

1) 气液转换器的速度控制回路

如图 11.36 所示,利用气液转换器把气压变为液压,利用液压油驱动液压缸,得到平稳易于控制的活塞运动速度,调节节流阀可改变活塞运动速度。

2) 气液阻尼缸的速度控制回路

如图 11.37 所示的回路,采用气液阻尼缸实现"快进→工进→快退"的工作循环。其工作情况如下。

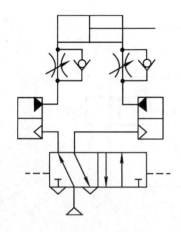

图 11.36 气液转换器的速度控制回路

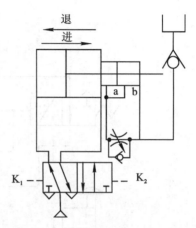

图 11.37 气液阻尼缸的速度控制回路

(1) 快进。

K_2 有信号,五通阀右位工作,活塞向左运动,液压缸右腔的油经 a 口进入左腔,气缸快速左进。

(2) 工进。

活塞将 a 口封闭,液压缸右腔的油经 b 口经节流阀回左腔,活塞工进。

(3) 快退。

K_2 消失,K_1 输入信号,五通阀左位工作,活塞快退。

5. 延时控制回路

1) 延时输出回路

图 11.38 所示为延时输出回路。当控制信号切换阀 4 后,压缩空气经单向节流阀 3 向气容 2 充气。充气压力延时升高达到一定值使阀 1 换向后,压缩空气就从该阀输出。

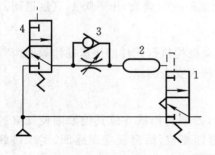

图 11.38 延时输出回路

1—阀;2—气容;3—单向节流阀;4—信号切换阀

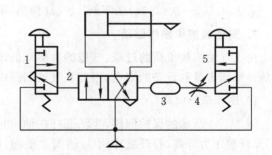

图 11.39 延时退回回路

1—按钮阀;2—主控阀;3—气容;4—节流阀;5—行程阀

2) 延时退回回路

图 11.39 所示为延时退回回路。按下按钮阀 1,主控阀 2 换向,活塞杆伸出,至行程终端,挡块压下行程阀 5,其输出的控制气经节流阀 4 向气容 3 充气,当充气压力延时升高达到一定值后,主控阀 2 换向,活塞杆退回。

6. 计数回路

计数回路可以组成二进制计数器,如图 11.40 所示。其工作原理如下。

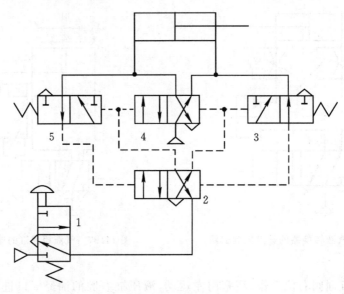

图 11.40 计数回路
1、2、3、4、5—换向阀

(1) 第一次按下阀 1 按钮,气信号→阀 2 右位→阀 4 左端→阀 4 左位工作,阀 5 右位工作→气缸伸出。

(2) 阀 1 复位→阀 4 左端控制气信号→阀 2→阀 1→大气→阀 5 复位,左位工作→气缸无杆腔压缩空气→阀 5 左位→阀 2 左端→阀 2 换至左位,等待阀 1 的信号。

(3) 第二次按下阀 1,气信号→阀 2 左位→阀 4 右端→阀 4 右位工作,阀 3 左位工作→气缸退回。

(4) 阀 1 复位→阀 4 右端控制气信号→阀 2→阀 1→大气→阀 3 复位,右位工作→气缸有杆腔压缩空气→阀 3 右位→阀 2 右端→阀 2 换至右位,等待阀 1 的信号。

第 1、3、5、7…次(奇数)压下阀 1,气缸伸出;第 2、4、6、8…次(偶数)压下阀 1,气缸退回。

7. 安全保护和操作回路

由于气动机构负荷的过载、气压的突然降低以及气动机构执行元件的快速动作等原因都可能危及操作人员和设备的安全,因此在气动回路中常常加入安全回路。

1) 过载保护回路

图 11.41 所示的保护回路,当活塞杆在伸出过程中,若遇到挡铁 6 或其他原因使气缸过载时,无杆腔压力升高,打开顺序阀 3,使阀 2 换向,阀 4 随即复位,活塞就立即缩回,实现过载保护;若无障碍,气缸继续向前运动时压下阀 5,活塞即刻返回。

2) 互锁回路

图 11.42 所示为互锁回路,四通阀的换向受三个串联的机动三通阀控制,只有三个都接通,主控阀才能换向。

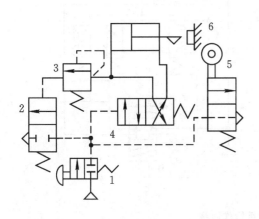

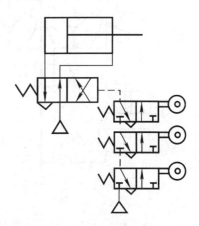

图 11.41　过载保护回路
1、2、4、5—换向阀;3—顺序阀;6—挡铁

图 11.42　互锁回路

3) 双手同时操作回路

双手同时操作回路就是使用两个启动用的手动阀,只有同时按动两个阀才动作的回路。这种回路主要是为了安全。在锻造、冲压机械上常用来避免误动作,以保护操作者的安全。

图 11.43(a)所示为使用逻辑"与"回路的双手操作回路,为使主控阀换向,必须使压缩空气信号进入其左端,故两只三通手动阀要同时换向,另外这两个阀必须安装在单手不能同时操作的位置上,在操作时,如任何一只手离开则控制信号消失,主控阀复位,则活塞杆退回。

图 11.43(b)所示为使用三位主控阀的双手操作回路,把此主控换向阀 1 的信号 A 作为手动换向阀 2 和 3 的逻辑"与"回路,亦即只有手动换向阀 2 和 3 同时动作时,主控换向阀 1 换向至上位,活塞杆前进;把信号 B 作为手动换向阀 2 和 3 的逻辑"或非"回路,即当手动换向阀 2 和 3 同时松开时(图示位置),主控换向阀 1 换向至下位,活塞杆退回;若手动换向阀 2 或 3 任何一个动作,将使主控阀复位至中位,活塞杆处于停止状态。

8. 顺序动作回路

顺序动作回路是指在气动回路中,各个气缸按一定程序完成各自的动作。

1) 单缸往复动作回路

单缸往复动作回路可分为单缸单往复和单缸连续往复动作回路。前者是指如给定一个信号后,气缸只完成 A_1A_0 一次往复动作(A 表示气缸,下标"1"表示 A 缸活塞伸出,下标"0"表示活塞缩回动作)。而单缸连续往复动作回路是指输入一个信号后,气缸可连续进行 $A_1A_0A_1A_0\cdots$ 动作。

(1) 单往复控制回路。

图 11.44 所示为三种单往复回路,其中图 11.44(a)所示为行程阀控制的单往复动作回路。当按下阀 1 的手动按钮后,压缩空气使阀 3 换向,活塞杆前进,当凸块压下行程阀 2 时,阀 3 复位,活塞杆返回,完成 A_1A_0 循环;图 11.44(b)所示为压力控制的单往复回路,当按下阀 1 的手动按钮后,阀 3 阀芯右移,气缸无杆腔进气,活塞杆前进,当活塞到达行程终点时,气压升高,打开顺序阀 2,使阀 3 换向,气缸返回,完成 A_1A_0 循环;图 11.44(c)所示为利用阻容回路形成的时

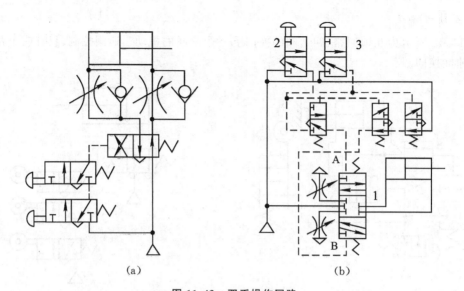

图 11.43 双手操作回路
(a) 使用逻辑"与"的回路;(b) 使用三位主控阀的回路
1—主控换向阀;2、3—手动换向阀

间控制单往复回路,当按下阀 1 的按钮后,阀 3 换向,气缸活塞杆伸出,当压下行程阀 2 后,需经过一定的时间后,阀 3 才能换向,再使气缸返回完成动作 A_1A_0 的循环。由以上可知,在单往复回路中,每按动一次按钮,气缸可完成一个 A_1A_0 的循环。

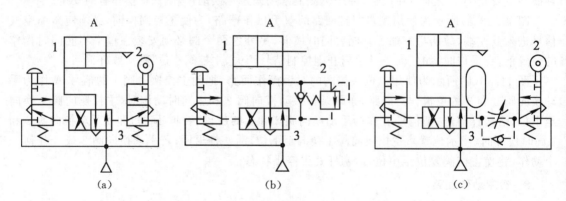

图 11.44 单往复控制回路
(a) 行程阀控制;(b) 压力控制;(c) 利用阻容回路形成的时间控制
1—气缸;2—手动换向阀,单向顺序阀;3—气动换向阀

(2) 连续往复动作回路。

图 11.45 所示的回路为连续往复动作回路,能完成连续的动作循环。当按下阀 1 的按钮后,阀 4 换向,活塞向右运动,此时阀 3 复位将气路封闭,阀 4 不能复位,活塞继续前进;活塞到达行程终点压下阀 2,使阀 4 控制气路排气,在弹簧作用下阀 4 复位,气缸返回。活塞到达行程终点压下阀 3,阀 4 换向,活塞再次向前,形成 $A_1A_0A_1A_0\cdots$ 连续往复动作,提起阀 1 的按钮后,阀 4 复位,活塞返回而停止运动。

2) 多缸顺序动作回路

两三个或多个气缸按一定顺序动作的回路,称为多缸顺序动作回路。其应用较广泛,在一个循环顺序里,若气缸只做一次往复,称为单往复顺序,若某些气缸作多次往复,就称为多往复顺序。若用 A、B、C…气缸,仍用下标 1、0 表示活塞的伸出和缩回,则两个气缸的基本动作顺序有 $A_1B_0A_0B_1$、$A_1B_1A_0B_0$ 和 $A_1A_0B_1B_0$ 三种。而三个气缸的基本动作就有 15 种之多,如 $A_1B_1C_1A_0B_0C_0$、$A_1A_0B_1C_1B_0C_0$、$A_1B_1C_1A_0C_0B_0$,等等。这些顺序动作回路,都属于单往复顺序。图 11.46 所示为两缸多往复顺序动作回路,其基本动作为 $A_1B_1A_0B_0A_1B_1A_0B_0\cdots$ 的连续往复顺序动作。

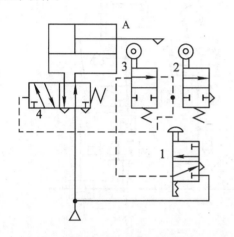

图 11.45　单缸连续往复回路
1、2、3、4—换向阀

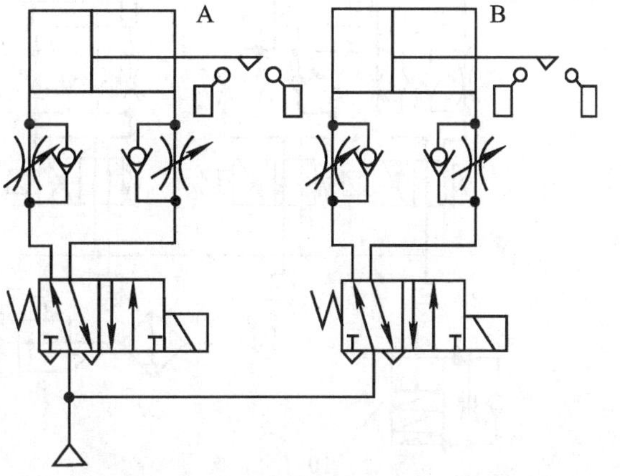

图 11.46　两缸多往复顺序动作回路

在程序控制系统中,把这些顺序动作回路都称为程序控制回路。

三、气压传动系统实例

1. 机械手气压传动系统

在显像管生产过程中,显像管的传输及转运采用了将机械、气动、液压、真空和电气技术集为一体的控制系统,工序之间采用传输带连接。在操作工位由机械手从传输带上取下显像管放到加工设备上,显像管转运机械手便是其中之一。该机械手用于清洗工序,其作用是把来自传输带的显像管抓起来放到清洗机的上管工位。它主要由长臂伸缩缸、立柱升降缸、回转摆动缸、真空吸盘和机架等部分组成,如图 11.47 所示。各驱动气缸的行程末端均带有行程开关,用以检测各动作的到位情况,以发出相应的控制信号。

1) 机械手完成的工作和动作程序

机械手处于原位(长臂缸 3 的活塞杆缩回,摆动缸 4 的叶片处于左位,升降缸 A 的活塞杆缩回,升降缸 B 的活塞杆伸出,等待显像管传送带到位)——机械手吸抓显像管(由显像管传送

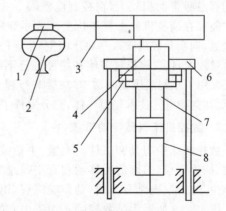

图 11.47　显像管转运机械手结构示意图
1—真空吸盘;2—显像管;3—长臂缸;4—摆动缸;
5—液压缓冲器;6—机架;7—升降缸 A;8—升降缸 B

带送到并发出有管信号,吸盘吸住显像管)——机械手上升(升降缸 B 的缸体升起,升降缸 A 的活塞杆伸出,使机械手处于最高位)——机械手转位(摆动缸 4 向右转 90°)——机械手伸出(长臂

缸 3 伸出并等待)——机械手下降放显像管(清洗机上管工位到位且无剩余管时,升降缸 A 的活塞杆缩回,吸盘放气,将显像管放在清洗机的上管工位)——机械手复位准备下一次抓管。

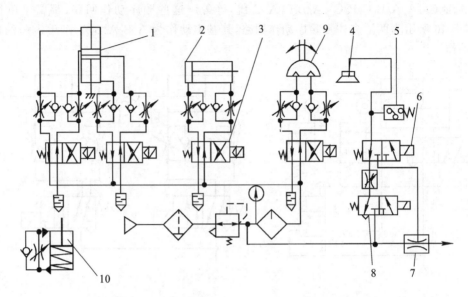

图 11.48　显像管转运机械手气压传动系统原理图
1—连体升降缸;2—长臂缸;3—单控电磁阀;4—吸盘;5—真空开关;
6、8—直动型电磁阀;7—真空泵;9—摆动缸;10—液压缓冲器

2) 气动系统工作原理

图 11.48 所示为显像管转运机械手气压传动系统原理图。来自气源的压缩空气经三联件(气源调节装置)处理后供给控制系统,用四个二位四通单控电磁阀 3 分别控制长臂缸 2、摆动缸 9 与两个连体升降缸 1 的动作。用二位三通直动型电磁阀 6、8 控制真空泵 7 与吸盘 4 的通断。真空开关用于检测是否吸住显像管,如已吸住,则真空开关 5 便发出信号控制下一步动作。由于真空吸盘面积较大,在控制电磁阀 6 关闭后,吸盘腔的负压不能立即消失,显像管要等 12 s 后才能掉在清洗机的上管工位上。为了缩短工作周期,放管时,当电磁阀 6 断电后,电磁阀 8 瞬时接通,向吸盘腔内吹入一股压缩空气,促使显像管快速脱离吸盘。另外,由于显像管及机构本身的质量较大,仅仅靠排气节流和缓冲缸已不能满足对行程末端的无冲击要求。为解决这个问题,系统采用了小型液压缓冲器 10 来缓和行程末端的冲击,其效果很好。该系统的特点是:将启动、液压、真空和电气技术集为一体,充分发挥了各种技术的优点。故系统的结构简单,性能可靠。

2. 数控机床气压传动系统

数控机床中刀具和工件的夹紧、主轴锥孔吹屑、工作台交换、工作台与鞍座间的拉紧、回转分度、插销定位、刀库前后移动和真空吸盘等动作常采用气压传动系统。其优点是:安全性高,污染少,气、液、电结合方便,动作响应快,用于中、小功率的场合。

图 11.49 所示为某数控卧式加工中心的气动系统部分图,用于中心刀具和工件的夹紧、主轴锥孔吹屑和安全防护门的开关,压缩空气压力为 0.5 MPa,通过 8 mm 的气管接到过滤、减压、油雾化的三联件 ST 到达换向阀,压缩空气得到了干燥、洁净,并加入了适当的润滑用油雾。

1YA 失电时,刀具和工件夹紧;1YA 得电时,刀具和工件松开。2YA 得电时,压缩空气吹向主轴锥孔,吹去铁屑。

3. 汽车门开关气压传动系统

利用超低压气动阀来检测人的踏板动作。如图 11.50 所示,在汽车车门内、外装踏板 6 和

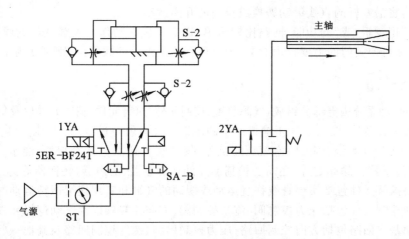

图 11.49 数控加工中心启动系统

11,踏板下方装有完全封闭的橡胶管,管的一端与超低压气动换向阀 7 和 12 的控制口连接。当人站在踏板上时,橡胶管内压力上升,超低压气动换向阀产生动作。

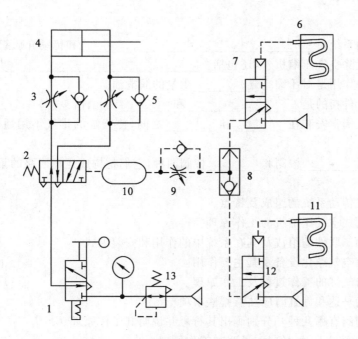

图 11.50 汽车车门开关气动系统

1—手动换向阀;2—二位五通气动换向阀;3、5、9—单向节流阀;4—主缸;
6、11—内、外装踏板;7、12—二位三通气动换向阀;8—梭阀;10—气罐;13—减压阀

首先使手动换向阀 1 上位接入工作状态,空气通过气动换向阀 2、单向节流阀 3 进入主缸 4 的无杆腔,将活塞杆推出(门关闭)。当人站在内踏板 6 上时,气动控制阀 7 动作。

当人站在外踏板 11 上时,超低压气动换向阀 12 动作,使梭阀 8 上面的通口关闭,下面的通口接通(此时由于人已离开踏板 6,气动换向阀 7 已复位),压缩空气通过梭阀 8、单向节流阀 9 和气罐 10 使气动换向阀 2 换向,进入主缸 4 的有杆腔,活塞左退,门打开。

人离开踏板 6、11 后,经过延时(由节流阀控制)后,气罐 10 中的空气经单向节流阀 9、梭阀 8 和气动换向阀 7、12 放气,气动换向阀 2 换向,主缸 4 的无杆腔进气,活塞杆伸出,拉门关闭。

通过连杆机构将活塞杆的直线运动转换成拉门的开闭运动。

该回路利用逻辑"或"的功能,回路比较简单,很少产生误动作。乘客从门的哪一边进出均可。减压阀13可使关门的力度自由调节,十分便利。如将手动阀复位,则可变为手动门。

【模块小结】

（1）气压传动系统由五部分组成：气源装置、控制元件、执行元件、辅助元件以及传动介质。

（2）气源装置及辅件：由空气压缩机产生的压缩空气必须经过冷却、干燥、净化等一系列处理以后才能用于传动系统,因此除空气压缩机外,气源装置还需包括冷却器、油水分离器、储气罐、干燥器及过滤器。除此之外,还需各种辅助元件如油雾器、消声器、转换器等。

（3）气动执行元件包括实现直线往复运动或摆动的气缸和实现连续回转运动的气马达。

（4）气动控制元件包括压力控制阀、流量控制阀、方向控制阀以及气动逻辑元件。

（5）气动基本回路包括方向控制回路、压力控制回路、速度控制回路及其他一些常用回路。

（6）本章还分析介绍了机械手气压传动系统、汽车门开关气动系统、数控机床气压传动系统等一些气压传动系统实例。

【思考与练习】

一、填空题

1. 气压传动系统由_____、_____、_____、_____和传动介质组成。
2. 气源装置除空气压缩机外,还包括_____、_____、_____、_____和过滤器。
3. 油雾器的作用是对压缩空气_____少量的润滑油。
4. 气动三元件指的是_____、_____和_____三元件。
5. 快速排气阀常安装在_____和_____之间,使气缸的排气不用通过换向阀而快速排气。
6. 梭阀包括_____梭阀和_____梭阀两种,它们是构成逻辑回路的重要元件。

二、问答题

1. 简述气压传动系统的组成及特点。
2. 简述活塞式空气压缩机的工作原理。
3. 说明气动三联件的组成及其在系统中的作用和安装方式。
4. 简述压缩空气净化设备及其主要作用。
5. 简述冲击气缸的工作过程及工作原理。
6. 使用气动马达和气缸时应注意哪些事项？
7. 单向控制阀有哪几种？分别画出其符号并说明其工作原理。
8. 画出直动型减压阀的符号,说明其工作原理。
9. 双向节流调速回路有哪几种(画图说明)？各有什么特点？
10. 什么是一次压力控制、二次压力控制？其方法如何？
11. 什么是气液联动？画图说明气液阻尼缸的速度控制回路的工作过程。
12. 画图说明计数回路的工作过程。
13. 画图分析双手操作回路的工作过程。
14. 画图分析单缸连续往复动作回路的工作过程。
15. 管转运机械手如何抓住显像管？为什么用两个二位三通电磁阀来控制？该气动系统中长臂伸缩缸、立柱升降缸、回转摆动缸分别实现机械手的什么动作？
16. 分析汽车门开关气动系统的工作过程。

模块 12
液压与气动实训指导

◀ 学习目标

（1）进一步掌握液压与气动元件的基本原理和结构特点。

（2）进一步了解液压基本回路和气动基本回路的组成和控制原理。

（3）进一步熟悉液压与气动系统原理图，并能熟练选用元件，按照基本回路图正确组装并调试液压与气动控制回路。

（4）进一步掌握液压与气动系统的一般故障排除。

液压与气动实训以液压元件的拆装和液压与气动基本回路的实装和调试为主。液压元件的结构一般都很复杂，各种动力、控制、执行、辅助元件的图形在书中画的较为简单，而且也不全面，学生在课堂上难以完全了解和掌握，液压元件拆装实训能较好地弥补课堂教学的不足，学生能更好地掌握液压元件的结构特点、工作原理、故障分析及排除方法。液压与气动系统无论有多复杂，都是由一些能够完成某种特定控制功能的基本回路组成的，液压与气动基本回路的实装和调试实训，让学生能更好地了解液压与气动系统基本回路的组成和控制原理，为学生全面掌握液压与气动技术打下良好的基础。

12.1 液压与气动实训学生守则和操作规程

一、液压与气动实训学生守则

(1) 实训前必须认真预习实训指导书有关内容,明确实训目的、原理、步骤,回答实训教师提问。

(2) 进入实训室前,应清除衣服上的灰尘,只准带与实训有关的书籍、文具和材料。

(3) 进入实训室后,应保持安静和整洁,不要高声喧哗和打闹,严禁吸烟,不准乱丢纸屑和杂物,不准随地吐痰。

(4) 实训时必须严格遵守实训的规章制度和仪器设备的操作规程,爱护仪器设备,凡与本实训无关的设备均不得使用和触摸。

(5) 如果仪器设备发生故障,应立即报告实训教师,切勿乱动。如果造成仪器设备安全事故,必须及时向实训教师如实汇报事故经过,并写出书面材料,上报学院备案,若纯属个人责任,应视情节轻重,酌情赔偿或给予适当处分。

(6) 实训完毕,必须整理使用过的一切设备和工具并放回原处,整理好实训场地。

(7) 认真填写实训报告,经实训教师检查仪器设备、工具及实训记录后,在记录本上签字后方可离开实训室。

二、液压与气动实训台操作规程

(1) 因实训元器件结构和用材的特殊性,在实训的过程中务必注意轻拿轻放,防止碰撞,在回路实训过程中确认安装稳妥无误后才能进行加压实训。

(2) 实训之前必须熟悉元器件的工作原理和动作的条件,掌握快速组合的方法,禁止强行拆卸,禁止强行旋扭各种元件的手柄,以免造成人为损坏。

(3) 实训中所使用的接近开关为感应式,开关头部距离感应金属约 4 mm 之内即可感应信号。

(4) 严禁带负载启动(要将溢流阀旋松),以免造成安全事故。

(5) 实训时,系统压力不得超过额定压力,液压系统一般为 4~6 MPa,气动系统不大于0.6 MPa。

(6) 实训之前一定要了解本实训系统的操作规程,在实训教师指导下进行,切勿盲目进行实训。

(7) 实训过程中,如果发现回路中任何一处有问题,应立即切断泵站电源,并向实训教师汇报情况,只有当回路释压后才能重新进行实训。

(8) 实训完毕后,要清理好元器件,注意做好元器件的保养和实训台的清洁。

三、液压与气动实训报告要求

(1) 实训报告是实训的成果小结,必须以认真负责、实事求是的态度完成。

(2) 对所需铭牌参数应主动查询,对测试参数和现象要如实记录。

(3) 实训报告中的思考题,可由实训教师提出,也可由学生自行提出和回答。

(4) 要求学生独立完成报告。实训报告做在专门的实训(实训)报告纸上,字迹清楚,书写整洁。

(5) 实训报告上应注明班级、姓名、学号、实训指导教师、实训地点和实习时间等信息。实训报告的内容应包括实训项目名称、实训目的、实训器材、实训原理图、实训内容与步骤、实训思考题以及实训过程的感受等内容。

12.2 液压元件拆装实训

12.2.1 液压泵的拆装实训

一、实训目的

(1) 熟悉常用液压泵的外形、铭牌和结构,进一步掌握其工作原理。
(2) 通过拆装,学会使用各种工具,掌握拆装常用液压泵的步骤和技巧。
(3) 掌握常用液压泵各零件的装配关系。
(4) 在拆装的同时,分析和理解常用液压泵易出现的故障及排除方法。

二、实训器材

(1) 元件:齿轮泵(CB-B 型)、叶片泵(YBX 型)和斜盘式柱塞泵(SCY14-1B 型)。
(2) 工具:卡钳、内六角扳手、固定扳手、螺丝刀、游标卡尺、油盆、耐油橡胶板和清洗油。

三、实训内容与步骤

1. CB-B 型齿轮泵拆装(结构见图 3.4)

1) 拆卸顺序

松开紧固螺钉,拆除定位销,分开前、后端盖,从泵体中取出主动齿轮及主动轴、从动齿轮及从动轴,分解端盖与轴承、齿轮与轴、端盖与油封。

2) 装配顺序

装配前清洗、检验和分析各零件,然后按拆卸时的反向顺序装配。

3) 主要零件分析

泵体的两端面开有封油槽,此槽与吸油口相通,用来防止泵内油液从泵体与端盖接合面外泄,泵体与齿顶圆的径向间隙为 0.13~0.16 mm,前、后端盖内侧开有卸荷槽,用来消除困油。端盖上吸油口大,压油口小,用来减小作用在轴和轴承上的径向不平衡力。两个齿轮的齿数和模数都相等,齿轮与端盖轴向间隙为 0.03~0.04 mm,轴向间隙不可调节。

2. YBX 型叶片泵拆装(结构见图 3.17)

1) 拆卸顺序

松开固定螺钉,拆下弹簧压盖,取出调压弹簧和弹簧座。松开固定螺钉,拆下活塞压盖,取出变量活塞。松开固定螺钉,拆下滑块压盖,取出滑块和滚针。松开固定螺钉,拆下传动轴左右端盖,取出左配油盘、定子、转子传动轴组件和右配油盘。最后分解以上各部件。

2) 装配顺序

清洗、检验和分析各零件,然后按拆卸时的反向顺序装配,先装部件后总装。

3) 主要零件分析

定子的内表面和转子的外表面是圆柱面,转子中心固定,定子中心可以上下移动,转子径向开有可放置叶片的叶片槽;叶片数为 15 片,叶片有后倾角,有利于叶片在惯性力的作用下向外伸出;配油盘上有三个圆弧槽,分别为压油窗口、吸油窗口、通叶片底部的油槽,这样可保证压油腔一侧的叶片底部油槽和压油腔相通,吸油腔一侧油槽与吸油腔相通,保持叶片的底部和顶部所受的液压力是平衡的;滑块用来支承定子,并承受压力油对定子的作用力;压力调节装置由调压弹簧、调压螺钉和弹簧座组成,调节弹簧的预压缩量可以改变泵的限定压力;最大流量调节螺钉可以改变活塞的原始位置,也改变了定子与转子的原始偏心量,从而改变泵的最大流量;泵的出口压力作用在活塞上,活塞对定子产生反馈力构成压力的反馈装置。

3. SCY14-1B 型斜盘式柱塞泵拆装(结构见图 3.20)

1) 拆卸顺序

松开固定螺钉,分开左端手动变量机构、中间泵体和右端泵盖三部件,最后分解以上各部件。

2) 装配顺序

清洗、检验和分析各零件,然后按拆卸时的反向顺序装配,先装部件后总装。

3) 主要零件分析

泵体用铝青铜制成,它上面有七个与柱塞相配合的圆柱孔,其加工精度很高,以保证既能相对滑动,又有良好的密封性能。泵体中心开有花键孔,与传动轴相配合。泵体右端与配油盘相配合。柱塞的球头与滑履铰接,柱塞在泵体内作往复运动,并随泵体一起转动。滑履随柱塞作轴向运动,并在斜盘的作用下绕柱塞球头中心摆动,使滑履平面与斜盘斜面贴合。柱塞和滑履中心开有为 $\phi1$ mm 的小孔,压力油可进入柱塞和滑履、滑履和斜盘间的相对滑动表面,形成油膜,起到静压支承作用,减小这些零件的磨损。定心弹簧通过内套、钢珠和压盘将滑履压向斜盘,使柱塞进行往复运动,产生吸压油功能。同时,定心弹簧又通过外套使泵体紧贴配油盘,以保证启动时基本无泄漏。配油盘上开有两条牙形的吸油窗口和压油窗口,外圈开有环形卸荷槽,与回油腔相通,使直径超过卸荷槽的配流端面上的压力降低到零,保证配流盘端面能可靠地贴合。两个通孔起减少冲击降低噪声的作用。四个小盲孔起储油润滑作用。配油盘下端的缺口用来与泵盖准确定位。滚珠轴承用来承受斜盘作用在泵上的径向力。变量活塞在变量壳体内,并与丝杆相连。斜盘前后有两根耳轴支承在变量壳体上,并可绕耳轴中心线摆动。斜盘中部装有销轴,其左侧球头插入变量活塞的孔内。转动手轮,丝杆带动变量活塞上下移动,通过销轴使斜盘摆动,从而改变斜盘倾角 γ,达到变量的目的。

四、思考题

(1) 填写表 12.1。

表 12.1 液压泵拆装实训参数表

	铭牌参数				
	型号	额定压力	额定流量	额定转速	生产厂家
齿轮泵					
叶片泵					
柱塞泵					
	实测参数				
齿轮泵	齿数 z	齿宽 B	有效齿高 h	轴向间隙 δ_1	径向间隙 δ_2
叶片泵	叶片数 z	叶片厚 H	叶片宽 B	定子半径 R	最大偏心距 e_{max}
柱塞泵	柱塞数 z	柱塞直径 d	分布圆直径 D	最大斜盘倾角 γ_{max}	最大排量 V_{max}

(2) 齿轮泵的困油是怎样形成的？有何危害？如何解决？
(3) 为什么齿轮泵一般做成吸油口大而出油口小？
(4) 外啮合齿轮泵有否配流装置？它是如何完成吸、压油分配的？
(5) 叶片泵的困油问题是怎样解决的？配油盘上的三角槽的作用是什么？
(6) YBX 型叶片泵是如何变量的？
(7) 柱塞泵的密封工作容积由哪些零件组成？泵的排量与哪些结构参数有关？计算其最大排量。
(8) 斜盘式轴向柱塞泵的变量机构由哪些零件组成？如何调节泵的流量？

五、实训报告内容

(1) 写出液压泵的拆卸与装配顺序。
拆卸顺序：零件(名称)1→零件(名称)2→零件(名称)3……。
装配顺序：零件(名称)1→零件(名称)2→零件(名称)3……。
(2) 写出思考题的答案。
(3) 写出拆装过程的感受。

12.2.2 液压缸的拆装实训

一、实训目的

(1) 了解液压缸的结构形式和连接方式，进一步掌握液压缸的工作原理。
(2) 掌握拆装液压缸的步骤和方法。
(3) 掌握液压缸各主要零件的装配关系。
(4) 在拆装的同时，分析和理解液压缸易出现的故障及排除方法。

二、实训器材

（1）元件：双作用单活塞杆液压缸。
（2）工具：卡钳、固定扳手、螺丝刀、缸盖拆装专用扳手、游标卡尺、油盆、耐油橡胶板和清洗油。

三、实训内容与步骤

双作用单活塞杆液压缸（见图4.10）的拆装过程如下。

1. 拆卸顺序

拆下耳环。松开锁紧螺钉，用专用扳手拆下缸盖。将活塞、活塞杆和导向套从缸筒中分离。拆下导向套，取下密封圈和。用卡钳卸下弹簧卡圈，依次取出挡环、半环、活塞，取下密封圈和支承环。

2. 装配顺序

装配前清洗各零件，将活塞杆与导向套、活塞杆与活塞、活塞与缸筒等配合表面涂上润滑液，然后按拆卸时的反向顺序装配。

3. 液压缸拆装注意事项

（1）拆卸时应防止损伤活塞杆顶端螺纹、油口螺纹、活塞杆表面、缸套内壁等。为了防止活塞杆等细长元件弯曲或变形，放置时应用垫木支承均衡。

（2）拆卸要按顺序进行。由于各种液压缸结构和大小不尽相同，拆卸顺序也稍有不同。一般应放掉液压缸两腔的油液，然后拆卸缸盖，最后拆卸活塞与活塞杆。在拆卸液压缸的缸盖时，内卡键式连接的卡键或卡环要使用专用工具拆卸，禁止使用扁铲；法兰式缸盖必须用螺钉顶出，不允许锤击或硬撬。在活塞和活塞杆难以抽出时，不可强行打出，应先查明原因再进行拆卸。

（3）拆卸前后要设法创造条件，防止液压缸的零件被周围的灰尘和杂质污染。

（4）拆卸后要认真检查，以确定哪些零件可以继续使用，哪些零件可以修理后再用，哪些零件必须更换。

（5）装配前必须对各零件仔细清洗。

（6）要正确安装各处的密封装置：①安装O形密封圈时，不要将其拉到永久变形的程度，也不要边滚动边套装，否则可能会因形成扭曲状而漏油；②安装Y形和V形密封圈时，要注意其安装方向，避免因装反而漏油；③密封装置若与滑动表面配合，装配时应涂以适量的液压油；④拆卸后的O形密封圈和防尘圈应全部换新。

（7）螺纹连接件应使用专用扳手拧紧，扭力矩应符合标准要求。

（8）活塞与活塞杆装配后，须设法测量其同轴度公差和在全长上的直线度公差是否超差。

（9）装配完毕，移动活塞组件应无阻滞感和阻力大小不匀等现象。

四、思考题

（1）填写表12.2。

表 12.2 液压缸拆装实训参数表

液压缸	铭牌参数				
	型号	缸径 D	额定压力 p_N	杆径 d	行程 L

液压缸	实测参数				
	缸径 D	杆径 d	缸筒外径 ϕ_1	活塞杆端螺纹 M_2	耳环内径 D_1

(2) 根据实测的缸径 D 和杆径 d,求液压缸的速比 $\lambda_v = v_2/v_1$。

(3) 仔细观察活塞与缸筒之间的密封形式,简述所拆装的液压缸采用了哪种密封圈对活塞与缸筒间进行密封及这种密封圈的特点。

(4) 仔细观察缸盖与缸筒之间的连接形式,简述所拆装的液压缸缸盖与缸筒之间的连接形式及特点。

五、实训报告内容

(1) 写出液压缸的拆卸与装配顺序。

拆卸顺序:零件(名称)1→零件(名称)2→零件(名称)3……。

装配顺序:零件(名称)1→零件(名称)2→零件(名称)3……。

(2) 写出思考题的答案。

(3) 写出拆装过程的感受。

12.2.3 液压控制阀的拆装实训

一、实训目的

(1) 了解各类阀的不同用途、控制方式、结构形式、连接方式及性能特点。

(2) 掌握各类阀的工作原理及调节方法。

(3) 在拆装的同时,分析和理解常用液压控制阀易出现的故障及排除方法。

(4) 培养学生的实际动手能力和分析问题、解决问题的能力。

二、实训器材

(1) 元件:三位四通手动换向阀、先导式溢流阀、普通节流阀。

(2) 工具:内六角扳手、固定扳手、螺丝刀、卡钳、挑针、记号笔、油盆、耐油橡胶板和清洗油。

三、实训内容与步骤

1. 手动换向阀的拆装

手动换向阀的结构如图 5.4 所示。

1) 拆卸顺序

拆卸前,转动手柄,体会左、右换向手感,并用记号笔在阀体左、右端上做上标记;抽掉手柄连接板上的开口销,取下手柄;拧下右端盖上的螺钉,卸下右端盖,取出弹簧;松脱左端盖与阀体的连接,然后从阀体内取出阀芯。

2) 装配顺序

装配前清洗各零件,在阀芯、定位件等零件的配合面上涂润滑液,然后按拆卸时的反向顺序装配,左、右端盖螺钉的拧紧应分两次并按对角线顺序时进行。

3) 主要零件分析

阀体,其内孔有四个环形槽,分别对应于 P、T、A、B 四个通油口,纵向小孔的作用是将内部泄漏的油液引入泄油口,使其流回油箱。

手柄,操作手柄,可使阀芯移动,并起杠杆作用。

弹簧,保证在没用操作手柄时,阀芯移至中位。

2. 先导式溢流阀的拆装

先导式溢流阀的结构如图 5.11 所示。

1) 拆卸顺序

拆卸前,清洗阀的外表,观察阀的外形,转动调节手柄,体会手感;拧下螺钉,拆开主阀和先导阀,取出主阀弹簧和主阀芯;拧下先导阀的调节螺母和远控口螺塞;旋下阀盖,从先导阀体内取出弹簧座、调压弹簧和先导阀芯。用光滑的挑针把密封圈撬出,并检查其弹性和尺寸精度。

2) 装配顺序

装配前清洗各零件,检查各零件的油孔、油路是否畅通、有无尘屑,在配合零件表面上涂上润滑油,然后按拆卸时的反向顺序装配,先导阀体与主阀体的止口、平面应完全贴合后才能用螺钉连接,螺钉应分两次按对角线的顺序拧紧。在装调弹簧时,要注意弹簧和先导阀芯一同推入先导阀体,主阀芯装入阀体后应运动自如。

3) 主要零件分析

主阀体,其上开有进油口 P、出油口 T 和安装主阀芯用的中心圆孔。

先导阀体,其上开有远控口和安装先导阀芯用中心圆孔。

主阀芯,为阶梯轴,其中三个圆柱面与阀体有配合要求,开有阻尼孔和泄油孔。

调压弹簧,主要起调压作用,它的弹簧刚度比主阀弹簧的大。

主阀弹簧,作用是克服主阀芯的摩擦力,所以刚度很小。

3. 普通节流阀的拆装

普通节流阀的结构如图 5.19 所示。

1) 拆卸顺序

旋下手轮上的止动螺钉,取下手轮,用孔用卡钳卸下卡簧;取下面板,旋出推杆和推杆座;旋下弹簧座,取出弹簧和节流阀芯并将阀芯放在清洁的软布上;用光滑的挑针把密封圈从槽内撬出,并检查其弹性和尺寸精度。

2) 装配顺序

装配前清洗各零件,在节流阀芯、推杆及配合零件的表面上涂上润滑油,然后按拆卸的反向顺序装配。装配节流阀芯要注意它在阀体的方向,切忌不可装反。

3) 主要零件分析

节流阀芯:为圆柱形,其上开有三角沟槽节流口和中心小孔,转动手轮,节流阀便做轴向运动,即可调节通过节流阀的流量。

四、思考题

(1) 选择三位换向阀的中位机能时,从哪几方面考虑对液压系统工作性能的影响?
(2) 滑阀的液压卡紧现象是怎样产生的?从结构上如何解决的?
(3) 溢流阀在系统中起什么作用?它有哪几种形式?
(4) 先导式溢流阀中的先导阀和主阀各起什么作用?
(5) 叙述节流阀的结构?由于它存在的缺点,使其适用于什么场合?

五、实训报告内容

(1) 写出液压阀的拆卸与装配顺序。
拆卸顺序:零件(名称)1→零件(名称)2→零件(名称)3……。
装配顺序:零件(名称)1→零件(名称)2→零件(名称)3……。
(2) 写出思考题的答案。
(3) 写出拆装过程的感受。

12.2.4 气动元件的认识与拆装实训

一、实训目的

通过拆装,使学生熟悉各类气动元件的结构特点,加深对各元件工作原理的理解。

二、实训器材

(1) 元件:气缸、减压阀、节流阀、方向控制阀、气动三联件、消声器。
(2) 工具:内六角扳手、固定扳手、螺丝刀、铜棒、挑针、内卡钳、记号笔、油盆、耐油橡胶板和清洗油。

三、实训内容与步骤

观察气动元件外观并与相应的液压元件比较,分析元件的结构(各零件的位置关系、配合关系及功能),掌握元件的工作原理,了解元件的应用场合。

1. 气缸的拆装

气缸是气动系统中最常用的一种执行元件。与液压缸相比,它具有结构简单、制造成本低、污染少、便于维修、动作迅速等优点,但由于推力小,所以广泛用于轻载系统。

2. 减压阀的拆装

由于气源空气压力往往比每台设备实际所需要的压力高,同时压力波动值比较大,因此需要用减压阀将其压力减少到每台设备实际所需要的压力。减压阀的作用是将输出压力调节到比输入压力低的调定值上,并保持不变。减压阀也称调压阀。与液体减压阀一样,气动减压阀也以出口压力为控制信号。

3. 流量控制阀的拆装

与液压流量控制阀一样,气动流量控制阀也是通过改变阀的通流面积来实现流量控制的,其中包括节流阀、单向节流阀、排气消声节流阀等。

4. 方向控制阀的拆装

气动方向控制阀也分为单向阀和换向阀。气动换向阀按结构不同,分为滑阀式、截止式、平面式、旋塞式和膜片式;按控制方式不同,分为电磁控制、气压控制、机械控制、手动控制等。

5. 气动三联件的拆装

气动三联件由水滤气器、减压阀、油雾器组成,在气动系统中起着过滤、调压及雾化润滑油的作用。

6. 消声器的拆装

气缸、气阀等排出废气时,其排气速度较快,因气体体积的突然变化会产生很大的噪声,消声器就是减少排气噪声的辅件。

四、拆装注意事项

(1) 如果有拆装流程示意图,应参考该图进行拆装。
(2) 如果仅有元件结构图或没有结构图,拆装时应记录元件及解体零件的拆卸顺序和方向。
(3) 拆卸下来的零件,尤其阀体内的零件,要做到不落地、不划伤、不锈蚀等。
(4) 拆装个别零件需要专用工具,如拆轴承需要用轴承螺丝刀、拆卡环需要用内卡钳等。
(5) 当需要敲打某一零件时,请用铜棒,切忌用铁棒或钢棒。
(6) 拆卸(或安装)一组螺钉时,用力要均匀。
(7) 安装前要把给元件毛刺去掉,用煤油清洗然后晾干,切忌用棉纱擦干。
(8) 检查密封有无老化现象,如果有,应更换新的。
(9) 安装时不要将零件装反,注意零件的安装位置。有些零件有定位槽孔,一定要对准。
(10) 安装完毕,检查现场有无漏装元件。

五、实训报告内容

(1) 写出气动元件的拆卸与装配顺序。
拆卸顺序:零件(名称)1→零件(名称)2→零件(名称)3……。
装配顺序:零件(名称)1→零件(名称)2→零件(名称)3……。
(2) 学生自行提出 3~4 个思考题并进行解答。
(3) 写出拆装过程的感受。

12.3 液压基本回路实训

12.3.1 透明液压传动实训台

透明液压传动实训台是专门设计的可视化的液压实训平台,每个透明液压元件均按照工业液压元件的实际内部结构而设计,真实地反映了工业液压元件的结构及其工作原理。该实训台既可以对单个液压元件的结构、工作原理及性能进行教学讲解,也可以组成任意基本回路,来观察阀芯在回路中的动作情况和流体在阀体中的流向,能满足不同液压实训的教学需要。图12.1所示为透明液压传动实训台正面图。

图12.2所示为透明普通单向阀和透明液控单向阀;图12.3所示为各种透明换向阀;图12.4所示为各种透明压力控制阀;图12.5所示为透明流量控制阀和压力表;图12.6所示为各种透明液压缸。

图 12.1 透明液压传动实训台正面图

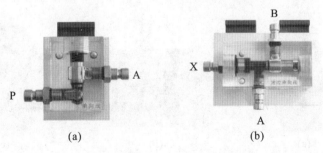

图 12.2 单向阀
(a)普通单向阀;(b)液控单向阀

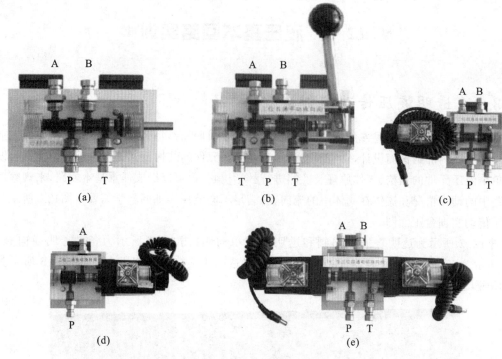

图 12.3 换向阀

(a)二位四通行程换向阀;(b)三位五通手动换向阀;(c)二位四通电磁换向阀;
(d)二位二通电磁换向阀(常闭);(e)三位四通电磁换向阀(O、M、P、Y、H)

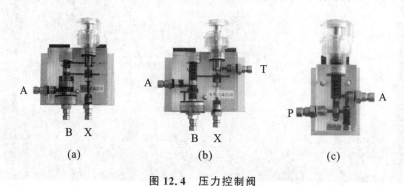

图 12.4 压力控制阀

(a)先导式溢流阀;(b)先导式减压阀;(c)直动式顺序阀

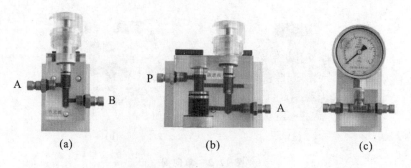

图 12.5 流量控制阀和压力表

(a)节流阀;(b)调速阀;(c)压力表

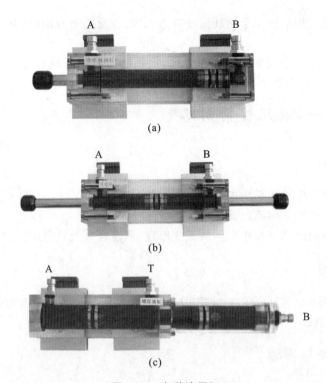

图 12.6 各种液压缸
(a)单杆活塞缸;(b)双杆活塞缸;(c)增压缸

一、实训台的主要特点

(1) 采用液压红油,在实训工程中,可清晰地观看到液压油流向,且增加了透明液压元件的美观性。

(2) 回路实训采用防漏快插接口,实训回路组装简便、快捷、清洁、干净。

(3) 液压元件采用进口透明有机玻璃材料,具有耐腐蚀、抗磨性能好、长久不变色等优点,可清晰观察到各个液压元器件的内部工作结构。

(4) 液压元件内部采用数控加工和表面精磨处理,加工精度 0.5 丝以上,具有内泄漏小、工作性能好等优点;所有透明可视部分都采用了多道抛光工序,透明度比较好。

(5) 液压元件固定底板均采用弹卡式固定,拆装方便。

二、实训台的功能

(1) 认识常用液压元件,了解各回路原理,认识阀的内部构造、阀芯结构及阀芯动作。

(2) 演示液压传动基本回路(可搭接超过 20 种回路)。

(3) 学生自行设计、组装的扩展液压回路实训。

三、实训注意事项

(1) 启动泵站之前先检查管路连接线和控制部分电路是否都按要求连接好。

(2) 查看安全回路,检查溢流阀阀芯是否处于旋松状态(注意:所有带手柄的阀都无限位,不能旋的太松,防止压力过大冲出手柄)。

(3) 调节电动机转速,不超过 850 r/min。

(4)元器件长期使用后可能会出现漏油现象,这时应更换密封圈(注意:平时使用时不要随意拆装元器件)。

(5)实训完成后先调节安全回路的溢流阀,使系统压力降到最小(注意事项如第 2 点),在拆卸回路整理好元器件,以备下次实训。

12.3.2 实训一:液压锁紧回路

一、实训目的

(1)了解锁紧回路在液压系统中的作用。
(2)掌握典型液压锁紧回路及其应用。
(3)掌握普通单向阀和液控单向阀的工作原理、职能符号及其应用。

二、实训器材

(1)元件:双作用单活塞杆液压缸、液控单向阀、三位四通电磁换向阀、直动式溢流阀、油管等。
(2)工具:内六角扳手一套、卡簧钳一把、螺丝刀一套。

三、实训原理与步骤

1. 实训回路图和实训原理

如图 12.7(a)所示为液压锁紧回路。本实训采用的是由一个 H 型三位四通电磁换向阀和两个液控单向阀所组成的液压双向锁紧回路,在工作液压缸的进、出油路上接入液控单向阀 4 和 5,通过三位四通电磁换向阀对液控单向阀的换向控制,可以在行程的任何位置将液压缸活塞锁紧。其锁紧精度仅受液压缸少量内泄漏的影响。

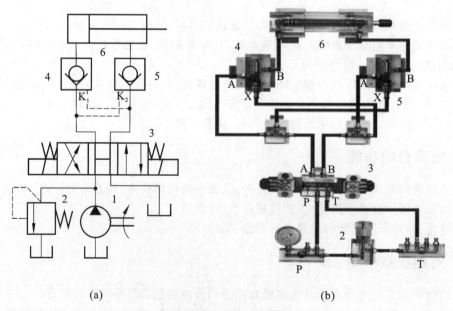

图 12.7 液压锁紧回路
(a)原理图;(b)元件连接图
1—定量泵;2—直动式溢流阀;3—三位四通电磁换向阀;4、5—液控单向阀;6—双作用单活塞杆液压缸

2. 实训步骤

(1) 按照实训原理图,取出所用的液压元件。

(2) 将所需的液压元件安装在实训台面板的合理位置,用连接管连接成实训回路,如图 12.7(b)所示。

(3) 把相对应的电磁换向阀输出线接入电气控制面板,接通电源,启动电气控制面板上的电源开关。

(4) 放松溢流阀,启动泵,调节液压泵的转速和溢流阀的压力,使压力表达到预定压力,利用三位四通电磁换向阀的换向功能使活塞进行往复运动。

(5) 用手推或拉液压缸的活塞杆,感受液压缸的锁紧状况。

(6) 认真观察回路现象,理解并掌握锁紧回路的工作原理及应用。

(7) 实训完成后,拆卸元器件并整理摆放好,以备下次实训。

(8) 思考问题,弄懂实训,做好实训报告。

四、思考题

(1) 为什么回路中要采用 H 型的中位机能,换成 O 型或 M 型机能会出现什么问题?

(2) 了解液控单向阀的阀芯结构和工作原理。

(3) 如果将液控单向阀的控制口 K 堵塞,会产生什么现象?

12.3.3 实训二:节流阀进油节流调速回路

一、实训目的

通过装拆,了解节流阀进油节流调速回路的组成和性能。利用现有液压元件,拟订其他方案,熟悉阀的构造、阀芯的结构。

二、实训器材

(1) 元件:双作用液单活塞杆压缸、二位四通单电磁换向阀、节流阀、直动式溢流阀、油管。

(2) 工具:内六角扳手一套、卡簧钳一把、螺丝刀一套。

三、实训原理与步骤

1. 实训回路图和实训原理

图 12.8(a)所示为节流阀进油节流调速回路。本实训采用的是由一个普通节流阀、一个直动式溢流阀和一个二位四通换向阀组成的进油节流调速回路。在工作液压缸的进油路上接入普通节流阀 3,系统压力由直动式溢流阀 1 调定,液压泵输出的多余(未进入工作液压缸的)油液经溢流阀的溢流口流回油箱。由于直动式溢流阀产生溢流,可以使液压泵的出口压力 p 保持恒定,借助普通节流阀控制工作液压缸的进油量来实现对工作液压缸活塞运动速度的调节。

2. 实训步骤

(1) 按照实训原理图,取出所用的液压元件。

(2) 将所需的液压元件安装在实训台面板的合理位置,用连接管连接成实训回路,如图 12.8(b)所示。

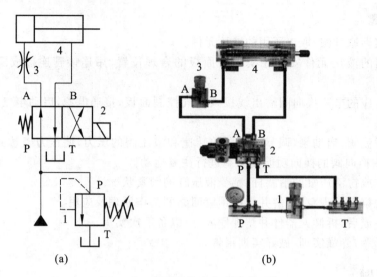

图 12.8　节流阀进油节流调速回路
(a)原理图；(b)元件连接图
1—直动式溢流阀；2—二位四通电磁换向阀；3—普通节流阀；4—双作用单活塞杆液压缸

（3）把相对应的电磁换向阀输出线接入电气控制面板，接通电源，启动电气控制面板上的电源开关。

（4）放松直动式溢流阀，启动泵，调节液压泵的转速和直动式溢流阀的压力，使压力表达到预定压力，将回路中的节流阀调节旋钮调至较小位置（使通流面积尽可能小），进行该回路实训的预运行。

（5）缓慢调节普通节流阀的调节旋钮，使节流口逐渐增大，仔细观察工作液压缸活塞的运动速度以及调节量。利用二位四通电磁换向阀的换向功能使活塞进行往复运动。

（6）实训完成后，拆卸元器件并整理摆放好，以备下次实训。

（7）思考问题，弄懂实训，做好实训报告。

四、思考题

（1）进油节流调速回路和回油节流调速回路中，泵的泄漏对液压缸的运动速度有无影响？为什么？液压缸的泄漏对速度有无影响？

（2）比较节流阀进油节流调速回路和节流阀回油节流调速回路有什么区别？区别在哪里？

（3）把节流阀换成调速阀来比较各回路的差异，并考虑节流阀与调速在控制回路上的差异。

12.3.4　实训三：差动回路

一、实训目的

有些机构中需要两种运动速度，快速时负载小，要求流量大，压力低；慢速时负载大，要求流量小，压力高。例如，在单泵供油系统中，若不采用差动回路，则慢速运动时，势必有大量流量从溢流阀溢回油箱，造成很大功率损耗，并使油温升高。因此，采用差动回路时，既要满足快速运动要求，又要使系统在合理的功率损耗下工作。通过实训要求达到以下目的：

(1) 通过装拆,了解差动回路的组成和性能;
(2) 利用现有液压元件,拟定其他方案,进行比较。

二、实训器材

(1) 元件:直动式溢流阀、三位四通电磁换向阀、二位四通单电磁换向阀、单向阀、节流阀、双作用单活塞杆液压缸、油管。
(2) 工具:内六角扳手一套、卡簧钳一把、螺丝刀一套。

三、实训原理与步骤

1. 实训回路和实训原理

如图12.9(a)所示为差动回路。本实训采用的是由一个三位四通电磁换向阀和一个二位四通电磁换向阀所组成的差动快速回路,通过控制这两个电磁换向阀的电磁铁通电与断电,可以让液压缸在伸出、缩进和差动连接三种工作状态中实现转换。

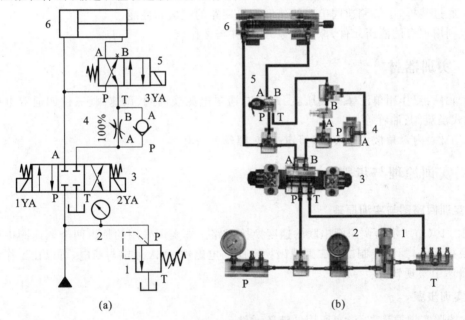

图12.9 差动回路
(a)原理图;(b)元件连接图
1—直动式溢流阀;2—压力表;3—三位四通电磁换向阀;4—单向节流阀;
5—二位四通电磁换向阀;6—双作用单活塞杆液压缸

2. 实训步骤

(1) 按照差动回路图,取出所用的液压元件。
(2) 将所需液压元件安装在实训台面板的合理位置,用连接管连接成实训回路,如图12.9(b)所示。
(3) 把相对应的电磁换向阀输出线接入电气控制面板,接通电源,启动电气控制面板上的电源开关。
(4) 放松溢流阀,启动泵,调节液压泵的转速和溢流阀压力(约0.8MPa),使压力表达到预定压力。分别按1YA(+)、3YA(+)、1YA(−)、2YA(+)、3YA(−)动作循环对回路实施控制。

(5) 认真观察工作液压缸的运动状况,理解并掌握差动回路工作原理。

(6) 实训完成后,拆卸元器件并整理摆放好,以备下次实训。

(7) 思考问题,弄懂实训,做好实训报告。

四、思考题

(1) 在差动快速回路中,液压缸的两腔是否因同时进油而造成"顶牛"现象?

(2) 差动连接与非差动连接,输出推力哪一个大?为什么?

(3) 慢进时为什么液压缸左腔压力比快进时大?根据回路时行分析。

12.3.5　实训四:调速阀串联的速度换接回路

一、实训目的

(1) 通过装拆,了解调速阀串联的速度换接回路的组成和性能。

(2) 利用现有的液压元件,拟定其他方案,并与之比较。

二、实训器材

(1) 元件:双作用单活塞杆液压缸、二位二通单电磁换向阀、调速阀、三位四通双电磁换向阀、直动式溢流阀、油管等。

(2) 工件:内六角扳手一套、卡簧钳一把、螺丝刀一套。

三、实训原理与步骤

1. 实训回路图与实训原理

图 12.10(a)所示为调速阀串联的速度换接回路。本实训采用的是由两个调速阀串联组成的速度换接回路,通过控制二位二通电磁换向阀的电磁铁 3YA 通电与断电,可以让工作液压缸在两种慢速中实现转换。

2. 实训步骤

(1) 按照实训原理图,取出所用的液压元件。

(2) 将所需的液压元件安装在实训台面板的合理位置,用连接管连接成实训回路,如图 12.10(b)所示。

(3) 把相应的电磁换向阀输出线接入电气控器面板。

(4) 将安全阀(溢流阀)处于开启状态,打开总电源,开启泵站电动机,调节溢流阀,系统压力达到一定值之后,调节两个调速阀的开口度来控制液压缸的运动速度,首先让 1YA、4YA 得电,液压缸以一定速度前进,然后再让 3YA 得电,液压缸将以另一速度前进。液压缸返回时一般不需要调速,这时让 2YA 得电、其他电磁铁失电,液压缸就可快速返回.

(5) 认真观察回路现象,理解并掌握调速阀串联的速度换接回路的工作原理。

(6) 实训完成后,拆卸元器件并整理摆放好,以备下次实训。

(7) 思考问题,弄懂实训,做好实训报告。

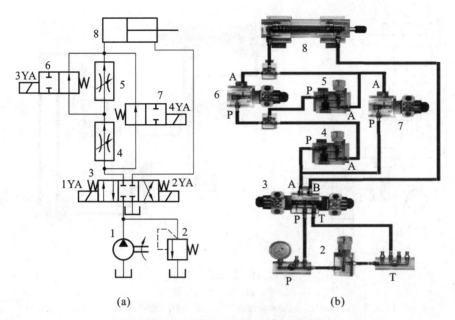

图 12.10 调速阀串联的速度换接回路
(a)原理图;(b)元件连接图
1—定量泵;2—直动式溢流阀;3—三位四通电磁换向阀;4、5—调速阀;
6、7—二位二通电磁换向阀;8—双作用单活塞杆液压缸

四、思考题

(1)调节调速阀的开口度可以用来控制缸的运行速度,比较调速阀 4 和调速阀 5 开口度的不同对缸的速度的影响。
(2)自己动手设计其他的回路实现速度换接的控制功能。

12.3.6 实训五:二级调压回路

一、实训目的

(1)了解先导式溢流阀、直动式溢流阀的工作原理。
(2)掌握并应用溢流阀的二级调压及多级调压的工作原理。

二、实训器材

(1)元件:双作用单活塞杆液压缸、二位四通单电磁换向阀、先导式溢流阀、直动式溢流阀、二位二通单电磁换向阀、油管。
(2)工具:内六角扳手一套、卡簧钳一把、螺丝刀一套。

三、实训原理与步骤

1. 实训回路图与实训原理

图 12.11(a)所示为二次调压回路。本实训采用的是由先导式溢流阀串联二位二通电磁换向阀和直动式溢流阀组成的二级调压回路。通过控制二位二通电磁换向阀的电磁铁通电与断电可以让系统获得两种最高工作压力。

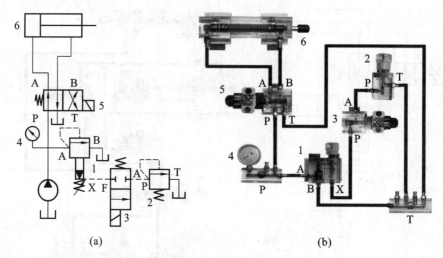

图 12.11 二级调压回路
(a)原理图;(b)元件连接图
1—先导式溢流阀;2—直动式溢流阀;3—二位二通电磁换向阀;4—压力表;
5—二位四通电磁换向阀;6—双作用单活塞杆液压缸

2. 实训步骤

（1）按照实训原理图，取出所用的液压元件。
（2）将所需的液压元件安装在实训台面板的合理位置，用连接管连接成实训回路，如图 12.11(b)所示。
（3）把相应的电磁换向阀输出线对应接入电气控器面板上。
（4）在确认无误的情况下开启系统，启动泵站前，先检查安全阀是否打开，全打开先导式溢流阀1、直动式溢流阀2；再调节先导式溢流阀1到所需的压力，压力值从压力表直接读出，持续1～3分钟；使二位二通电磁换向阀处于通的状态，再调节直动式溢流阀2所需的压力值（注意：直动式溢流阀的调节的压力值要小于先导式溢流阀的调节压力值）；观察压力表的数值。
（5）认真观察回路现象，理解并掌握二级调压回路的工作原理。
（6）实训完成后，拆卸元器件并整理摆放好，以备下次实训。
（7）思考问题，弄懂实训，做好实训报告。

四、思考题

（1）先导式溢流阀和先导式减压阀的阀芯有什么异同点？
（2）试分析在二级压力控制回路中，为什么先导式溢流阀的调节压力必须大于直动式溢流阀的调节压力？否则将会怎样？

12.3.7 实训六：多级调压回路

一、实训目的

采用液压传动的装置，液压系统必须提供与负载相适应的油压，这样可以节约动力消耗，减少油液发热，增加运动平稳性，因此必须采用调压回路。调压回路是由定量泵、压力控制阀、方向控制阀和测压元件等组成，通过压力控制阀调节或限制系统或其局部的压力，使之保持恒定，或限制其最高峰值。通过实训达到以下目的：
(1) 通过装拆，了解调压回路组成和性能；
(2) 通过三个不同调定压力的溢流阀，加深对溢流阀外控口的作用理解；
(3) 利用现有的液压元件，拟定其他调压回路。

二、实训器材

(1) 元件：先导式溢流阀、O型三位四通电磁换向阀、直动式溢流阀、压力表、油管。
(2) 工具：内六角扳手一套、卡簧钳一把、螺丝刀一套。

三、实训原理与步骤

1. 实训回路图

如图12.12(a)所示为多级调压回路。本实训采用的是由先导式溢流阀、三位四通电磁换向阀和两个直动式溢流阀组成的多级调压回路。通过控制三位四通电磁换向阀的电磁铁通电与断电可以让系统获得两种最高工作压力。

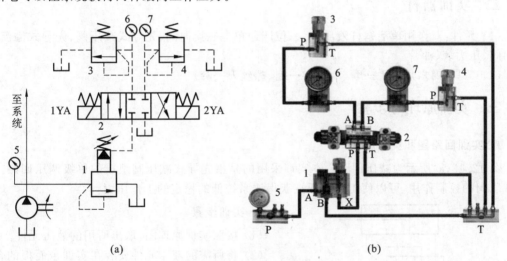

图 12.12 多级调压回路
(a)原理图；(b)元件连接图
1—先导式溢流阀；2—三位四通电磁换向阀；3、4—直动式溢流阀；5、6、7—压力表

2. 实训步骤

(1) 按照调压回路图，取出所用的液压元件。
(2) 将所需液压元件安装在实训台面板的合理位置，用连接管连接成实训回路，如图12.12(b)所示。
(3) 把相应的电磁换向阀输出线与接近开关对应接入电器控器面板上。
(4) 在确认无误的情况下开启系统，启动泵站前，先检查安全阀是否打开，打开先导式溢流阀1、直动式溢流阀3和4；调节先导式溢流阀1到所需压力(约0.8 MPa)。
(5) 分别让电磁铁1YA、电磁铁2YA得电，并分别将直动式溢流阀3和4分别调压为0.2 MPa和0.3 MPa。
(6) 调节完毕，回路中就能达到三种不同压力，重复上述循环，观察各压力表数值。
(7) 认真观察回路现象，理解并掌握多级调压回路的工作原理。
(8) 实训完成后，拆卸元器件并整理摆放好，以备下次实训。

(9) 思考问题,弄懂实训,做好实训报告。

四、思考题

(1) 多级调压回路中,如果三位四通电磁换向阀的中位改变为 M 型,则泵启动后回路压力为多大?是否能实现原来的三种压力值。

(2) 该回路中,如直动式溢流阀 3、4 调整压力都大于先导溢流阀压力值,将会出现什么问题?

(3) 该回路中,如不采用先导式溢流阀,三只溢流阀并联于回路中,情况如何?

12.3.8 实训七:减压回路

一、实训目的

(1) 通过装拆,了解减压回路组成和性能。

(2) 利用现有的液压元件,拟定其他方案,并与之比较。

二、实训器材

(1) 元件:双作用单活塞杆液压缸、二位四通单电磁换向阀、先导式减压阀、先导式溢流阀、单向阀、压力表、油管。

(2) 工具:内六角扳手一套、卡簧钳一把、螺丝刀一套。

三、实训原理与步骤

1. 实训回路图和实训原理

图 12.13(a)所示为减压回路。本实训采用的是由先导式减压阀组成的单级调压回路。通过减压阀的控制作用,可以使工作液压缸获得比系统低的稳定的工作压力。

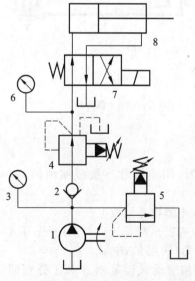

图 12.13 减压回路
1—定量泵;2—单向阀;3——次压力表;
4—先导式减压阀;5—先导式溢流阀;6—二次压力表;
7—二位四通电磁换向阀;8—双作用单活塞杆液压缸

2. 实训步骤

(1) 按照实训原理图,取出所用的液压元件。

(2) 将所需的液压元件安装在实训台面板的合理位置,用连接管连接成实训回路。

(3) 把相应的电磁换向阀输出线对应接入电气控器面板上。

(4) 放松先导式溢流阀 5,启动定量泵 1,调节先导式溢流阀 5 到所需压力(约 1.2 MPa),压力值可由一次压力表 3 测得。调节先导式减压阀 4 的旋钮,在二次压力表 6 上可清楚的显示减压回路压力变化,可与先导式溢流阀的调定压力值相比较。一般情况下,减压阀的调定压力要在 0.5 MPa 以上,但又要低于先导式溢流阀 1 的调定压力 0.8 MPa,这样可使减压阀出口压力保持在一定稳定的范围内。

(5) 认真观察回路现象,理解并掌握回路中压力形成的过程,并掌握先导减压阀的原理。

(6) 实训完成后,拆卸元器件并整理摆放好,以备下次实训。

(7) 思考问题,弄懂实训,做好实训报告。

四、思考题

(1) 先导式减压阀调压的原理及应用。
(2) 利用先导减压阀的远控口来控制先导式减压阀,实现二级调压,比较二级减压和二级调压实现调定压力的异同点。
(3) 自己动手设计回路来实现调压的目的。

12.3.9 实训八:利用中位机能的卸荷回路

一、实训目的

(1) 通过装拆,了解回路组成和性能。
(2) 了解三位四通电磁换向阀的各类中位机构(如 H 型、M 型)的结构和工作原理。
(3) 了解卸荷回路在工业中的应用。

二、实训器材

(1) 元件:双作用单活塞杆液压缸、M 型三位四通双电磁换向阀、直动式溢流阀、压力表、油管等。
(2) 工具:内六角扳手一套、卡簧钳一把、螺丝刀一套。

三、实训原理与步骤

1. 实训回路图与实训原理

图 12.14(a)所示为利用 M 型三位四通电磁换向阀中位机能的卸荷回路。本实训采用的是由中位机能为 M 型的三位四通电磁换向阀组成的卸荷回路。利用 M 型中位机能可以让液压泵卸荷。

2. 实训步骤

(1) 按照实训原理图,取出所用的液压元件。
(2) 将所需的液压元件安装在实训台面板的合理位置,用连接管连接成实训回路,如图 12.14(b)所示。
(3) 把相应的电磁换向阀输出线对应接入电气控器面板上。
(4) 启动泵站电动机,运转 1~3 分钟后,让电磁换向阀的左位工作(或右位工作),调节直动式溢流阀的开口使油缸的运行速度适中后,在活塞杆运行到恰当的位置时,让电磁换向阀置于中位卸荷。
(5) 认真观察回路现象,理解并掌握中位卸荷回路的工作原理。
(6) 实训完成后,拆卸元器件并整理摆放好,以备下次实训。
(7) 思考问题,弄懂实训,做好实训报告。

四、思考题

(1) 了解各种卸荷回路的工作原理,掌握其应用范围。

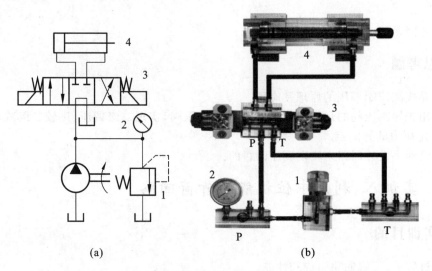

图 12.14　利用 M 型三位四通电磁换向阀中位机能的卸荷回路
(a)原理图；(b)元件连接图
1—直流式溢流阀；2—压力表；3—三位四通电磁换向阀；4—双作用单活塞杆液压缸

(2) 动手设计其他的回路实现卸荷的控制功能。

12.3.10　实训九：利用行程开关的顺序动作回路

一、实训目的

在机床及其他装置中，往往要求几个工作部件按照一定严格顺序依次动作，例如，组合机床的工作台复位、夹紧，滑台移动等动作，这些动作间有一定顺序要求，如先夹紧后才能加工，加工完毕先退出刀具才能松开。又如，磨床上砂轮的切入运动，一种要周期性在工作台每次换向时进行，因此，需采用顺序回路，以实现顺序动作。依控制方式不同可分为压力控制式、行程控制式和时间控制式。通过本实训达到以下目的：

(1) 通过装拆，了解回路组成和性能；
(2) 利用现有的液压元件，拟定其他方案，并与之比较。

二、实训器材

(1) 元件：双作用单活塞杆液压缸、O 型三位四通电磁换向阀、M 型或 Y 型三位四通电磁换向阀、直动式溢流阀、油管、接近开关。
(2) 工具：内六角扳手一套、卡簧钳一把、螺丝刀一套。

三、实训原理与步骤

1. 实训回路图与实训原理

图 12.15(a)所示为行程控制多缸顺序动作回路。本实训采用的是由两个三位四通电磁换向阀和四个行程开关组成的顺序控制回路。利用行程开关的控制功能，可以让两个电磁换向阀的电磁铁通电与断电，从而实现两个工作液压缸的顺序动作。

2. 实训步骤

(1) 按照多缸顺序回路图，取出所用的液压元件。

(2)将所需液压元件安装在实训台面板的合理位置,用连接管连接成实训回路,如图12.15(b)所示。

(3)把相应的电磁换向阀输出线与接近开关对应接入电气控器面板上。

(4)放松直动式溢流阀,启动泵,调节直动式溢流阀所需压力(约0.8 MPa)(注意:调节直动式溢流阀压力之前,系统中如果用带中位机能是M型或H型的电磁换向阀,应让电磁铁一端先得电然后再调节系统压力到所需值)。

(5)按下启动按钮,认真观察回路现象,理解并掌握多缸顺序回路工作原理。

(6)实训完成后,拆卸元器件并整理摆放好,以备下次实训。

(7)思考问题,弄懂实训,做好实训报告。

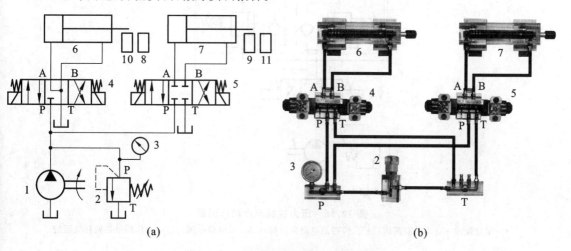

图 12.15　行程控制多缸顺序动作回路
(a)原理图;(b)元件连接图
1—定量泵;2—直动式溢流阀;3—压力表;4、5—三位四通电磁换向阀;
6、7—双作用单活塞杆液压缸;8、9、10、11—行程开关

四、思考题

(1)为什么行程控制顺序回路中,必须使用四个行程开关?

(2)能否通过别的PLC程序来完成这个回路的电气控制?

12.3.11　实训十:利用顺序阀的顺序动作回路

一、实训目的

(1)了解压力控制阀的特点。
(2)掌握顺序阀的工作原理、职能符号及其运用。
(3)了解压力继电器的工作原理及职能符号。
(4)会用顺序阀或行程开关实现顺序动作回路。

二、实训器材

(1)元件:双作用单活塞杆液压缸、顺序阀、三位四通双电磁换向阀、直动式溢流阀、油管等。
(2)工具:内六角扳手一套、卡簧钳一把、螺丝刀一套。

三、实训原理与步骤

1. 实训回路图与实训原理

图 12.16 所示为利用顺序阀的顺序动作回路。本实训采用的是由两个单向顺序阀组成的顺序控制回路。利用顺序阀的控制功能,可以让两个工作液压缸实现顺序动作。

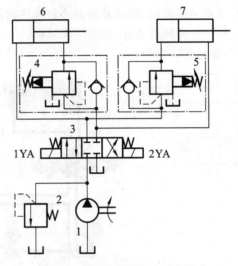

图 12.16　压力控制顺序动作回路

1—定量泵;2—直动式溢流阀;3—三位四通电磁换向阀;4、5—单向顺序阀;6、7—双作用单活塞杆液压缸

2. 实训步骤

(1) 按照实训原理图,取出所用的液压元件。
(2) 将所需的液压元件安装在实训台面板的合理位置,用连接管连接成实训回路。
(3) 把相应的电磁换向阀输出线对应接入电气控器面板上。
(4) 直动式溢流阀做安全阀使用,调定系统所需压力后不得随意调整。根据回路要求,调节顺序阀,使液压缸左右运动速度适中,让 1YA 通电可实现工作液压缸 6、7 的顺序动作,让 2YA 通电,工作液压缸 6、7 将同时缩回。
(5) 认真观察回路现象,理解并掌握顺序阀控制顺序回路的工作原理。
(6) 实训完成后,拆卸元器件并整理摆放好,以备下次实训。
(7) 思考问题,弄懂实训,做好实训报告。

四、思考题

(1) 了解顺序阀的工作原理,掌握顺序阀在顺序动作回路的作用。
(2) 说明顺序阀的调整压力与液压缸 7 工作压力之间的关系。

12.3.12　实训十一:利用顺序阀的平衡回路

一、实训目的

(1) 通过装拆,了解回路组成和性
(2) 利用现有的液压元件,拟定其们方案,并与之比较。

二、实训器材

(1) 元件:双作用单活塞杆液压缸、顺序阀、O型三位四通双电磁换向阀、直动式溢流阀、油管等。
(2) 工件:内六角扳手一套、卡簧钳一把、螺丝刀一套。

三、实训原理与步骤

1. 实训回路图与实训原理

如图12.17所示为利用顺序阀的平衡回路。本实训采用的是由单向顺序阀组成的顺序控制回路。利用顺序阀的控制功能,可以让工作液压缸悬挂的重物得到平衡,防止因自重而自行下落。

2. 实训步骤

(1) 按照实训原理图,取出所用的液压元件。
(2) 将所需的液压元件安装在实训台面板的合理位置,用连接管连接成实训回路。
(3) 把相应的电磁换向阀输出线对应接入电气控器面板上。
(4) 直动式溢流阀做安全阀使用,调定压力后不得随意调整。调节系统压力,使液压缸的运动速度适中。
(5) 认真观察回路现象,理解并掌握平衡回路的工作原理。
(6) 实训完成后,拆卸元器件并整理摆放好,以备下次实训。
(7) 思考问题,弄懂实训,做好实训报告。

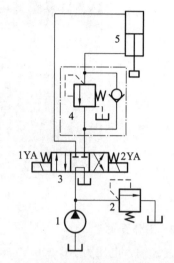

图12.17 利用顺序阀的平衡回路
1—定量泵;2—直动式溢流阀;
3—三位四通电磁换向阀;
4—单向顺序阀(平衡阀);
5—双作用单活塞杆液压缸

四、思考题

(1) 了解顺序阀的工作原理及其应用。
(2) 平衡回路的目的及平衡阀的安装方法。

12.4 气动基本回路实训

12.4.1 气压传动实训台

一、气压传动实训台的组成

气压传动实训台由实验台架、工作泵站、气动元件、电气控制单元等几部分组成。图12.18所示为气压传动实训台正面图。

1. 实验台架

实验台架由实验安装面板(铝合金型材)、实验操作台等构成。1500 mm×650 mm×1700 mm 安装面板为带T形槽的铝合金型材结构,可以方便、随意地安装气动元件,搭接实验回路。

图 12.18 气压传动实训台正面图

2. 工作泵站

气泵输入电压为 AC 200 V/50 Hz,额定输出压力为 0.8 MPa;气泵容积为 20 L,工作噪声小于 60 dB。

3. 气动元件

以钢制气动元件为主,气动元件均配有铝合金过渡底板,可方便、随意地将元件安放在实验面板(铝合金型材)上。回路搭接采用快换接头,拆接方便快捷。

图 12.19 所示为气源装置,图 12.20 所示为气动三联件,图 12.21 所示为气缸,图 12.22 所示为各种换向阀,图 12.23 所示为单向节流阀。

图 12.19　气源装置　　　　　图 12.20　气动三联件

(a)　　　　　　　　　　　(b)

图 12.21　气缸
(a)单作用气缸;(b)双作用气缸

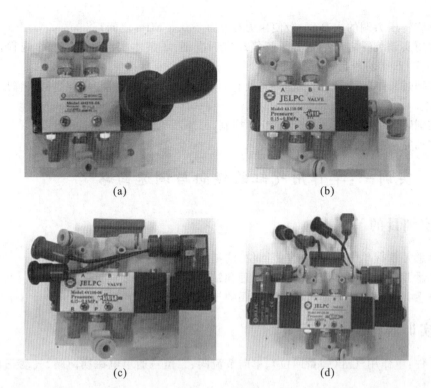

图 12.22 换向阀
(a)手动换向阀;(b)气动换向阀;(c)单电磁铁换向阀;(d)双电磁铁换向阀

4. 电气控制单元

可编程序控制器(PLC)采用欧姆龙 CPM1A-20CDR-A,I/O 口 20 点(可选配);电源电压为 AC 220 V/50 Hz。

二、气压传动实训装置的特点

(1) 模块化的结构设计,各气动元件成独立模块,配有方便安装的底板,实训时可以随意在通用铝合金型材板上组建各种实训回路,操作简单快捷。

(2) 快速可靠的连接接头,拆卸简便省时。

(3) 采用标准的工业气动元件,性能可靠、安全。

(4) 低噪声的工作泵站,提供一个安静的实验环境(噪声小于 60 dB)。

图 12.23 单向节流阀

三、气压传动实训注意事项

(1) 因实训元器件结构和用材的特殊性,在实训的过程中务必注意稳拿轻放,防止碰撞;在回路实训过程中确认安装稳妥无误才能进行加压实训。

(2) 实训之前必须熟悉元器件的工作的原理和动作的条件;掌握快速组合的方法,禁止强行拆卸,禁止强行旋扭各种元件的手柄,以免造成人为损坏。

(3) 实训中的行程开关为感应式,开关头部距离金属 4 mm 之内即可感应发出信号。

(4) 不要带负载启动(气动三联件上的减压阀旋钮旋松),以免损坏压力表。

(5) 不应将压力调的太高(一般使压力在 0.3～0.8 MPa 之间)。

(6) 使用实训装置之前一定要了解气动实训准则,了解本实训装置的操作规程,在实训教师的指导下进行,切勿盲目进行实训。

(7) 实训过程中,发现回路中任何一处有问题时,应立即关闭泵,只有当回路释压后才能重新进行实训。

(8) 实训装置的电器控制部分为 PLC 控制,原理图见使用说明书。

(9) 实训完毕后,要清理好元器件。

12.4.2 实训一:单作用气缸的换向与调速回路

一、实训目的

(1) 熟悉并掌握单作用气缸(弹簧回位)的结构特征和工作原理。
(2) 熟悉并掌握单向节流阀的工作原理和结构特征。
(3) 熟悉并掌握二位三通单电磁换向阀的工作原理和结构特征。

二、实训器材

(1) 元件:单作用气缸(弹簧回位)、单向节流阀、二位三通单电磁换向阀、气动三联件、连接管等。
(2) 工件:内六角扳手一套、卡簧钳一把、螺丝刀一套。

三、实训原理与步骤

1. 实训回路图与实训原理

如图 12.24(a)所示为单作用气缸的换向回路。本实训采用的是由单向节流阀和换向阀组成的单作用气缸换向回路,单作用气缸为弹簧复位。利用弹簧复位的功能,可以让单作用气缸在不进气时自动复位。单向节流阀的作用是使气缸伸出时运行平稳并实现调速。

2. 实训步骤

(1) 按照实训原理图,取出所用的气动元件。
(2) 将所需的气动元件安装在实训台面板的合理位置,用连接管连接成实训回路,如图 12.24(b)所示。
(3) 将二位三通单电磁换向阀的电源输入口插入相应的电器控制面板输出口。
(4) 确认连接安装正确,把气动三联件的调压旋钮旋松,通电,开启气泵。待泵工作正常,再次调节气动三联件的调压旋钮,使回路中的压力在系统工作压力以内。
(5) 当二位三通电磁换向阀通电时,右位接入,气缸左腔进气,气缸伸出,失电时气缸靠弹簧的弹力回位(在缸的伸缩过程中通过调节回路中的单向节流阀控制气缸动作的快慢)。
(6) 实训完毕后,关闭气泵,切断电源,待回路压力为零时,拆卸回路,清理元器件并放回规定的位置。
(7) 思考问题,做好实训报告。

四、思考题

(1) 若把回路中单向节流阀拆掉重做一次实验,气缸的活塞运动是否会很平稳,而且冲击

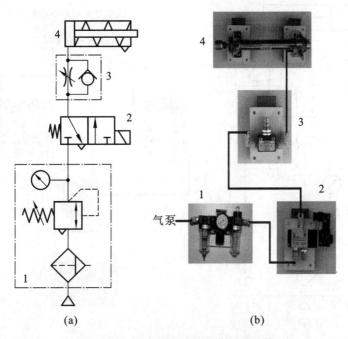

图 12.24 单作用气缸换向与调速回路
(a)原理图;(b)元件连接图
1—气动三联件;2—二位三通电磁换向阀;3—单向节流阀;4—单作用气缸

效果是否很明显?回路中用单向节流阀的作用是什么?

(2)采用三位五通双电磁换向阀是否能实现缸的定位?想一想主要是利用了三位五通双电磁换向阀的什么机能?

12.4.3 实训二:双作用气缸的换向与调速回路

一、实训目的

(1)熟悉并掌握单杆双作用气缸的结构特征和工作原理。
(2)熟悉并掌握单向节流阀的工作原理和结构特征。
(3)熟悉并掌握二位五通单电磁换向阀的工作原理和结构特征。

二、实训器材

(1)元件:单杆双作用气缸、单向节流阀、二位五通单电磁换向阀、气动三联件、连接管等。
(2)工具:内六角扳手一套、卡簧钳一把、螺丝刀一套。

三、实训原理与步骤

1. 实训回路图与实训原理

如图 12.25(a)所示为单杆双作用气缸的换向与调速回路。本实训采用的是由单向节流阀和二位五通电磁换向阀组成的单杆双作用气缸换向与调速回路,二位五通电磁换向阀换位工作可以让单杆双作用气缸换向工作,两个单向节流阀的作用是使气缸运行平稳并实现调速。

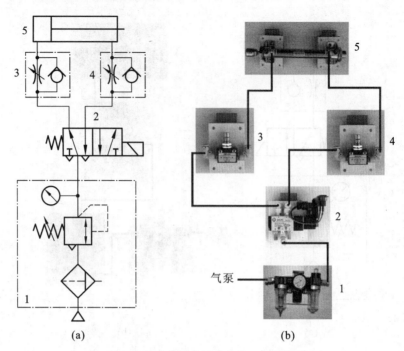

图 12.25　单杆双作用气缸换向与调速回路
(a)原理图；(b)元件连接图
1—气动三联件；2—二位五通单电磁换向阀；3、4—单向节流阀；5—单杆双作用气缸

2. 实训步骤

(1) 按照实训原理图，取出所用的气动元件。

(2) 将所需的气动元件安装在实训台面板的合理位置，用连接管连接成实训回路，如图 12.25(b)所示。

(3) 将二位五通单电磁换向阀的电源输入口插入相应的控制板输出口。

(4) 确认连接安装正确，把气动三联件的调压旋钮旋松，通电开启气泵。待气泵工作正常后，再次调节气动三联件的调压旋钮，使回路中的压力在系统工作压力以内。

(5) 当二位五通单电磁换向阀如图 12.25 所示工作位置，气体从气泵出来经过电磁换向阀再经过单向节流阀到达气缸左腔，推动气缸活塞右移；在此过程中调节左边的单向节流阀的开口大小就能调节活塞的运动速度，实现了进口调速功能。当电磁换向阀右位接入，气体经电磁换向阀的右位进入气缸的右腔，气缸活塞左移；而在此过程中调节左边的单向节流阀就不再起作用，只有调节右边的单向节流阀才能控制活塞的运动速度。

(6) 实训完毕后，关闭气泵，切断电源，待回路压力为零时，拆卸回路，清理元器件并放回规定的位置。

(7) 思考问题，做好实训报告。

四、思考题

(1) 把回路中单向节流阀拆掉重做一次实验，气缸的活塞运动是否会很平稳，而且冲击效果是否很明显？回路中用单向节流阀的作用是什么？

(2) 三位五通双电磁换向阀是否能实现缸的定位？想一想主要是利用了三位五通双电磁换向阀的什么机能？

(3) 用双出杆双作用缸代替单杆双作用缸，看一下演示效果。

(4) 如果不采用单向节流阀,而采用其他的节流阀行不行?

12.4.4 实训三:速度换接回路

一、实训目的

(1) 熟悉并掌握单杆双作用气缸的结构特征和工作原理。
(2) 熟悉并掌握单向节流阀的工作原理和结构特征。
(3) 熟悉并掌握二位五通单电磁换向阀的工作原理和结构特征。
(4) 掌握速度换接回路的工作原理。

二、实训器材

(1) 元件:单杆双作用气缸、单向节流阀、二位五通单电磁换向阀、二位三通单电磁换向阀、气动三联件、连接管等。
(2) 工具:内六角扳手一套、卡簧钳一把、螺丝刀一套。

三、实训原理与步骤

1. 实训回路图与实训原理

如图 12.26(a)所示为速度换接回路。本实训采用的是由单向节流阀、二位三通电磁换向阀和二位五通电磁换向阀组组成的速度换接回路,二位五通电磁换向阀换位工作可以让单杆双作用气缸换向工作,二位三通电磁换向阀的作用让气缸可在两种速度中做切换。

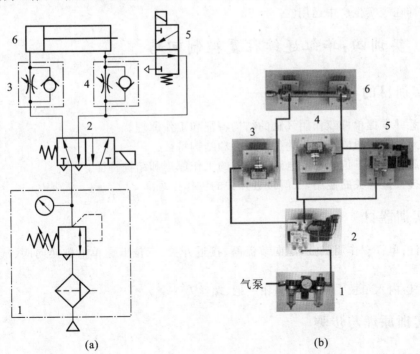

图 12.26 速度换接回路
(a)原理图;(b)元件连接图
1—气动三联件;2—二位五通电磁换向阀;3、4—单向节流阀;5—二位三通电磁换向阀;6—单杆双作用气缸

2. 实训步骤

（1）按照实训原理图,取出所用的气动元件。

（2）将所需的气动元件安装在实训台面板的合理位置,用连接管连接成实训回路,如图 12.26(b)所示。

（3）将二位五通单电磁换向阀和二位三通单电磁换向阀以及接近开关的电源输入口插入相应的控制板输出口。

（4）确认连接安装正确,把气动三联件的调压旋钮旋松,通电开启气泵。待气泵工作正常后,再次调节气动三联件的调压旋钮,使回路中的压力在系统工作压力以内。

（5）二位五通电磁换向阀左位工作时,压缩空气经过气动三联件、电磁换向阀、单向节流阀进入气缸的左腔,活塞在压缩空气的作用下向右运动,此时气缸的右腔空气经过二位三通电磁换向阀再经过二位五通电磁换向阀排出。

（6）当活塞杆接触到接近开关时,二位三通电磁换向阀得电换位,右腔的空气只能从单向节流阀排出,此时只要调节单向节流阀的开口就能控制活塞运动的速度。从而实现了一个从快速运动到较慢运动的换接。

（7）当二位五通电磁换向阀右位接入时可以实现快速回位。

（8）实训完毕后,关闭气泵,切断电源,待回路压力为零时,拆卸回路,清理元器件并放回规定的位置。

（9）思考问题,做好实训报告。

四、思考题

（1）怎样用其他的方法去实现速度的换接?想一想这样的功能有何作用?

（2）怎样在现实生产中运用?

12.4.5 实训四:单缸连续往复控制回路

一、实训目的

（1）熟悉并掌握单杆双作用气缸的结构特征和工作原理。

（2）熟悉并掌握单向节流阀的工作原理和结构特征。

（3）熟悉并掌握三位五通双电磁换向阀的工作原理和结构特征。

（4）掌握接近开关的使用,了解接近开关的工作原理。

二、实训器材

（1）元件:单杆双作用气缸、单向节流阀、接近开关、三位五通单电磁换向阀、气动三联件、连接管等。

（2）工具:内六角扳手一套、卡簧钳一把、螺丝刀一套。

三、实训原理与步骤

1. 实训回路图与实训原理

如图 12.27(a)所示为单缸连续往复控制回路。本实训采用的是由单向节流阀、三位五通电磁换向阀和接近开关组成的单缸连续往复控制回路,接近开关与三位五通电磁换向阀配合可对双作用缸进行连续往复控制。

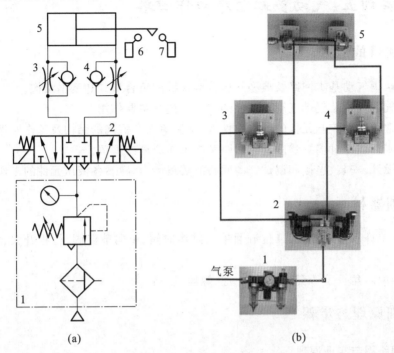

图 12.27 单缸连续往复控制回路
(a)原理图；(b)元件连接图
1—气动三联件；2—三位五通电磁换向阀；3、4—单向节流阀；5—单杆双作用气缸；6、7—行程开关

2. 实训步骤

(1) 按照实训原理图，取出所用的气动元件。

(2) 将所需的气动元件安装在实训台面板的合理位置，用连接管连接成实训回路，如图 12.27(b)所示。

(3) 将三位五通双电磁换向阀和接近开关的电源输入口插入相应的控制板输出口。

(4) 确认连接安装正确，把气动三联件的调压旋钮旋松，通电，开启气泵。待气泵工作正常，再次调节气动三联件的调压旋钮，使回路中的压力在系统工作压力以内。

(5) 当电磁换向阀左位得电后，压缩空气经过电磁换向阀过单向节流阀进入气缸的左腔，活塞向右运行。当活塞杆靠近接近开关时，电磁换向阀右位接入，压缩空气通过电磁换向阀的右位和单向节流阀进入气缸的右腔，活塞在压缩空气的作用下向左运行。

(6) 当活塞杆靠近左边接近开关时，电磁换向阀换位，压缩空气进入气缸的右腔，活塞又开始向右运动，从而实现连续往复运动。

(7) 实训完毕后，关闭泵，切断电源，待回路压力为零时，拆卸回路，清理元器件并放回规定的位置。

(8) 思考问题，做好实训报告。

四、思考题

(1) 如果采用机械阀进行控制，该怎样搭接实验回路？

(2) 在本回路中，如何选择接近开关的触点类型？

12.4.6　实训五：气动多缸顺序动作回路

一、实训目的

(1) 加深认识气动基本回路及典型气压传动系统的组合形式和基本结构。
(2) 掌握气源装置及气动气动三联件的工作原理和主要作用。
(3) 了解常用气动控制元件的结构及性能,掌握单向节流阀的结构及工作原理。
(4) 通过实训加深对多缸顺序动作回路基本工作原理的理解。
(5) 培养设计、安装、连接和调试气动回路的实践能力,熟悉各液压元件的工作原理。

二、实训器材

(1) 元件:单杆双作用气缸、二位五通单电磁换向阀、单向节流阀、行程开关、气动三联件、连接管等。
(2) 工具:内六角扳手一套、卡簧钳一把、螺丝刀一套。

三、实训原理与步骤

1. 实训回路图与实训原理

如图 12.28 所示为多缸顺序动作回路。本实训采用的是由四个单向节流阀、两个单杆双作用气缸、两个二位五通单电磁换向阀和四个行程开关(常开、常闭)组成多缸顺序动作回路。在两个工作气压缸的进、排气口分别接入单向节流阀,并使之构成排气节流调速回路。利用两个常开和两个常闭行程开关,通过采用可编程控制器的电气主控单元或独立的继电器控制单元控制两个二位五通单电控换向阀,从而控制两个气缸的行程换向和排气节流调速。

2. 实训步骤

(1) 按照实训原理图,取出所用的气动元件。
(2) 将所需的气动元件安装在实训台面板的合理位置,用连接管连接成实训回路。
(3) 将二位五通单电磁换向阀和接近开关的电源输入口插入相应的控制板输出口。
(4) 确认连接安装正确,把气动三联件的调压旋钮旋松,通电,开启气泵。待气泵工作正常,再次调节气动三联件的调压旋钮,使回路中的压力在系统工作压力以内。
(5) 当控制 1YA 和 2YA 的通电与失电,可以获得两个气缸不同的顺序动作,并可连续往复。调整行程开关的触点类型,反复进行上面的操作。
(6) 认真观察回路现象,理解并掌握气动顺序动作回路的工作原理及应用。
(7) 实训完毕后,关闭气泵,切断电源,待回路压力为零时,拆卸回路,清理元器件并放回规定的位置。
(8) 思考问题,做好实训报告。

四、思考题

(1) 简单叙述气动单向节流阀的组成结构和基本工作原理。
(2) 利用单向节流阀可以组成几种双作用气缸的速度控制回路?并分别画出几种连接方式的简图。

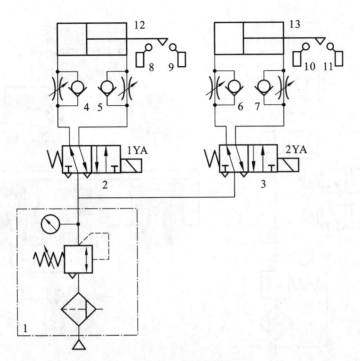

图 12.28　多缸顺序动作回路
1—气动三联件；2、3—二位五通电磁换向阀；4、5、6、7—单向节流阀；
8、9、10、11—行程开关；12、13—单杆双作用气缸

(3) 两个单杆双作用气缸可形成几种顺序动作组合？它们分别是哪些组合？

12.4.7　实训六：双手控制回路

一、实训目的

(1) 熟悉并掌握单杆双作用气缸的结构特征和工作原理。
(2) 熟悉并掌握单向节流阀、气动换向阀、手动换向阀（必须用配的塞头堵住A或B构成一个二位三通手动换向阀）的工作原理和结构特征。
(3) 掌握双手操作回路的工作原理。

二、实训设备及工具

(1) 元件：单杆双作用气缸、二位五通气动换向阀、二位三通手动换向阀、单向节流阀、气动三联件、连接管等。
(2) 工具：内六角扳手一套、卡簧钳一把、螺丝刀一套。

三、实训原理与步骤

1. 实训回路图与实训原理

如图12.29(a)所示为双手控制回路。本实训采用的是由两个单向节流阀、两个二位三通手动换向阀、一个二位五通气动换向阀和一个单杆双作用气缸组成的双手控制回路。只有两个二位三通手动换向阀同时按下，气缸才能伸出。

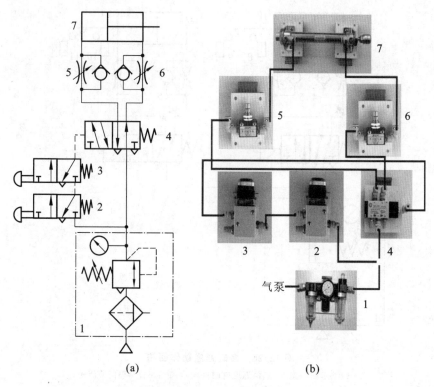

图 12.29　双手控制回路
(a)原理图;(b)元件连接图
1—气动三联件;2、3—二位三通手动换向阀;4—二位五通气动换向阀;5、6—单向节流阀;7—单杆双作用气缸

2. 实训步骤

(1) 按照实训原理图,取出所用的气动元件。

(2) 将所需的气动元件安装在实训台面板的合理位置,用连接管连接成实训回路,如图12.29(b)所示。

(3) 确认连接安装正确,把气动三联件的调压旋钮旋松,通电,开启气泵。待气泵工作正常,再次调节气动三联件的调压旋钮,使回路中的压力在系统工作压力以内。

(4) 切换手动换向阀(两个手动换向阀同时向同一个方向动作)使回路流通,压缩空气经手动换向阀作用于气动换向阀使其左位接入;此时压缩空气经气动换向阀过单向节流阀进入气缸的左腔,气缸伸出。

(5) 只要有一个手动换向阀复位,气动换向阀就会在弹簧力的作用下复位到右位接入,气缸缩回。

(6) 实验完毕后,关闭气泵,切断电源,待回路压力为零时,拆卸回路,清理元器件并放回规定的位置。

(7) 思考问题,做好实训报告。

四、思考题

(1) 实验回路中手动换向阀在没有换位时可不可以松动?松动会出现什么问题?

(2) 如果不加单向节流阀会出现什么情况?不加行不行?

(3) 该回路在现实生产中有什么用途?

12.4.8 实训七：逻辑阀的应用回路

一、实训目的

（1）熟悉并掌握单杆双作用气缸的结构特征和工作原理。
（2）熟悉并掌握单气控阀、"或"门逻辑阀、手动换向阀、二位三通单电磁换向阀的工作原理和结构特征。
（3）掌握逻辑阀的应用回路的工作原理。

二、实训器材

（1）元件：单杆双作用气缸、二位三通电磁换向阀、二位三通手动换向阀、二位五通气动换向阀、"或"门型梭阀、气动三联件、连接管等。
（2）工具：内六角扳手一套、卡簧钳一把、螺丝刀一套。

三、实训原理与步骤

1. 实训回路图与实训原理

如图 12.30(a)所示为逻辑阀的应用回路。本实训采用的是由一个二位三通电磁换向阀、一个二位三通手动换向阀、一个二位五通气动换向阀、一个"或"门型梭阀和一个单杆双作用气缸组成的逻辑阀的应用回路。不管是压下手动阀或让电磁换向阀得电，都可让气缸伸出，实现"或"的逻辑功能。

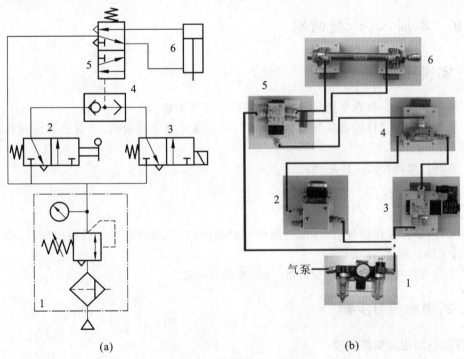

图 12.30 逻辑阀的应用回路
(a)原理图；(b)元件连接图
1—气动三联件；2—二位三通手动换向阀；3—二位三通电磁换向阀；
4—"或"门型梭阀；5—二位五通气动换向阀；6—单杆双作用气缸

2. 实训步骤

(1) 按照实训原理图,取出所用的气动元件。

(2) 将所需的气动元件安装在实训台面板的合理位置,用连接管连接成实训回路,如图12.30(b)所示。

(3) 将二位三通单电磁换向阀的电源输入口插入相应的控制板输出口。

(4) 确认连接安装正确,把气动三联件的调压旋钮旋松,通电,开启气泵。待气泵工作正常后,再次调节气动三联件的调压旋钮,使回路中的压力在系统工作压力以内。

(5) 当切换手动换向阀时,压缩空气经手动换向阀作用于"或"门逻辑阀,使气动换向阀上位接入,压缩空气经气动换向阀的上位进入气缸的上腔,气缸伸出。当手动换向阀换位时,气动换向阀在弹簧的作用下复位,压缩空气进入气缸的下腔使其缩回。

(6) 当二位三通电磁换向阀得电时,压缩空气经过"或"门逻辑阀作用于气动换向阀,使其上位接入,压缩空气经气动换向阀的上位进入气缸的上腔,气缸伸出。当电磁换向阀失电时,气动换向阀在弹簧的作用下复位,压缩空气进入气缸的下腔使其缩回。

(7) 实验完毕后,关闭气泵,切断电源,待回路压力为零时,拆卸回路,清理元器件并放回规定的位置。

(8) 思考问题,做好实训报告。

四、思考题

(1) 实训回路中把"或"门型梭阀换成三通可以吗?为什么?

(2) 实训回路实现了手动和自动切换控制,想想在实际中怎么加以利用?

12.4.9 实训八:计数回路

一、实训目的

(1) 熟悉并掌握单杆双作用气缸的结构特征和工作原理。

(2) 熟悉并掌握二位四通双气动换向阀、二位三通单气动换向阀、二位三通按钮换向阀的工作原理和结构特征。

(3) 掌握计数回路的工作原理。

二、实训器材

(1) 元件:单杆双作用气缸、二位三通单气动换向阀、二位四通双气动换向阀、二位三通按钮换向阀、气动三联件、连接管等。

(2) 工具:内六角扳手一套、卡簧钳一把、螺丝刀一套。

三、实训原理与步骤

1. 实训回路图与实训原理

如图12.31(a)所示为计数回路。本实训采用的是由两个二位三通单气动换向阀、两个二位四通双气动换向阀、一个二位三通按钮换向阀和一个单杆双作用气缸组成的计数回路。这个回路可实现当奇数次按下按钮换向阀时气缸向右运动,当偶数次按下按钮换向阀时气缸向左运动。

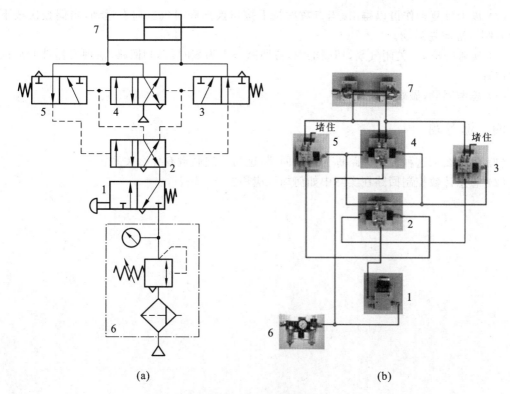

图 12.31 计数回路
(a)原理图;(b)元件连接图
1—二位三通按钮换向阀;2、4—二位四通气动换向阀;
3、5—二位三通气动换向阀;6—气动三联件;7—单杆双作用气缸

2. 实训步骤

(1) 按照实训原理图,取出所用的气动元件。

(2) 将所需的气动元件安装在实训台面板的合理位置,用连接管连接成实训回路,如图 12.31(b)所示。

(3) 确认连接安装正确,把气动三联件的调压旋钮旋松,通电,开启气泵。待气泵工作正常后,再次调节气动三联件的调压旋钮,使回路中的压力在系统工作压力以内。

(4) 按下按钮换向阀 1,压缩空气经二位四通气动换向阀 2 的右位至二位四通气动换向阀 4 的左气控口,使二位四通气动换向阀 4 换至左位工作,同时使左边的二位三通气动换向阀 5 断开,此时的气缸是向右运动。

(5) 当按换向钮阀 1 复位,此时作用于二位四通气动换向阀 4 气控口的压缩空气,经二位四通气动换向阀 2 排出,所以左边的二位三通气动换向阀 5 在弹簧的作用下复位。从而无杆腔的气体经二位三通气动换向阀 5 作用于二位四通气动换向阀 2 使其切换至左位工作,等待下次信号的再次输入。

(6) 当再次按下按钮换向阀 1,压缩空气经二位四通气动换向阀 2 至二位四通气动换向阀 4 右气控口,使其换至右位接通,气缸向左运行。同时右边的二位三通气动换向阀 3 换向,将气路断开。当按换向钮阀 1 复位后,二位四通气动换向阀气控口的气体经二位四通气动换向阀 4 排出,同时右边的二位三通气动换向阀 3 复位,有杆腔的气体经右边的二位三通气动换向阀 3 作用于二位四通气动换向阀 2,使其右位接入等待下一次的输入信号。

(7) 以上反复动作可以得出,当奇数次按下按钮换向阀时气缸向右运动,当偶数次按下按钮换向阀气缸向左运动。

(8) 实验完毕后,关闭气泵,切断电源,待回路压力为零时,拆卸回路,清理元器件并放回规定的位置。

(8) 思考问题,做好实训报告。

四、思考题

(1) 为什么把这种控制回路称为计数回路,这与二进制数有什么关系?
(2) 想想计数控制回路在实际中如何加以应用?

附录

常用液压及气动元件图形符号

(摘自 GB/T 786.1—2009)

附表 1 基本符号、管路及连接

名　称	符　号	名　称	符　号
工作管路		管端连接于油箱底部	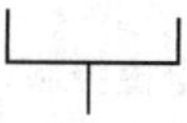
控制管路		密闭式油箱	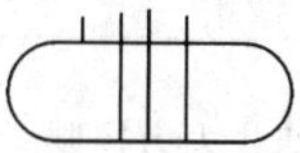
连接管路	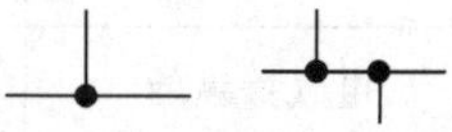	直接排气	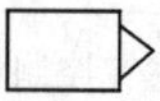
交叉管路	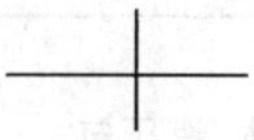	带连接措施的排气口	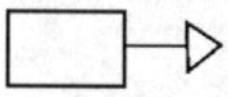
柔性管路		带单向阀快换接头	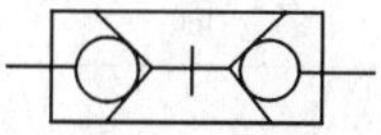
组合元件线		不带单向阀快换接头	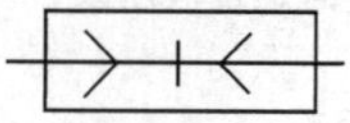
管口在液面以上的油箱	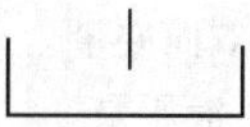	单通路旋转接头	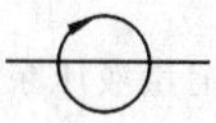
管口在液面以下的油箱	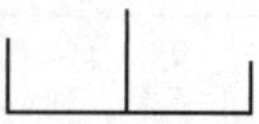	三通路旋转接头	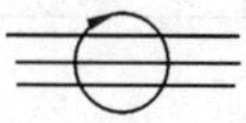

附表 2 控制机构和控制方法

名　称	符　号	名　称	符　号
带有分离把手和定位销的控制机构	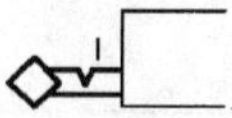	踏板式人力控制	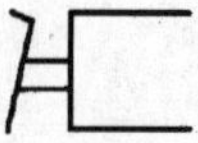
手动锁定控制机构	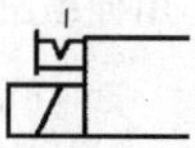	比例电磁铁	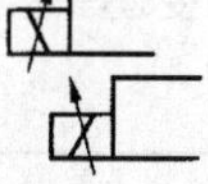

续表

名　称	符　号	名　称	符　号
带有定位装置的推或拉控制机构	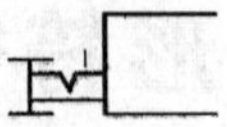	双作用比例电磁铁	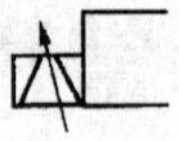
具有可调行程限制的顶杆	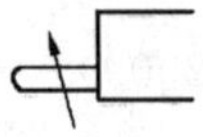	加压或泄压控制	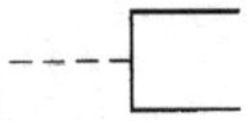
单方向行程操纵的滚轮杠杆	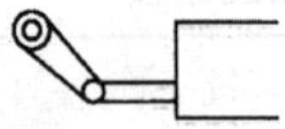	内部压力控制	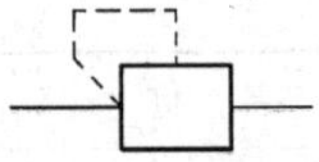
单作用电磁控制,动作指向阀芯或背离阀芯	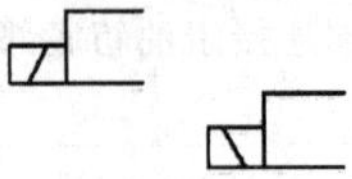	外部压力控制	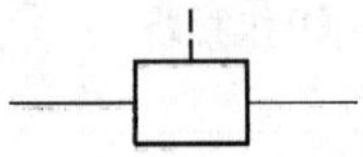
手柄式人力控制	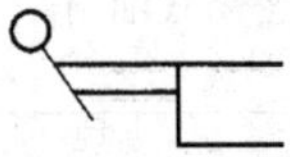	电-液先导控制	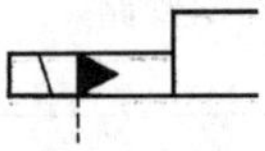
双作用电气控制机构,动作指向或背离阀芯	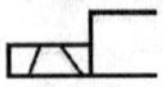	电气操纵的气动先导控制机构	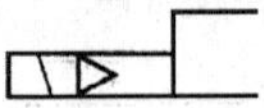

附表 3　液压泵、液压马达、液压缸

名　称	符　号	名　称	符　号
单向定量液压泵	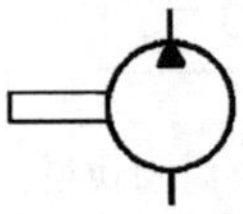	单向变量液压泵	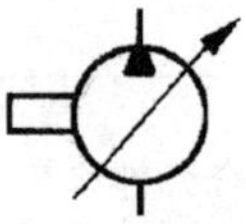
双向定量液压泵	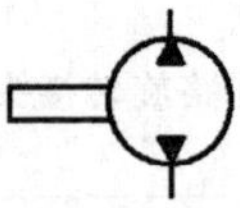	双向变量液压泵	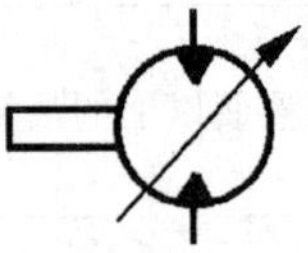
单向定量马达	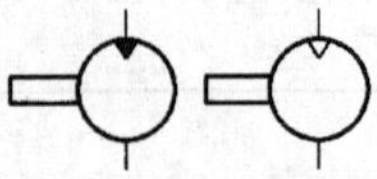	摆动马达	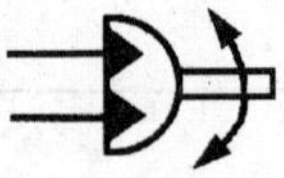
双向定量马达	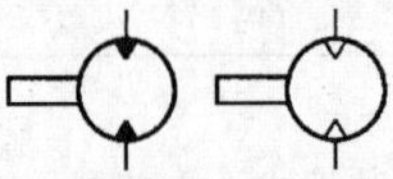	单作用弹簧复位缸	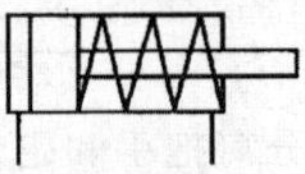
单向变量马达	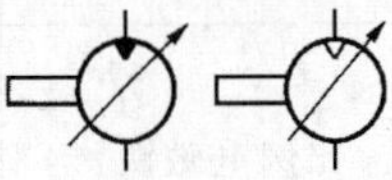	单作用伸缩缸	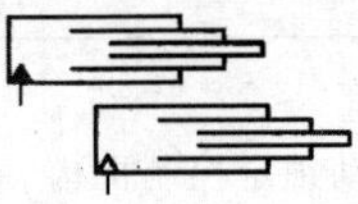

名 称	符 号	名 称	符 号
双向变量马达		双作用单活塞杆缸	
定量液压泵—马达		双作用双活塞杆缸	
液压油源		双作用伸缩缸	
单项缓冲缸(可调)		双向缓冲缸(可调)	

附表 4　压力控制元件

名 称	符 号	名 称	符 号
直动型溢流阀		直动型减压阀	
先导型溢流阀		先导型减压阀	
先导型比例电磁溢流阀		溢流减压阀	
双向溢流阀		直动顺序阀	
卸荷阀		先导顺序阀	
压力继电气		行程开关	

附表5 流量控制元件

名称	符号	名称	符号
不可调节流阀		可调节流阀	
温度补偿调速阀	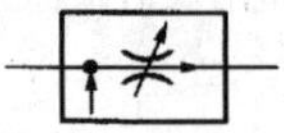	带消声器调速阀	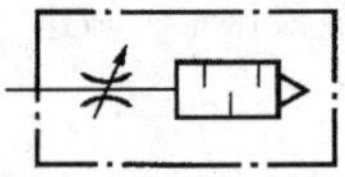
调速阀	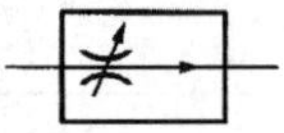	旁通型调速阀	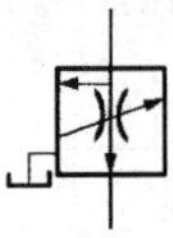

附表6 方向控制元件

名称	符号	名称	符号
二位二通换向阀	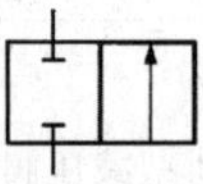	二位四通换向阀	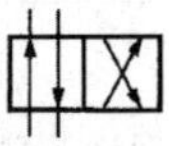
二位三通换向阀	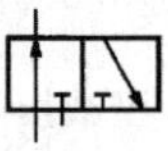	二位五通换向阀	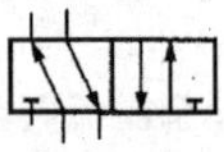
三位四通换向阀	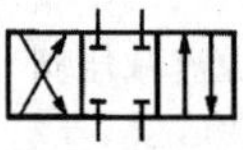	三位五通换向阀	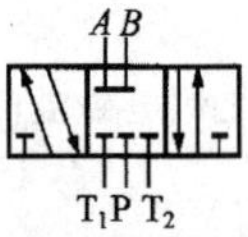
单向阀	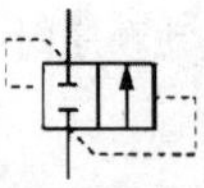	液控单向阀	
液压锁	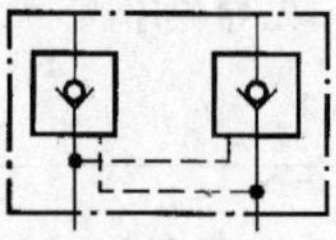	快速排气阀	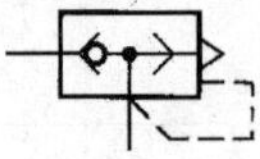

附表 7　辅助元件

名　称	符　号	名　称	符　号
过滤器		蓄能器(一般符号)	
污染指示过滤器		蓄能器(气体隔离式)	
磁芯过滤器		压力计	
冷却器		温度计	
加热器		液面计	
流量计		电动机	
原动机		气压源	
分水排水器		压力指示器	
		油雾器	
空气过滤器		消声器	
		空气干燥器	
除油器		气源调节装置	
		气—液转换器	
单向阀		液控单向阀	
液压锁		快速排气阀	

参考文献

[1] 雷天觉.新编液压工程手册[M].北京:北京理工大学出版社,1998.
[2] 徐灏.机械设计手册[M].2版.北京:机械工业出版社,2000.
[3] 张利平.液压与气动技术速查手册[M].北京:化学工业出版社,2007.
[4] 左建民.液压与气压传动[M].2版.北京:机械工业出版社,2003.
[5] 姜佩东.液压与气动技术[M].北京:高等教育出版社,2000.
[6] 张宏友.液压与气动技术[M].3版.大连:大连理工大学出版社,2009.
[7] 马春峰.液压与气动技术[M].北京:人民邮电出版社,2007.
[8] 宋建武.液压与气动元件操作训练[M].北京:化学工业出版社,2007.
[9] 许小明.液压与气动习题实验指导[M].2版.武汉:华中科技大学出版社,2009.